Bernd Glück

Thermische Bauteilaktivierung

Bernd Glück

Thermische Bauteilaktivierung

Nutzen von Umweltenergie und Kapillarrohren

C. F. Müller Verlag, Heidelberg

Alle in diesem Buch enthaltenen Angaben, Daten, Ergebnisse etc. wurden vom Autor nach bestem Wissen erstellt und von ihm und dem Verlag mit größtmöglicher Sorgfalt überprüft. Gleichwohl sind inhaltliche Fehler nicht vollständig auszuschließen. Daher erfolgen die Angaben etc. ohne jegliche Verpflichtung oder Garantie des Verlags oder des Autors. Beide übernehmen deshalb keinerlei Verantwortung und Haftung für etwaige inhaltliche Unrichtigkeiten.

Die Deutsche Bibliothek – CIP-Einheitsaufnahme

Glück, Bernd:
Thermische Bauleitaktivierung : Nutzen von Umweltenergie und Kapillarrohren / von Bernd Glück. – 1. Aufl. – Heidelberg : Müller, 1999
ISBN 3-7880-7674-7

1. Auflage 1999

Druck/Verarbeitung: Druckerei E. Lokay, Reinheim

Printed in Germany
ISBN 3-7880-7674-7

Vorwort

Das vorliegende Buch verfolgt das grundlegende Ziel, den Primärenergieeinsatz für die Heizung und die Kühlung von Gebäuden zu senken. Bisher ist an dieser Zielstellung schon intensiv und erfolgreich gearbeitet worden. Generell gibt es dazu die beiden Wege: Energieeinsparung und Einsatz von Umweltenergie. Beide Maßnahmen befördern sich gegenseitig, mitunter setzen sie sich sogar voraus.

Bei der Energieeinsparung spielte die Erhöhung der Wärmedämmung von Gebäuden bisher eine dominante Rolle. Andere Bemühungen setzten auf höhere Anlagenwirkungsgrade. Der direkte und zeitgleiche Einsatz von atmosphärischer und solarer Umweltenergie ist nur selten gegeben. Über lange Zeiträume des Jahres liegen die Temperaturen des Energiedargebotes jedoch nahe an den geforderten Raumtemperaturen. Entsprechend des täglichen Außentemperaturverlaufes und des Sonnenganges bietet sich die Aufnahme der Umweltenergie teilweise zeitversetzt zum Bedarf an. Wenn die zeitlichen Unterschiede zwischen dem exergetisch günstigsten Energieangebot und dem Bedarf durch Zwischenschaltung eines Speichers überbrückt werden können, dann ist die Chance am größten, die Umweltenergie direkt oder mit verringerter Exergiezufuhr - z. B. durch Wärmepumpen oder Kältemaschinen - einzusetzen.

Zum verstärkten Umweltenergieeinsatz sind anlagenseitig folgende Forderungen zu erfüllen:

- Einsatz von Wassersystemen
- Einsatz großer Heiz- bzw. Kühlflächen im Raum
- Einsatz von Wärmespeichern.

In vielen Fällen bietet sich vorteilhaft an, die großen raumseitigen Wärmeübertragerflächen und die Speicher in einem Bauteil - beispielsweise der Decke - zu vereinen. Es hat sich dafür der Begriff "thermische Bauteilaktivierung" eingeführt.

In vielen derzeitigen Planungen wird dieses Prinzip zur Anwendung vorgeschlagen, in einer größeren Anzahl von Bauten ist es bereits realisiert.

Leider trägt diese Entwicklung teilweise die Züge einer kommerziell geprägten Modeerscheinung, wobei der Umweltgedanke teilweise zur "Verkaufsphrase" verkommt. Andererseits wird das Machbare oft weit überschätzt. Einige falsche und zahlreiche, zunächst nicht nachprüfbare Behauptungen sind aufgestellt worden. Verifizierte Algorithmen, die Aussagen zu den Leistungen und zum dynamischen Verhalten der Bauteile mit wasserdurchströmten Rohrregistern liefern, sind kaum bekannt. Aufwendige Versuche, die teilweise erfolgten, können fehlende theoretische Untersuchungen jedoch nicht ersetzen. Auf die notwendige Optimierung des Umweltenergieeinsatzes durch Parametervariationen ist in der Regel verzichtet worden. Das angestrebte Ziel wird häufig von der Einsparung an Investitionskosten geprägt, wodurch der Primärenergieeinsatz sogar steigen kann. Die Gefahr, daß unter diesen Umständen die thermische Bauteilaktivierung die propagierten Vorteile nicht immer erreicht, ist leider möglich.

Hauptanliegen des Buches ist es, Algorithmen zur Berechnung dieser Systeme bereitzustellen und an vielen praktischen Beispielen und Gedankenexperimenten sowohl die stationären Leistungen als auch das dynamische Verhalten zu demonstrieren. Parametervariationen lassen Trends und Einsatzgrenzen erkennen.

In die Untersuchungen wurden neben den konventionellen Rohrregistern, die aus dem Bereich der Fußbodenheizung und der früheren Deckenheizung bekannt sind, auch die neuartigen Kunststoff-Kapillarrohrmatten, die sich im Kühldeckeneinsatz bereits hervorragend bewährten, einbezogen. Hinweise über deren Vorzüge lieferte auch die BIONIK. Mit Kapillarrohrmatten bestückte Bauteile zeigen deutlich größere Leistungen und günstigeres dynamisches Verhalten.

Die vorliegende Ausarbeitung wurde von der

RUD. OTTO MEYER - UMWELT - STIFTUNG

gefördert. Ein Ziel dieser Stiftung ist die drastische Primärenergiesenkung im Gebäudebereich. Schon seit ihrer Gründung verfolgt sie deshalb auch Aktivitäten, die auf energetisch innovative Fassadengestaltungen ausgerichtet sind. Vielfältige interessante, theoretische und experimentelle Arbeitsergebnisse sowie einschlägige Patente liegen vor.

Der RUD. OTTO MEYER - UMWELT - STIFTUNG sei für die Unterstützung recht herzlich gedankt. Mein Dank gilt weiter Herrn Dipl.-Ing. BURKHARD HEYDEN, der als Architekt wertvolle Diskussionsbeiträge lieferte.

Besonderer Dank gebührt auch Herrn Dipl.-Ing. BECHIR CHAHED, Geschäftsführer der Firma ***Clina*** Berlin, der mir die Einsatzmöglichkeiten der Kapillarrohrmatten demonstrierte, seine betrieblichen Muster zur Verfügung stellte und die Ausarbeitung durch zahlreiche Ideen befruchtete. Die in den Konstruktionsbeispielen verwendeten Kapillarrohrmatten und Profilfolien entsprechen den Originalprodukten der Firma.

Schließlich sei meiner Frau HELGA GLÜCK für die vielfältige Unterstützung bei der Erstellung des Manuskriptes herzlich gedankt.

Jößnitz (Plauen), Juli 1999 — Bernd Glück

Inhaltsverzeichnis

1. Stand und Zielstellungen

Die Nutzung von Umweltenergie ist in den letzten Jahrzehnten vielfältig untersucht, erprobt und realisiert worden.

Beachtliche Erfolge hat die *passive Solarenergienutzung* zu verzeichnen. Zahlreiche bewährte Varianten beweisen dies. Allerdings sind diesen Systemen natürliche und bautechnische Randbedingungen aufgeprägt, die z. B. keine kontinuierliche Wärmeversorgung der Räume eines Gebäudes ermöglichen. Die *Wärmespeicherfähigkeit des Bauwerks* wird genutzt.

Die üblicherweise empfohlenen und realisierten Systeme zur *aktiven Solarenergienutzung* sind mit dem Nachteil eines relativ hohen anlagentechnischen Aufwandes belastet. In der Regel besteht dazu ein Platzbedarf, der über die üblichen Gebäudegrenzen hinausgeht. Zur *Erweiterung der Nutzungszeit* muß auch eine *Wärmespeicherung* einbezogen werden.

Hybridsysteme erschienen dann für eine umfassende solare Nutzung prädestiniert.

Hybridsysteme auf *Luftbasis*, die mit Sonnenluftkollektoren arbeiteten und als Speicher die Innenwände oder die Massivdecken einbezogen, die ihrerseits luftbeaufschlagte Röhrensysteme enthielten, haben sich jedoch *nicht bewährt*. Sie rangieren in wirtschaftlicher Hinsicht deutlich hinter passiven Solarenergiesystemen, wie wissenschaftliche Auswertungen der Meßreihen verschiedener Anlagen - z. B. in [1] - ergaben.

Bei den weiteren Untersuchungen zur effektiven Umweltenergienutzung wird sich deshalb ausschließlich auf *Wassersysteme* konzentriert. Sie sind bezüglich der Umweltenergienutzung auch als *Hybridsysteme* zu verstehen, denn es laufen beispielsweise folgende Vorgänge ab:

- Die Verfügbarkeit der Umweltenergie und die Energieabgabe über wärmespeichernde Bauteile an das Gebäude wirken passiv.
- Die Umweltenergieaufnahme in das System, die evtl. Temperaturtransformation und die Energiespeicherung werden aktiv beeinflußt.

Damit entsprechen die modernen *Bauteilheizungen* und *Bauteilkühlungen* mit Umweltenergienutzung diesen Hybridsystemen. Die raumbegrenzenden Bauteile sind dabei *Wärmeübertrager* und *Speicher*.

Mitunter ist es vorteilhafter, die Funktion Wärmespeicherung und Wärmeübertragung räumlich voneinander zu trennen. Dies ist beispielsweise bei *Fundament-Erdreich-Speichern* und *Fußboden-* sowie *Wandheizungen* der Fall.

Generell gilt für alle Systeme:

Je näher die Temperaturen des Heiz-/Kühlmediums an der Raumtemperatur liegen, umso effizienter arbeiten diese Systeme.

Damit ist beim derzeitigen Erkenntnisstand der Einsatz von *Flächenheiz-* und *Flächenkühlsystemen* unerläßlich.

Die weiteren Untersuchungen verfolgen die *Zielstellungen*:

- Erfolgt die aktive Umweltenergienutzung durch die *Energieaufnahme* aus der *Atmosphäre* einschließlich der *Solarstrahlung*, dann sollte zur zeitlichen Vergleichmäßigung zwischen Energiedargebot und Energiebedarf bevorzugt die *Speicherfähigkeit der Gebäudebauteile* herangezogen werden.
- Erfolgt die aktive Umweltenergienutzung durch die *Energieaufnahme* aus *Erdkollektoren*, *Langzeitspeichern* oder ähnlichen Quellen, so sind *direktwirkende Systeme* zur Raumheizung und -kühlung möglichst ohne Speichereffekte einzusetzen.
- Falls die aufgenommene Umweltenergie aufgrund des Temperaturdargebotes nicht zur Gebäudeheizung oder -kühlung einsetzbar ist, sind Schaltungen mit *Wärmepumpen* oder *Kältemaschinen* oder aber *Kombianlagen* (Wärmepumpe/Kältemaschine) - eventuell mit zusätzlichen *Speichern* - vorzusehen. In jedem Falle sollte die *Transformationsenergie* zur Veränderung des Temperaturniveaus *minimiert* werden, um ein effizientes Arbeiten der genannten Anlagen zu ermöglichen.
- Wichtig ist die *Flexibilität* der unterschiedlichen Schaltungen. Eine Einsatzmatrix soll bewußt nicht erstellt werden, um nicht an eine formale Themenabarbeitung gebunden zu sein und vor allem um nicht die Phantasie über mögliche Schaltungsvarianten zu begrenzen.

Damit ergeben sich die *Aufgaben*:

- Es sind *Algorithmen* zu *entwickeln*, mit deren Hilfe die *raumbegrenzenden Bauteile* - in denen wasserführende Rohrregister integriert sind - hinsichtlich ihrer *Eignung* für die genannten Zielstellungen *überprüft* und bezüglich ihrer *Wirkung optimiert* werden können.
- Es sind Systeme für *Heiz-* und *Kühlfunktionen* - sowohl mit *aktiver* als auch mit *passiver Wirkungsweise* - zu betrachten.
- Detailliert sind raumbegrenzende *Heiz- und Kühlflächen* (Decken, Fußböden, Wände) hinsichtlich ihrer *Leistungsparameter* und ihres *dynamischen Verhaltens* zu untersuchen. Konstruktive Möglichkeiten, wie *Speichereffekte* bewußt vergrößert oder reduziert werden können, sind vorzuschlagen. Beispiele mit Parametervariationen sollten dies demonstrieren.
- Die *Leistungsfähigkeit* von *Deckenspeichern* und *Fundament-Erdreich-Speichern* ist abzuschätzen und das Betriebsverhalten an Beispielen oder Grenzbetrachtungen vorzustellen.

2. Grundprinzipien zur Primärenergieeinsparung

Es werden drei Grundprinzipien vorangestellt, deren Erfüllung für die bei der Untersuchung betrachteten Varianten sinnvoll ist.

2.1. Einsatz von Wassersystemen

Der Einsatz von Systemen mit dem Wärmeträger Wasser zum *Transport der kalorischen Energie ist wirtschaftlicher* als mit dem Wärmeträger Luft, da die spezifische Wärmekapazität und die Dichte des Wassers bedeutend größer sind als die der Luft.

Das nachfolgende Beispiel demonstriert dies deutlich:

Um die Kühlleistung $\dot{Q}_K = 1$ kW abzuführen, ist bei einer effektiven Temperaturdifferenz zwischen Luftaustritt und Lufteintritt von 10 K ein *Luftvolumenstrom*

$$\dot{V} = \frac{\dot{Q}_K}{\rho\ c\ \Delta t} = \frac{1000}{1{,}2 \cdot 1010 \cdot 10} = 0{,}0825\ \frac{m^3}{s} \approx 300\ \frac{m^3}{h} \tag{2.1}$$

erforderlich. Bei üblicher Anlagentechnik wird zum Transport dieses Luftstromes eine *Antriebsleistung des Ventilators* von

$$P = \frac{\dot{V}\ \Delta p}{\eta_{total}} = \frac{0{,}0825 \cdot 1000}{0{,}6}\ W = 138\ W \tag{2.2}$$

benötigt.
Dies sind 14 % der Kühlleistung, die zusätzlich durch die Kälteanlage abzuführen sind.
⇒ *Sehr unwirtschaftlich !*

Um die Kühlleistung $\dot{Q}_K = 1$ kW abzuführen, ist bei einer Kühlwassertemperaturdifferenz zwischen Austritt und Eintritt von 3 K ein *Wasserstrom*

$$\dot{V} = \frac{\dot{Q}_K}{\rho\ c\ \Delta t} = \frac{1000}{1000 \cdot 4200 \cdot 3} = 0{,}00008\ \frac{m^3}{s} \approx 0{,}29\ \frac{m^3}{h} \tag{2.3}$$

erforderlich. Zum Transport dieses Wasserstromes wird in der Regel eine *Antriebsleistung der Pumpe* von

$$P = \frac{\dot{V}\ \Delta p}{\eta_{total}} = \frac{0{,}00008 \cdot 30000}{0{,}72}\ W = 3\ W \tag{2.4}$$

benötigt. Dies sind nur 0,3 % der Kühlleistung.

⇒ *Sehr wirtschaftlich !*

Da der Antrieb der Lüfter und der Pumpen jeweils mit Elektroenergie erfolgt, stellt die Leistungsreduzierung eine direkt vergleichbare *Primärenergieeinsparung* dar.

Außerdem sind die *Rohrquerschnitte* für die *Wasserförderung* sehr viel *kleiner* als die sonst erforderlichen *Luftkanalquerschnitte*, so daß deren technische Realisierung einfacher durchführbar ist. Hybridsysteme, die mit erwärmter Luft in Luftkollektoren arbeiten, führen zu sehr unflexiblen Systemen.

2.2. Einsatz großer Heiz- oder Kühlflächen

Generell sind *geringe Temperaturunterschiede* zwischen *Heiz- bzw. Kühlmedium* und *Raum* anzustreben. Die Grundgleichung der Wärmeübertragung lautet:

$$\dot{Q} = k\ A\ \Delta t_m = k\ A\ (t_m - t_R)\,. \qquad (2.5)$$

Es bedeuten:

$\dot{Q}$	W	Wärmestrom vom Heiz- bzw. Kühlmedium an den Raum (Heizfall ist positiv)
k	$W/(m^2K)$	Wärmedurchgangskoeffizient der Wärmeübertragerfläche einschließlich der Wärmeübergänge
A	m^2	Wärmeübertragerfläche
Δt	K	mittlere logarithmische Temperaturdifferenz zwischen Heiz- bzw. Kühlmedium und Raum
t_m	°C	mittlere Heiz- bzw. Kühlmediumtemperatur
t_R	°C	Raumtemperatur.

Gl. (2.5) zeigt, daß zur Übertragung eines vorgegebenen Wärmestromes bei Einsatz einer großen Wärmeübertragerfläche die Temperaturdifferenz reduziert werden kann. Bei *Flächenheiz-* und *Flächenkühlsystemen* ist dies der Fall, so daß die *Heiz-* bzw. *Kühlmedientemperatur nahe* an der *Raumtemperatur* liegt.

Die *Raumtemperatur* ist aus Gründen der Gesundheit und der *wärmephysiologischen Behaglichkeit* vorgegeben (Abschnitt 3.).

Die *verfügbare Heiz-* bzw. *Kühlmedientemperatur* ist von der "*Qualität*" *der Umweltenergie* abhängig. Im Heizfall ist eine möglichst hohe, im Kühlfall eine möglichst niedrige Temperatur vorteilhaft.

Liegen die erforderlichen Medientemperaturen nahe bei der Raumtemperatur, dann hat dies zwei vorteilhafte Aspekte:

- Aufgrund der Häufigkeitsverteilung der Außenzustände (Atmosphäre) sind die *Zeiträume des direkten Einsatzes von Umweltenergie länger* als bei Werten, die eine größere Abweichung von der Raumtemperatur aufweisen.

- Wenn eine Energietransformation zu höheren Temperaturen (Heizfall: Einsatz einer Wärmepumpe) oder zu niedrigeren Temperaturen (Kühlfall: Einsatz einer Kältemaschine) erforderlich wird, dann ist deren *Aufwand an Antriebsenergie* um so *kleiner*, je weniger die Temperatur gegenüber der Umgebung (Atmosphäre) verändert werden muß.

Ein *Äquivalent* zum einzusetzenden *Primärenergieaufwand* stellt die *Exergie* dar. Sie kann umgangssprachlich als "technische Arbeitsfähigkeit des Stoffes" bezeichnet werden, wobei die Elektroenergie "hundertprozentige" Exergie verkörpert.

Für den in einer Wärmepumpe oder Kältemaschine aufzuwendenden Exergiestrom gilt:

$$\dot{E}_{12} = \int_1^2 \underbrace{\frac{T - T_U}{T}} d\dot{Q} = \underbrace{\frac{T_{m,12} - T_U}{T_{m,12}}}_{\text{Carnot-Faktor}} \dot{Q}_{12} > 0, \qquad (2.6)$$

mit den Größen

$\dot{E}$	W	Exergiestrom
$\dot{Q}$	W	Wärmestrom (Wärme > 0 ; Kälte < 0)
T	K	absolute Temperatur des Heiz- bzw. Kühlmediums
T_U	K	absolute Temperatur der Umgebung (Atmosphäre).

Der Index 12 bedeutet: von Zustand 1 nach Zustand 2. Der Index m stellt den Mittelwert zwischen 1 und 2 dar.

Die Gl. (2.6) besagt, daß der erforderliche Exergiestrom $\dot{E}$ zur Bereitstellung des temperaturgerechten Wärmestromes $\dot{Q}$, welcher der Umwelt bei T_U entnommen wird, aufzuwenden ist. Der Carnot-Faktor stellt bei Wärmekraftprozessen den günstigsten, verlustfreien Umwandlungsfaktor von Wärmeenergie in mechanische Energie dar.

Zusätzliche Exergieaufwendungen (Exergieverluste) entstehen durch die Grädigkeit der Wärmeübertrager, durch die Druckverluste in den Rohrleitungen, durch die Wirkungsgrade der Motoren usw. Sie werden bei der anschließenden Betrachtung vereinfachend vernachlässigt.

Damit ist die Größe des *Carnot-Faktors* ein *direktes Maß* für den *Mindest-Exergieeinsatz* zur Erzeugung von Wärme bzw. Kälte aus der Umwelt z. B. durch Transformation mittels Wärmepumpe oder Kältemaschine:

- **Heizen**

Umgebungstemperatur °C	Umgebungstemperatur K	mittlere Heizmedientemperatur in °C 60	50	40	30	25	***Ersparnis von 40°C auf 25°C***
		Carnot-Faktor					
0	273	*0,18*	*0,15*	*0,13*	*0,10*	*0,08*	***34%***
10	283	*0,15*	*0,12*	*0,10*	*0,07*	*0,05*	***47%***
15	288	*0,14*	*0,11*	*0,08*	*0,05*	*0,03*	***58%***

Würde man beispielsweise bei einer Außentemperatur von 0 °C anstelle einer Radiatorheizung mit einer mittleren Heizwassertemperatur von 60 °C eine sehr moderne Flächenheizung mit 27 °C betreiben, so könnte man den Carnot-Faktor von 0,18 auf etwa 0,09 senken. Dies entspräche einer Halbierung des Aufwandes an Elektroenergie zum Antrieb der Wärmepumpe. Interessant ist auch der Vergleich einer herkömmlichen Fußbodenheizung, die mit 40 °C mittlerer Heizwassertemperatur arbeitet, im Verhältnis zu einer Flächenheizung mit 25 °C mittlerer Betriebstemperatur. Die Ersparnisse sind in der vorstehenden Tabelle vermerkt. Die Einsparungen steigen mit der Umgebungstemperatur stark an.

Üblicherweise wird bei Wärmepumpen die Leistungszahl ε zur Kennzeichnung des Aufwandes an mechanischer Leistung $\dot{W} = \dot{Q}/\varepsilon$ verwendet. Für eine Carnot-Prozeßführung ist damit die Leistungszahl gleich dem Kehrwert des Carnot-Faktors. Da letzterer die physikalischen Zusammenhänge aber ursprünglicher wiedergibt, werde der Carnot-Faktor auch weiterhin verwendet.

- **Kühlen**

Umgebungstemperatur °C	Umgebungstemperatur K	mittlere Kühlmedientemperatur in °C 9	16		18	
		Carnot-Faktor / ***Ersparnis bezogen auf 9°C***				
32	305	*-0,082*	*-0,055*	***32%***	*-0,048*	***41%***
22	295	*-0,046*	*-0,021*	***55%***	*-0,014*	***70%***
18	291	*-0,032*	*-0,007*	***78%***	*0*	***100%***

Unter den Umgebungstemperaturen sind üblicherweise die Außenlufttemperaturen (Atmosphäre) zu verstehen. Bei Einsatz eines Trockenkühlers als Kondensator der Kältemaschine wäre dies auch logisch. Würde man dagegen einen Kühlturm einsetzen, dann wäre beispielsweise auch die Feuchtkugeltemperatur als Bezugswert sinnvoll, da theoretisch das Wasser bis auf diese Temperatur abgekühlt werden könnte.

Bei üblichen Kaltwassersätzen, die zur Klimatisierung eingesetzt werden, gelten die Wassertemperaturen: Vorlauf 6 °C, Rücklauf 12 °C. Deshalb ist als unterste, mittlere Kaltwassertemperatur 9 °C in Ansatz gebracht worden.

Bei Einsatz von Kühldecken sind mittlere Kühlmedientemperaturen von 16 °C ausreichend, und bei der instationären Bauteilkühlung unter Nutzung des Speichereffektes z. B. in Massivdecken könnte die Kühlmedientemperatur sogar auf 18 °C angehoben werden. Die Carnot-Faktoren reagieren auf Temperaturänderungen des Kühlmediums nahe der Umgebungstemperatur besonders sensibel, wie die Werte der obigen Tabelle verdeutlichen.

Ist die Umgebungstemperatur T_U gleich der geforderten mittleren Kühlmedientemperatur $T_{m,12}$, beispielsweise 18 °C, liegt der Idealfall vor. Die Energie kann ohne Exergieaufwand direkt der Umwelt entnommen werden.

Die *theoretischen Einsparungen*, die in den Tabellen für das Heizen und Kühlen ausgewiesen sind, unterstreichen überzeugend die *Forderung nach großen Heiz- bzw. Kühlflächen*.

2.3. Nutzung des Umweltenergiedargebotes in Abhängigkeit des Tagesganges

Entsprechend des täglichen Außentemperaturverlaufs und des Sonnenganges bietet sich die *Aufnahme der Umweltenergie teilweise zeitversetzt zum Bedarf* an:

- **Heizfall**

Hohe Lufttemperaturen und Sonneneinstrahlungen sind besonders günstig, deshalb sollte die Aufnahme bevorzugt am Tage erfolgen. Der Bedarf besteht teilweise zeitgleich, jedoch mit Erhöhungen morgens und abends.

- **Kühlfall**

Niedrige Luft- bzw. Feuchtkugeltemperaturen stehen nachts an, der Kühlbedarf ist in der Regel am Tage gegeben.

Wenn die genannten zeitlichen Unterschiede zwischen dem exergetisch günstigsten Energieangebot und dem Bedarf durch *Zwischenschaltung eines Speichers* überbrückt werden können, dann ist die Chance am größten, die *Umweltenergie direkt* oder *mit verringerter Exergiezufuhr* einzusetzen.

2.4. Zusammenfassende Zielstellung

Alle bisher aufgeführten *Ziele* dienen letztlich der *Verringerung des Exergieaufwandes*:

- Einsatz von *Wassersystemen* zur Verringerung der Transportenergie
- Einsatz *großer Heiz- bzw. Kühlflächen* zur Verringerung der erforderlichen Temperaturdifferenzen
- Einsatz von *Wärmespeichern,* z. B. von *Bauteilen,* zur vergrößerten Umweltenergienutzung.

Beachte: *"Kälte" ist exergetisch wertvoller als "Wärme"* (bei gleichen Temperaturunterschieden zur Umgebungstemperatur).

3. Grundprinzipien zur Sicherung der thermischen Behaglichkeit

Um wärmephysiologische Behaglichkeit herzustellen, muß primär die *globale Energiebilanz* erfüllt sein, d. h. die vom Organismus durch die Verbrennungsvorgänge erzeugte Wärme muß an die Umgebung abgeführt werden. Weiterhin sind noch einige *partikuläre Behaglichkeitsbedingungen* einzuhalten, wie beispielsweise:

- geringes Risiko durch *Zugluft*
- geringe *Strahlungsasymmetrie.*

Beide Größen werden im Zusammenhang mit der thermischen Bauteilaktivierung nicht gesondert betrachtet. Die Gründe sind:

- Mit der Verringerung der Aktivität der sonst üblichen Luft-Klimaanlage nimmt das Zugluft-Risiko ab.
- Die beabsichtigten Temperaturänderungen der Umfassungsoberflächen (Decke, Wände, Boden) bewirken normalerweise keine Behaglichkeitsstörungen. Detaillierte Berechnungen für Sonderfälle sind nach [3, 17] durchzuführen.

Damit erscheint es als ausreichend, in den nachfolgenden Punkten nur die globale Behaglichkeit zu überprüfen.

3.1. Energieumsatz des Menschen

Es besteht die Aufgabe, optimale, d. h. behagliche Entwärmungsbedingungen für den Menschen zu schaffen. Die Wärmeabgabe des Menschen bzw. physikalisch richtiger, die Wärmestromdichte beträgt in ihrer Gesamtheit $\dot{q}_{ges}$. Diese entspricht in guter Näherung dem Bruttoenergieumsatz, da der physikalische Wirkungsgrad des Menschen in der Regel Null ist.

Der Bruttoenergieumsatz $\dot{q}_B$ wird auf die Körperoberfläche bezogen. Für den "Normmenschen" gelten: Masse m_M = 70 kg, Größe h_M = 1,73 m, Oberfläche A_M = 1,8 m^2, Grundumsatz im Ruhefall 45 ... 50 W/m^2. Für den Energieumsatz (Wärme aus dem Stoffwechsel entstanden ≡ Metabolic Rate) in Abhängigkeit der Tätigkeit gelten die Werte in Tabelle 3.1.

Tabelle 3.1 Aktivitäten und Energieumsatz in W/m² bzw. in met (58,2 W/m² = 1 met) nach ISO 7730 (Entwurf, 1994)

Aktivität	Bruttoenergieumsatz	
	W/m²	met
Sitzen, ruhig	58	1
Tätigkeit im Sitzen (Büro, Schule, Laboratorium)	70	1,2
leichte Tätigkeit im Stehen (Shopping, Laboratorium, Leichtindustrie)	93	1,6
mittlere Tätigkeit im Stehen (Verkäufer, Hausarbeit, Maschinenarbeit)	116	2

Die Summanden der Wärmeabgabe des Menschen betragen bei Behaglichkeit:

- 15 % insensible Transpiration (Feuchtediffusion mit Hauttrocknung)
- 11 % Schweißverdunstung
- 11 % Atmung
- *63 % trockene Wärmeabgabe* durch *Konvektion* und *Strahlung*.

Die prozentuale Verteilung im *Behaglichkeitsfall* ist eine Funktion des Gesamtenergieumsatzes. Die genannten Prozentwerte beziehen sich auf eine Wärmeproduktion von $\dot{q}_{ges}$ = 75 W/m^2.

3.2. Trockene Wärmeabgabe des Menschen

Die trockene Wärmeabgabe beträgt im Behaglichkeitsfall

$$\dot{q}_{tr,b} = \dot{q}_K + \dot{q}_S \approx 1{,}52\ \dot{q}_B^{0,8}. \tag{3.1}$$

Sie wird durch den Wärmefluß vom Menschen an die Luft (Konvektion) und durch Wärmestrahlung vom Menschen an die Oberflächen des Raumes übertragen:

$$\dot{q}_K = \alpha_M\,(t_M - t_L)\,f_{KL} \tag{3.2}$$

$$\dot{q}_S = \sigma \, \varepsilon_M \left\{ (t_M + 273)^4 - (t_S + 273)^4 \right\} f_{KL} \, f_S \; . \tag{3.3}$$

Es bedeuten:

t_M	°C	Oberflächentemperatur der Kleidung des Menschen
t_L	°C	Lufttemperatur in der Nähe des Menschen
t_S	°C	mittlere Strahlungstemperatur der Umgebung (Raumoberflächen)
f_{KL}	-	Oberflächenvergrößerung durch Kleidung (Tabelle 3.2)
f_S	-	Reduktion der Strahlungsfläche (z. B. Arminnenseiten strahlen nicht an die Umgebung) $f_S \approx 0{,}71$
α_M	W/(m²K)	Wärmeübergangskoeffizient durch Konvektion (Mensch - Luft)
σ	W/(m²K⁴)	Strahlungskonstante ($\sigma = 5{,}67 \cdot 10^{-8}$ W/(m²K⁴))
ε_M	-	Emissionskoeffizient der Kleidung des Menschen ($\varepsilon_M \approx 0{,}93$).

In Gl. (3.1) sind die *Anteile Konvektion* und *Strahlung gleichwertig*, d. h. man kann in gewissen Grenzen eine geringere konvektive Wärmeabgabe des Menschen durch eine erhöhte Strahlung ausgleichen und umgekehrt.

Da nach Gl. (3.3) die Temperaturdifferenz bei der Strahlungswärmeabgabe in der 4. Potenz eingeht, ist diese sehr bedeutungsvoll.

Der Wärmestrom des Menschen an die Umgebung muß zunächst durch die *Kleidung* transportiert werden, wodurch die Kleidung das Wärmeempfinden stark beeinflußt. Es gilt:

$$\dot{q}_{tr} = \left(\frac{\lambda}{\delta} \right)_{KL} (t_H - t_M) = (0{,}155 \, R_{KL})^{-1} \, (t_H - t_M) \; . \tag{3.4}$$

Die treibende Temperaturdifferenz ist durch die Hauttemperatur t_H minus Oberflächentemperatur der Kleidung t_M gegeben.

Tabelle 3.2 Wärmeleitwiderstände und Oberflächenvergrößerung f_{KL} durch die Kleidung

Bekleidungsart	R_{KL} clo	$(\delta / \lambda)_{KL}$ m²K/W	f_{KL}
nackt	0	0	1
Shorts	0,1	0,0155	1
Arbeitskleidung (Europa)	0,6	0,093	1,1
Büroanzug (Europa)	1	0,155	1,15
Polarkleidung	3,5	0,543	1,4

Für den *Wärmeleitwiderstand der Kleidung* wurde die Größe R_{KL} in clo (clothing) definiert (Tabelle 3.2). Die Skala reicht von "nackt" $R_{KL} = 0$ bis zur Polarkleidung $R_{KL} = 3{,}5$ clo. Dazwischen liegen die Arbeitskleidung $R_{KL} = 0{,}6$ clo und der Büroanzug $R_{KL} = 1$ clo.

3.3. Empfindungstemperatur (operative Raumtemperatur)

Die *Behaglichkeitsgleichung* nach FANGER gibt den komplexen Zusammenhang der Größen Lufttemperatur, mittlere Oberflächentemperatur der Raumumfassungen, Luftgeschwindigkeit, Bruttoenergieumsatz, Wärmeleitwiderstand der Kleidung und Luftfeuchte an. Es wurden 1396 Probanden in Klimakammern untersucht, wobei minimal 5 % Unzufriedene auftraten.

Die *Empfindungstemperatur* (operative Raumtemperatur) t_E kann als Abstrakt aus der Behaglichkeitsgleichung und den zugehörigen Diagrammen gesehen werden. Sie ist definiert als *gewichtete Größe* aus *Luft-* und mittlerer *Strahlungstemperatur* der Umgebung

$$t_E = a\, t_L + (1 - a)\, t_S. \tag{3.5}$$

Bei großen Luftgeschwindigkeiten ist der konvektive Wärmeübergang intensiver (Wärmeübergangskoeffizient α_K ist eine Funktion der Lufttemperatur t_L und der Luftgeschwindigkeit w_L) und die Lufttemperatur geht stärker ein. Näherungsweise gelten für Systeme, die in unseren geographischen Breiten mit der thermischen Bauteilaktivierung arbeiten:

$$t_E = 0{,}5\,(t_L + t_S) \qquad \text{bei } w_L < 0{,}2 \text{ m/s}. \tag{3.6}$$

Eine wichtige Größe ist bei der Fixierung der *optimalen (behaglichen) Empfindungstemperatur* der *Index PMV* (predicted mean vote). Er stellt den mittleren Wert der Aussagen einer großen Gruppe von Personen zu einer thermischen 7-Punkte Skala dar. Zugehörig zu diesem Index kann die Prozentzahl unzufriedener Personen - der *PPD-Index* (predicted percentage of dissatisfied) - zugeordnet werden (Tabelle 3.3).

Tabelle 3.3 PMV- und PPD-Index nach ISO 7730 (Entwurf, 1994)

PMV (Predicted mean vote)								
kalt	kühl	leicht kühl		neutral		leicht warm	warm	heiß
-3	-2	-1	-0,5	0	+0,5	+1	+2	+3
PPD (Predicted percentage of dissatisfied)								
> 90 %	75 %	25 %	10 %	5 %	10 %	25 %	75 %	> 90 %

Aus der Tabelle 3.3 ist ersichtlich, daß selbst bei völliger thermischer Neutralität (die Wärmeabfuhr entspricht der Wärmeproduktion) noch 5 % der Menschen unzufrieden sind. Diese sogenannte "Meckerquote" kann nicht unterschritten werden.

In ISO 7730 (Entwurf, 1994) sind für eine relative Feuchte von 50 % die operativen Raumtemperaturen als Funktion der Aktivität, der Kleidung und der Luftgeschwindigkeit angegeben. Aus der Datenfülle werden im weiteren typische Fälle ausgewählt (Tabelle 3.4).

Tabelle 3.4 Operative Raumtemperatur im Behaglichkeitsfall nach ISO 7730 (Entwurf, 1994)

Empfindungstemperatur (operative Raumtemperatur) t_E °C (PMV = 0, PPD = 5 %)												
Aktivität	*Luftgeschwindigkeit* w_L											
	0,1 m/s Kleidung			*0,15 m/s* Kleidung			*0,2 m/s* Kleidung			*0,3 m/s* Kleidung		
met	clo			clo			clo			clo		
(W/m²)	0,5	0,75	1,0	0,5	0,75	1,0	0,5	0,75	1,0	0,5	0,75	1,0
1 (58)	26,0	24,6	23,3	26,5	25,0	23,6	26,8	25,3	**24,0**	27,2	25,7	24,3
1,2 (69,6)	24,7	23,1	21,5	25,2	23,5	22,0	25,5	**23,9**	**22,3**	26,0	24,4	22,7
1,4 (81,2)	23,3	21,6	19,8	23,8	22,1	20,4	24,3	22,4	20,7	24,8	23,0	21,2
1,6 (92,8)	22,1	20,2	18,3	22,7	20,8	18,8	23,1	21,2	19,2	23,7	21,7	19,8
1,8 (104,4)	20,9	18,7	16,6	21,4	19,3	17,2	21,9	19,8	17,6	22,5	20,4	18,2
2 (116)	20,3	17,3	15,0	20,2	17,8	15,6	20,7	18,3	16,0	21,3	19,0	16,7

Interessanterweise ergeben sich für die realistische Luftgeschwindigkeit 0,2 m/s die nachfolgend angegebenen Behaglichkeitswerte. Die prozentualen Unzufriedenheitsraten bei davon abweichenden Temperaturen folgen ebenfalls aus den Angaben der ISO 7730. Es gelten:

- **Sommer**: Kleidung 0,75 clo (leichter Büroanzug); Aktivität 1,2 met
  ⇒ *behagliche Empfindungstemperatur* **23,9 °C**

Unzufriedenheitsrate: bei 26 °C (0,75 clo) ⇒ *12 %*
(von DIN 1946 T.2 noch zugelassen)

bei 26 °C (1,0 clo) ⇒ *21 %*

- **Winter**: Kleidung 1,0 clo (normaler Büroanzug); Aktivität 1,2 met
  ⇒ *behagliche Empfindungstemperatur* **22,3 °C**

  Unzufriedenheitsrate: bei 20 °C ⇒ *11 %;* bei 18 °C ⇒ *25 %*
- **Winter**: Kleidung 1,0 clo (normaler Büroanzug); Aktivität 1,0 met
  ⇒ *behagliche Empfindungstemperatur* **24,0 °C**

  Unzufriedenheitsrate: bei 22 °C ⇒ *11 %;* bei 20 °C ⇒ *32 %.*

4. Bekannte Varianten der thermischen Bauteilaktivierung

In der Entwicklungsgeschichte der Heizungstechnik gab es vielfältige Arten der thermischen Bauteilaktivierung. Manche Systeme sind in Vergessenheit geraten, andere sind aber noch existent bzw. erleben derzeit eine Renaissance. Sie arbeiten nach statischen oder dynamischen Prinzipien, in dem sie die *stationäre* oder *instationäre Wärmeleitung* in den Bauteilen bevorzugt nutzen. An die bekannten Systeme soll erinnert werden, um

- das Erfahrungswissen (Vor- und Nachteile, Randbedingungen) bei zukünftigen Lösungen einzubeziehen
- neue Systeme bezüglich ihrer Anwendungschancen richtig einzuordnen.

Die aktuelle Entwicklung ist noch von Unsicherheiten geprägt. Die unterschiedlichen Trends werden vorgestellt.

4.1. Wichtige Arten und ihre historische Entwicklung

Die *thermische Bauteilaktivierung* zur Beheizung von Gebäuden ist schon *sehr alt.* Es erfolgt ein *kurzer Rückblick* auf ihre Entwicklung im Wohnbereich und für die jüngere Vergangenheit auch im Bürobereich. Fabrikationsstätten bleiben hierbei unbeachtet. Weitere, vertiefende Hinweise finden sich in [2, 3].

Interessanterweise arbeiteten die frühen Formen, wie beispielsweise die bekannte *Hypokaustenheizung* der Römer nach dem *instationären Prinzip*. Durch die Hohlräume unter den Fußböden oder Wänden wurden die Rauchgase von Feuerungen über einen längeren Zeitraum geleitet und die angrenzenden Bauteile dadurch stark aufgeheizt. Durch Wärmeleitung erhöhte sich dann die Temperatur der angrenzenden, inneren Raumoberflächen. Außerdem sind später Teile dieses Kanalsystems mit Außenluft beaufschlagt worden, die über dann freigegebene Luftdurchlässe im

Boden (Wegnahme von einzelnen Bodenplatten) erwärmt in den Raum strömte. Die in der jüngsten Vergangenheit realisierten solaren Hybridsysteme lehnten sich stark an das beschriebene Hypokaustensystem an, haben sich aber wirtschaftlich nicht bewährt.

Die *stationär arbeitenden Varianten* der thermischen Bauteilaktivierung begannen ihren Siegeszug durch die Heizungstechnik mit einem 1907 erteilten Patent für *Paneelheizungen* in England. Bereits 1909 rüstete die Firma CRITTALL in Liverpool ein Gebäude mit 11000 m² Wandpaneelheizfläche aus, wobei 80 km 1/2" Rohre installiert worden. Die erste deutsche Deckenheizung wurde erst 1930 gebaut. Es handelte sich um ein Schwerkraftsystem mit gigantisch anmutenden 5/4" Rohrschlangen. In den 50er Jahren sind dann auch in Deutschland sehr viele "CRITTALL-Decken", d. h. *Stahlbetondecken* mit fest einbetonierten, vorgefertigten Stahlrohrregistern in Mäanderform gebaut worden. In der Regel kamen 1/2" Rohre zum Einsatz. Ihre Auslegung erfolgte für eine stationäre Betriebsweise, obwohl diese Decken ein großes Wärmespeichervermögen besitzen.

Es gab auch *Decken- und Wandheizungen* mit im Putz integrierten Kupferrohrschlangen, meistens mit den Rohrabmessungen 12×2 mm.

Bald kamen auch *abgehängte Decken* mit *Stahlrohrregistern* und *Metallkassetten* zum Einsatz, deren Wärmespeicherkapazität außerordentlich klein ist.

Sowohl Massivdeckenheizungen als auch abgehängte Metalldeckenheizungen werden heute noch betrieben. Ab Anfang der 70er Jahre wurden Deckenheizungen kaum noch installiert.

Die *Fußbodenheizungen* zeichneten sich in ihrer Entwicklungszeit in den 30er Jahren meistens durch eigenwillige Sonderformen aus, die mit relativ großen Rohrabständen und Wärmeleitrippen arbeiteten [2]. Zur Großanwendung der Fußbodenheizungen kam es vor allem nach 1960, als flexibel verlegbare Kunststoffrohre - meistens in der Abmessung 20×2 mm - verfügbar waren.

Schon sehr frühzeitig (1937) wurde darauf verwiesen, daß sich die bewährten Heizdecken auch sehr gut zur *Deckenkühlung* eignen [4]. In [5] wird bereits über 1938 durchgeführte experimentelle Untersuchungen mit Heiz- und Kühldecken berichtet. Die geringen Leistungen und die Gefahr der Kondenswasserbildung bei der Taupunktunterschreitung an der Deckenoberfläche ermöglichten jedoch keine Breitenanwendung.

Seit Beginn der 90er Jahre entstanden zahlreiche *Kühldeckenvarianten* mit *hohen spezifischen Leistungswerten* und *geringer Wärmespeicherkapazität*. Die Leistungsanpassung war nahezu ideal durchführbar. Die Kondenswasserbildung konnte durch präzise Temperaturregelungen und durch entsprechende Raumluft-Feuchteregelungen ausgeschlossen werden. Nach der raschen Verbreitung der Kühldecke und dem zwischenzeitlichen "Aussterben" der Heizdecke wurde ab 1994 die Diskussion geführt, die bewährten Kühldecken doch auch zum Heizen einzusetzen [6].

Kühlfußböden oder *Kühlwände* sind bisher *Sonderformen* der Bauteilkühlung geblieben. Eine weitere Sonderform der thermischen Bauteilaktivierung stellen beispielsweise die Fassadenkonstruktionen mit wasserdurchflossenen Fensterriegeln dar (GARTNER-Fassade).

4.2. Aktuelle Entwicklung

Die *neuzeitliche thermische Bauteilaktivierung* geht von *wasserdurchflossenen Rohrsystemen* aus, die in einer *Massivdecke* "Wärme" oder "Kälte" bei einer Oberflächentemperatur t_D = 21 ... 24 °C speichern. Da eine Raumtemperaturschwankung zugelassen wird, ergeben sich:

- **$t_R < t_D$ Heizung des Raumes**
- **$t_R > t_D$ Kühlung des Raumes.**

Wegen der relativ kleinen Temperaturdifferenzen zwischen der Raumtemperatur t_R und der Deckenoberflächentemperatur t_D, besteht ein hohes Selbstreguliervermögen. Aus energetischen und wirtschaftlichen Gründen wird die Decke instationär betrieben. Mit der Markteinführung des sogenannten "BATISO"-Verfahrens war zunächst die Firma GEILINGER AG (Winterthur) befaßt. Als Systemmerkmale wurden genannt [7]:

- Einsatz einer "Hoch-Isolations-Technologie" mit $k_{Fenster} < 0{,}6$ W/(m²K)
- Oberflächentemperatur der Decke konstant 22 °C
- Quellüftung; aber auch beliebige Fensterlüftung möglich
- Heizleistungen 20 W/m²
- Kühlleistungen 30 ... 40 W/m².

Diese Aussagen sind teilweise nicht haltbar. Eine konstante Oberflächentemperatur der Decke ist ebenso wenig möglich, wie eine beliebige Fensterlüftung ohne Auswirkung auf das Raumklima oder die Leistungsfähigkeit der Decke bleibt. Bei 20 °C Raumtemperatur können auch 20 W/m² Heizleistung nicht realisiert werden.

Inzwischen sind diese ersten Aussagen relativiert worden [8]:

- Einsatz eines normalen Dämmstandards
- Installation eines zusätzlichen Heizungssystems üblicher Bauart bei $k_{mittel} > 1$ W/(m²K)
- Oberflächentemperatur der Decke 21 ... 24 °C
- experimentelle Leistungsdaten (Kühlfall) 35 ... 40 W/m² über 10 Betriebsstunden.

Das Speichervermögen einer normalen Stahlbetondecke mit einer Dicke von 300 mm wird im Kühlfall mit etwa 600 Wh/m² angegeben. Dieser Wert entstammt der trivialen Rechnung

$m\,c\,\Delta t = 0{,}300 \cdot 1 \cdot 2400 \cdot 1050 \cdot 3\ \text{Ws/m}^2 \approx 630\ \text{Wh/m}^2$,

wobei eine Temperaturschwankung von 3 K im Bauteil zwischen beladenem und entladenem Zustand der Decke angenommen wird. Dieser Wert ist bei normal üblichen Raumtemperaturen nicht erreichbar. Die experimentellen Ergebnisse entsprechen auch nur etwa 60 % des angegebenen Speicherwertes.

Die *konstruktiven Details zum Rohreinsatz* sind:

- Kunststoffrohr VPE, diffusionsdicht, vernetzt (gleiches Rohr wie bei der Fußbodenheizung)
- Rohrabmessungen 26×2 mm, 20×2 mm, 17×2 mm
- Rohrabstände vorzugsweise 300 mm, minimal 150 mm
- vorzugsweise symmetrische Einbettung des Rohrregisters in die Massivdecke.

Für die sich einstellenden *Raumzustände* wird *keine Gewährleistung* übernommen. Es sind bereits große Bürobauten ausgeführt worden. Langzeiterfahrungen und wissenschaftlich ausgewertete Betriebserfahrungen liegen in Deutschland noch nicht vor. Inwieweit redundante Luft-Klimatisierungssysteme beigestellt sind, wird nicht bekanntgegeben.

5. Einsatz von Kunststoff-Kapillarrohrmatten zur Bauteilaktivierung

Bei zukünftig zu kreierenden Systemen sollte auch die Variante des Einsatzes von Kunststoff-Kapillarrohrmatten aus *Polypropylen* (PP) als Verteilsystem des Heiz- bzw. Kühlmediums Beachtung finden. Hersteller der untersuchten Kapillarrohrmatten ist die *Firma Clina* in Berlin.

5.1. Aufbau der Matten und Einsatzgebiete

Diese Matten bestehen aus *Röhrchen 3,4×0,55 mm*, die in *sehr geringem Abstand* von 10 mm, 15 mm, 20 mm oder 30 mm angeordnet sind. Die Röhrchen sind beidseitig in Verteiler- und Sammlerrohren des gleichen Materials eingeschweißt. Nach einem speziellen Herstellungsverfahren wird jedes Röhrchen beim Einschweißen aufgedornt, so daß die Einbindung völlig gratfrei erfolgt.

Zukünftig besteht die Möglichkeit Durchmesser, Wanddicke und Abstände der Röhrchen zu variieren. Für den Einsatz im besonders rauhen Baustellenbetrieb wird eine *Matte hoher mechanischer Belastbarkeit* mit Röhrchen von beispielsweise 4,3×0,9 mm und einem Abstand von 20 mm vorgeschlagen.

Der Einsatz von Kapillarrohrmatten hat sich bei *Kühldecken* seit Jahren im In- und Ausland bestens bewährt. Referenzen reichen vom Japancenter in Frankfurt über die Nestlé Zentrale in Paris bis zum Reichstag in Berlin. Auch *Fußbodenheizungen* nach neuen Konstruktionsprinzipien ohne Estrich werden bereits erfolgreich betrieben. Die Verlegung der Matte erfolgt z. B. direkt im Fliesenkleber oder in einer speziellen Profilfolie. Die theoretisch ermittelten Leistungen sind sehr erfolgversprechend (Abschnitte 10. und 13., [9]). Derzeit werden Fußbodenheizungen mit dünnen polymergebundenen Quarzsandestrichen kleiner Dicke experimentell untersucht.

Die Einsatzmöglichkeiten werden nicht nur in der reinen Fußbodenheizung mit allen üblichen Belägen gesehen, sondern allumfassend als Flächenheizung, beispielsweise als *Wandheizung*, Beheizung von Badewannenträgern usw., avisiert.

Die Hauptzielstellungen für diese vornehmlich mit *stationärer Wärmeleitung arbeitenden Systeme* sind:

- sehr geringe Konstruktionshöhen
- hohe Wärmestromdichten
- Einsatz von niedrigen Medientemperaturen.

Die Kunststoff-Kapillarrohrmatten sind aber auch in vorwiegend mit *instationärer Wärmeleitung arbeitenden Systemen* vorteilhaft einsetzbar. Erste Versuche und Rechnungen bestätigen dies. Die Hautzielstellungen sind hierbei:

- hohe Wärmespeicherung im Bauteil
- schnelle Aufladung
- Einsatz von niedrigen Medientemperaturen.

Die enge Rohrteilung und die eventuelle mehrlagige Anordnung der Matte gewährleisten eine große Temperaturhomogenität im Bauteil und eine hohe Ladedynamik.

Mit speziellen Schaltungsmöglichkeiten lassen sich beim Einsatz mehrlagiger, thermisch voneinander getrennter Matten auch hohe Temperaturspreizungen in den Wärmeübertragerflächen realisieren.

Informativ sei mitgeteilt, daß sich die Fa. Clina mit weiteren sehr umfangreichen Einsatzgebieten befaßt. Hierbei spielen auch konvektiv arbeitende Kühlschächte (Säulen- und Schrankform) [10] zur kostengünstigen Raumkühlung und zur Außenluftförderung in Räume ohne mechanische Antriebsenergie eine sehr große Rolle. Weitere Einsatzmöglichkeiten werden in der Kühlung von Transportbehältnissen (Containern) sowie zahlreichen speziellen Kühlsystemen für Lagerräume usw. gesehen.

5.2. Merkmale einer Basistechnologie und die Verbindung zur BIONIK

Der Variantenreichtum der von der Fa. Clina entwickelten und produzierten Kunststoff-Kapillarrohrmatten trägt deutliche Merkmale einer Basistechnologie. Von einer solchen spricht man, wenn deren Einsatz auf viele Gebiete revolutionierend - mindestens aber sehr befruchtend - wirkt. Kennzeichnend für eine *Basistechnologie* sind u.a.:

- bessere Nutzung der Energiequellen
- Kostenreduktion gegenüber konventionellen Technologien
- Umweltverträglichkeit in der Herstellung und im Betrieb
- Einsatz recycelbarer Materialien
- Langzeitstabilität
- Einsatz chemisch resistenter und inkrustationsfreier Werkstoffe
- Einfachheit im Aufbau
- multivalente Einsatzmöglichkeiten
- Massenproduktion.

Der Einsatz der Kunststoff-Kapillarrohrmatten wird auch im Sinne der BIONIK, die die natürlichen - vor allem die biologischen - Vorgänge in den Technikbereich überträgt, sehr erfolgsversprechend gesehen.

Die BIONIK lehrt uns, daß die Natur zwar keine direkt und vollständig realisierbaren "Blaupausen" liefert, daß aber viele Effekte und Teilvorgänge in technische Wirkprinzipien umsetzbar sind. Bezüglich der Temperierung der Raumumfassungsflächen ist eine Analogie zur Durchblutung der menschlichen Haut überprüfenswert. (Bewußt wird nicht von der Haut in ihrer Gesamtheit gesprochen, da deren Funktion so komplex ist, daß ein "Nachbau" völlig utopisch wäre.) Das Blutgefäßsystem, über das die Wärmeabgabe nach außen erfolgt, könnte eine analoge technische Umsetzung durch Kapillarrohrmatten in den Bauteilen erfahren.

5.3. Einsatzfördernde thermodynamische Eigenschaften

Zwei konstruktive Eigenschaften der Kunststoff-Kapillarrohrmatten führen zu hervorragenden thermodynamischen Eigenschaften:

- Die *kleinen Rohrabstände* - ab 10 mm - ergeben bei eingegossenen Matten im dazwischenliegenden homogenen Baustoff nur geringe Temperaturunterschiede in der Rohrebene infolge Wärmeleitung, so daß die Größe des *Wärmeleitkoeffizienten* des Baustoffs ihre *bisherige große Bedeutung verliert.*

  So sind beispielsweise hohe λ-Werte im Estrich von Fußbodenheizungen zwingend (mindestens 1,2 W/(m K)), da die Rohrabstände konstruktiv groß gewählt werden. Zudem gestatten die kleinen Rohrdurchmesser auch die Estrichdicken, die bisher Mindestwerten zu entsprechen hatten, zu minimieren bzw. ganz auf den Estrich zu verzichten (Abschnitt 5.1.). Dadurch reduziert sich auch der Wärmeleitwiderstand vom Rohrregister zum Raum. Somit sind gleich große Wärmeströme einer Fußbodenheizung bei stark reduzierten Heizwasserübertemperaturen - bezogen auf ein konventionelles System - erreichbar, beispielsweise nach Abschnitt 10.2. von 20 K auf 12 K. Diese Absenkung bietet die Möglichkeit des *direkten Einsatzes von Umweltenergie* (z. B. durch Nutzung von einfachen Sonnenkollektoren) über lange Zeiträume des Jahres, und beim *Einsatz von Wärmepumpen* ergeben sich nach Gl. (2.6) *große exergetische Vorteile.*

- Die *kleinen Rohrdurchmesser* - z.B. 3,4 mm - führen bei in der Luft freihängenden Kapillarrohrmatten oder bei Matten in Kühlschächten auch bei kleinen Luftgeschwindigkeiten zu *großen konvektiven Wärmeübergangskoeffizienten.*

  Werden Rohre von der Raumluft mit Geschwindigkeiten im Bereich von 0,05 m/s bis 0,5 m/s angeströmt, so ergeben sich für Kapillarrohre etwa dreimal größere Wärmeübergangskoeffizienten als für 1/2" Rohre. Diese Tatsache ist von der Umströmung dünner Drähte bekannt und wird in der Meßtechnik beim Einsatz von Hitzdrähten auch vielfältig genutzt. Dieser physikalische Effekt wird durch die Ähnlichkeitstheorie nachvollziehbar beschrieben [10]. Damit ergeben sich interessante Einsatzmöglichkeiten zur kostengünstigen Raumkühlung mit relativ hohen Kaltwassertemperaturen, z. B. von 20 °C. Diese bieten die Möglichkeit des *direkten Einsatzes von Umweltenergie* (z. B. durch Verwenden von Kühltürmen) über lange Zeiträume des Jahres, und beim *Einsatz von Kältemaschinen* ergeben sich wiederum nach Gl. (2.6) *große exergetische Vorteile.*

6. Grundanforderung an Systeme zur maximalen Umweltenergienutzung

Wie die bisherige Entwicklung der thermischen Bauteilaktivierung (Abschnitt 4.) verdeutlichte, ist zur Erfüllung der gegebenen Aufgabenstellung der Einsatz von Systemen sinnvoll, die sowohl die stationäre als auch die instationäre Wärmeleitung in den Heiz- oder Kühlflächen bevorzugt nutzen. Vereinfachend werden im weiteren die nach dem ersten Wirkprinzip arbeitenden Systeme *Aktivsysteme*, die anderen *Passivsysteme* genannt. Die Eigenschaften der Systeme werden später noch detailliert beschrieben.

6.1. Allgemeingültige Prämissen

Die Nutzung der Umweltenergie ruft viele widersprüchliche Aspekte hervor. Sie wird von den meisten Menschen befürwortet. Sie möchten dadurch aber möglichst keine Einbußen an Komfort hinnehmen. Die technischen und damit eng verbunden, die finanziellen Aufwendungen für Systeme zur Umweltenergienutzung sind in der Regel groß. Eine Mehrbelastung ist man aber meistens nicht bereit zu übernehmen.

Die *Umweltenergienutzung* stellt somit ein *sehr komplexes Thema* dar, das *technische Kategorien*, *wärmephysiologische Bereiche* und *emotionale Empfindungen* bis zu *politischen Beurteilungen* verknüpft. Um erfolgreich zu sein, müssen einige Bewertungen und Maßnahmen sehr behutsam getroffen werden, damit man nicht vordergründige Argumente gegen die Umweltenergienutzung liefert oder vorhandene unterstützt.

Die maximale Umweltenergienutzung ist stets dann gegeben, wenn

- Heiz- und Kühlmedientemperaturen nahe an der Raumtemperatur verwendbar sind
- die Raumtemperatur in einem großen Bereich schwanken darf.

Dem ersten Punkt sind technische, dem zweiten Punkt wärmephysiologische Grenzen gesetzt. Die Diskussionen über diese Randbedingungen werden nicht immer sachlich geführt.

Für das *Aktiv-* und das *Passivsystem* gelten nachfolgende *Forderungen* bzw. *Hinweise*, die wichtig für die Erfüllung der Aufgabe sind, gleichermaßen:

- **Toleranzfeld der Empfindungstemperatur setzt enge Grenzen**

Werden im Winter niedrige und im Sommer hohe Raumtemperaturen zugelassen, dann ist damit a priori eine Primärenergieersparnis bzw. eine erweiterte Umweltenergienutzung gegeben. Würde man das Toleranzfeld aber zu extensiv gestalten, sinkt die Akzeptanz der Nutzer sehr stark. Dies hängt im hohen Maße mit den subjektiven, statistisch aber gut quantifizierbaren Wahrnehmungen "warm" und "kalt" zusammen. Tabelle 3.3 (Abschnitt 3.) zeigt dies sehr anschaulich.

Weicht man von der neutralen thermischen Bewertung zu den Kategorien "leicht warm" oder "leicht kühl" ab, sind damit bereits Unzufriedenheiten von 25 % verbunden. Die Kategorien "warm" oder "kühl" führen schon zu einer Ablehnung von 75 %.

Die im Anschluß an Tabelle 3.4 gegebene Auswertung liefert unter Beachtung der jahreszeitlich angepaßten Kleidung die Forderungen an die Empfindungstemperaturbereiche:

⇒ **Sommer:**	**24 °C ... 26 °C**	
⇒ **Winter:**	**22 °C ... 20 °C**	bei Büroaktivität (1,2 met)
	24 °C ... 22 °C	bei Entspannungsphase (1 met).

- **Akzeptanzwillen kann nicht erwartet werden**

Empfindungstemperaturen, die außerhalb der genannten Bereiche liegen, werden in Bürobauten und im Mietwohnungsbau nicht akzeptiert. Belehrungen zum Energiebewußtsein erreichen nicht alle Büronutzer bzw. Bewohner und wirken auch nicht dauerhaft. Außerdem sprechen Gesetzlichkeiten und spezielle Vereinbarungen dagegen.

- **Selbstregulierverhalten nicht nur eine positive Eigenschaft**

Systeme mit niedrigen Temperaturunterschieden zwischen Heiz- bzw. Kühlmedium und Raum haben stets ein sehr gutes Selbstreguliervermögen, da mit einer Änderung der Raumtemperatur sofort eine große Leistungsänderung verbunden ist.

Fällt beispielsweise bei einer Fußbodenheizung die Raumtemperatur aufgrund des Wegfalls von inneren Lasten ab, dann steigt die Wärmeabgabe der Heizfläche an. Dies wird im allgemeinen positiv bewertet, da regelungstechnischer Aufwand eingespart werden kann.

Die Nachteile können aber durchaus gravierend sein:

⇒ Die *Temperaturabweichung vom Sollwert* ist *bleibend*, denn das System verhält sich wie ein Proportionalregler.

⇒ Beim undisziplinierten Lüften wird die niedrige Temperatur durch eine mitunter bedeutend höhere Wärmeleistung ausgeglichen. Das Raumklima kann dabei - beispielsweise in der Übergangszeit - als sehr angenehm empfunden werden. Der *Energieverbrauch steigt* aber teilweise auf ein Mehrfaches gegenüber dem Ursprungsbedarf an.

6.2. Besonderheiten bei Aktivsystemen

Um Energie zu sparen, sollte das System möglichst nur während der Nutzungszeit betrieben werden. Daraus resultieren die teilweise miteinander verknüpften Forderungen:

⇒ kurze Aufheizzeiten

⇒ geringe Abkühlzeiten

⇒ geringes Speichervermögen

⇒ trägheitsarme Regelung mit sehr guter Lastanpassung

⇒ geringer Wasserinhalt.

Die Aktivsysteme zur maximalen Umweltenergienutzung entsprechen in ihren Anforderungen im allgemeinen den meisten derzeit eingesetzten konventionellen Heiz- und Kühlsystemen für Räume.

Das grundsätzliche Wissen über diese Systeme und ihre Berechnung ist sehr hoch. Simulationsverfahren sind vorhanden.

6.3. Besonderheiten bei Passivsystemen

Die Passivsysteme nutzen Speichermöglichkeiten, um das im Tagesgang unterschiedliche Energiedargebot optimal zur Energiebedarfsdeckung zu verwenden. Damit ergeben sich folgende Besonderheiten und Probleme:

⇒ Die *Entladung* des Bauteils mit gespeicherter thermischer Energie erfolgt passiv *ohne Einflußnahme* durch den *Raumnutzer.*

⇒ Es gibt *keine Gewährleistung der Raumzustände*. Das Erreichen von Grenzparametern und die Überschreitungshäufigkeiten sind nur mit statistischen Mitteln abschätzbar.

⇒ *Zusatzsysteme*, die als Aktivsysteme nahezu trägheitsarm wirken, sind in der Diskussion. Im Falle einer zusätzlichen Heizung haben sich derartige Lösungen schon durchgesetzt. Bezüglich einer zusätzlichen Kühlung verhält man sich noch abwartend.

⇒ Nur die Beladung des Speicherbauteils kann bewußt, d. h. aktiv beeinflußt werden. Es sind dazu *Prognoseelemente* heranzuziehen, die den *Last-* und *Witterungsverlauf* des Folgetages abschätzen. Der Lastverlauf setzt sich aus den inneren Lasten - beispielsweise der Raumbelegung - und den äußeren Lasten - z. B. der Besonnung - zusammen. Der Witterungsverlauf wirkt somit in zweifacher Weise auf die Passivsysteme, indem er die äußere Raumlast aber auch die Beladung mit Umweltenergie beeinflußt.

⇒ Das *Hauptargument* für den Einsatz von Passivsystemen ist die *Primärenergieeinsparung* und damit z. B. auch die *Abkehr von elektrisch erzeugter Kälte.*

Eine *Energieverschwendung* ist durch *falsche Prognosen* und ein *Unterlaufen des Selbstregulierereffektes* - beispielsweise durch unkontrollierte Fensterlüftung - gegeben.

⇒ Die Funktionstüchtigkeit des Systems wird in Ermangelung genauer Kenntnisse stets nur an den *eindeutigen Extremeinsatzfällen* Heizen im Winter und Kühlen im Sommer erläutert. *Problematisch* und für den Energieeinsatz besonders bedeutungsvoll ist aber die *Übergangszeit*: morgens heizen, ab mittags kühlen; in Fassandennähe heizen, in Raummitte kühlen usw.

⇒ *Optimierungen* des Passivsystems sind bisher *in ungenügender Weise* erfolgt. Die vorhandenen *Simulationsprogramme* können derzeit die *Komplexität* der Vorgänge noch *nicht wiedergeben*. Erschwerend wirkt, daß viel Unzutreffendes über diese Thematik veröffentlicht wird.

⇒ Leider wird die Notwendigkeit des Umweltenergieeinsatzes mitunter absichtlich mißachtet, wenn beispielsweise damit geworben wird, daß die „Kältespeicherung“ nachts mit den Kältemaschinen erfolgt, die tagsüber anderweitig verfügbar sind [8]. Dieser Ansatz spiegelt primitivste Investorenmentalität wider. Billig in der Anschaffung, unverantwortlich hohe Energiekosten. Hier wird mehr Primärenergie vergeudet als bei einer zeitgleichen Bedarfskühlung.

Als Maßstab der Systembeurteilung gilt der Satz:

Nur was nichts kostet und die Umwelt nicht belastet, darf verschwendet werden!

6.4. Prämissen zur Bewertung zukünftiger Systeme

Zur effektiven Nutzung der *thermischen Bauteilaktivierung* müssen zukünftig sowohl die *aktiven* als auch die *passiven Systeme* entwickelt und kombiniert eingesetzt werden. Durch *Optimierungen* sind effiziente Systeme zu gestalten.

Geschlossene Optimierungsverfahren wird es dazu allerdings - wie in den meisten technischen Bereichen - nicht geben. Vielmehr sind *Parametervariationen* unter festen Randbedingungen zielführend.

Als wichtigste *Voraussetzungen* gelten:

- Die Temperaturverteilungen folgen im allgemeinen Fall aus einer dreidimensionalen, instationären Wärmeleitung in homogenen, isotropen Festkörpern. In der Regel ist es jedoch ausreichend, die *Wärmeleitung im Bauteil zweidimensional* zu betrachten, wobei die Wärmeleitung in der Durchflußrichtung der Rohre unberücksichtigt bleibt und dafür mit mittleren Medientemperaturen gearbeitet wird. Eine verallgemeinerungsfähige, eindimensionale Betrachtung ist bei den konventionell üblichen, großen Rohrabständen nicht vertretbar. Die *Rohrlage* im Bauteil und die *Rohrregisterabmessungen* im Bauteilquerschnitt stellen einen sehr wichtigen Einflußfaktor dar und sind zu berücksichtigen.

- Es sind *Berechnungsbausteine* in Form von *Programmen* für *stationäre* und für *instationäre wärmetechnische Abläufe* zu *erstellen.*

- Diese Bausteine sind an bekannten Ergebnissen zu *verifizieren.*

- Diese Programmbausteine müssen *einzeln* oder *kombiniert* genutzt werden können.

Zur Systembewertung und Optimierung sind *praktikable Randbedingungen* als *normierte Basisgrößen* zu definieren. Ein *physisch vorhandener Speicher* - beispielsweise eine 300 mm dicke Betondecke - ist hinsichtlich seiner *Ladekapazität* und seiner *Dynamik* zu untersuchen und zu beurteilen. Wichtig sind hierbei die praxisrelevanten Bezugsgrößen.

- Physikalisch begründet ist es z. B. für die *gespeicherte Wärme*, die *Raumtempe-*

ratur als *Basistemperatur* zu verwenden, da theoretisch bis auf diesen Wert eine Entladung möglich wäre.

- Von besonderem wärmetechnischen Interesse sind der *Lade-* und der *Entladestrom* - beispielsweise die Kühlleistung der Decke. Diese Größen sind vom Ladezustand des Bauteils und von der Raumtemperatur abhängig. Um die dynamische Leistungsfähigkeit der Systeme unter praxisnahen Bedingungen vergleichen zu können, wäre es denkbar, einen gegebenen Raum mit definierten Belastungen und vorgegebenen, zeitlichen Temperaturverläufen des Kaltwassers für unterschiedliche Speicherkonstruktionen zu untersuchen. Die Aussagen gelten dann für diesen speziellen Raum mit den speziellen Speicherbedingungen, die beispielsweise das Mobilar einschließen.

  Übersichtlicher und zugleich verallgemeinerungsfähiger zur Leistungsdarstellung des Systems wäre die *Vorgabe von zeitlichen Temperaturverläufen für die Räume*, die an das zu untersuchende Speicherbauteil angrenzen. Für eine Decke im Geschoßbau sind dies z. B. die Raumtemperaturen des unteren und des oberen Raumes $t_{Ru}(\tau)$ und $t_{Ro}(\tau)$. Des weiteren wird der *Temperaturverlauf des Kaltwassers* $t_W(\tau)$ einschließlich der *Betriebszeiten* definiert. Für diese "*Normbedingungen*", die natürlich diskussionsfähig sind, werden dann Kühlleistungen als Zeitfolge bestimmt. Zweckmäßigerweise sollten dabei der Einschwingvorgang und der eingeschwungene Zustand untersucht werden.

Die *Leistungen* der unterschiedlichen Systeme sind dann *objektiv vergleichbar*, *ähnlich* dem Verfahren einer *Normprüfung*.

7. Zweidimensionale, stationäre Wärmeleitung in homogenen Bauteilen mit integrierten Rohrregistern

Um die zweidimensionale, stationäre Temperaturverteilung in homogenen, isotropen Körpern zu berechnen, muß die LAPLACEsche Differentialgleichung für den ebenen Fall

$$\frac{\partial^2 t}{\partial x^2} + \frac{\partial^2 t}{\partial y^2} = 0 \qquad (7.1)$$

gelöst werden. Sie stellt einen Sonderfall der FOURIERschen Differentialgleichung, die im Abschnitt 11. betrachtet wird, dar.

7.1. Algorithmus

7.1.1. Homogene Platte mit Rohrregister und gleichen Umgebungstemperaturen

Zur Lösung der Gl. (7.1) werden partikuläre Lösungen gesucht und durch lineare Verknüpfungen nach dem Prinzip der Superposition überlagert. Damit ist die Differentialgleichung exakt gelöst und die unterschiedlichen Randbedingungen werden genau oder näherungsweise angepaßt. Im vorliegenden Fall werden die Randbedingungen durch konvergente Reihenentwicklungen erfüllt.

Die *Lösung der Differentialgleichung* folgt einem Vorschlag von FAXÉN [11]. Die einzelnen Schritte sind in [3] genau wiedergegeben.

Im weiteren erfolgt die Angabe der Lösungsschritte nur soweit, wie diese zum Verständnis eines Anwenders und zur Aufstellung eines Rechenprogramms erforderlich sind.

Bild 7.1 zeigt den Prinzipaufbau des Bauteils mit Kennzeichnung der geometrischen und wärmetechnischen Größen.

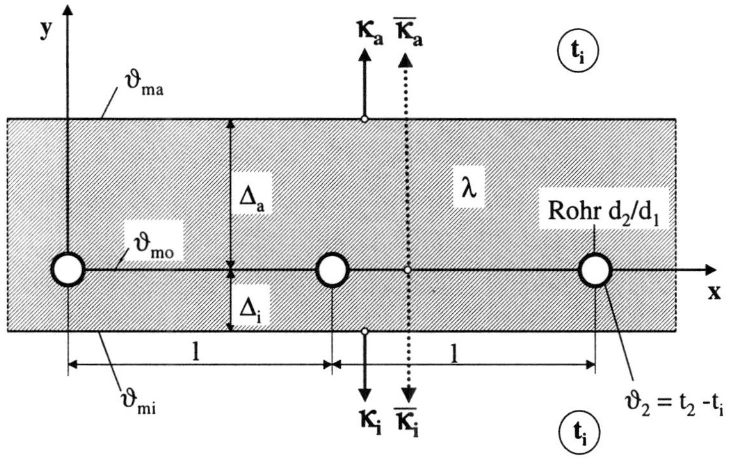

Bild 7.1 Querschnitt durch eine Massivplatte mit Rohrregister und Kennzeichnung der geometrischen und wärmetechnischen Größen als Grundlage für die Ableitung der zweidimensionalen Temperaturverteilung in der homogenen Platte

ϑ_{mi}, ϑ_{ma} und ϑ_{mo} stellen die mittleren Übertemperaturen in den markierten Ebenen bezogen auf t_i dar. Die weiteren, nicht allgemein üblichen Größen werden im Text erläutert.

Am *Rohrumfang* liegt eine *Randbedingung erster Art* (konstante Temperatur) vor:

$$\vartheta = \vartheta_2 . \tag{7.2}$$

Diese Temperatur ϑ_2 ist als Übertemperatur bezogen auf die Raumtemperatur t_i, die auf beiden Seiten des Bauteils vorliegt, zu verstehen. Es handelt sich dabei um die Übertemperatur an der Rohraußenoberfläche (zum Durchmesser d_2 gehörig). Auf die Berechnung der Rohrwandtemperatur in Abhängigkeit der Wassertemperatur und des Wärmestromes wird später eingegangen.

An den *Bauteiloberflächen* handelt es sich um *Randbedingungen dritter Art* (Wärmeübergang zum Raum):

- äußere Oberfläche

$$-\lambda \left.\frac{\partial \vartheta}{\partial y}\right|_{y=\Delta_a} = \kappa_a \vartheta \tag{7.3}$$

bzw. mit $h_a = \dfrac{\kappa_a}{\lambda}$ (7.4)

$$\left.\frac{\partial \vartheta}{\partial y}\right|_{y=\Delta_a} = -h_a \vartheta \tag{7.5}$$

- innere Oberfläche

$$-\lambda \left.\frac{\partial \vartheta}{\partial y}\right|_{y=-\Delta_i} = \kappa_i \vartheta \tag{7.6}$$

bzw. mit $h_i = \dfrac{\kappa_i}{\lambda}$ (7.7)

$$\left.\frac{\partial \vartheta}{\partial y}\right|_{y=-\Delta_i} = h_i \vartheta . \tag{7.8}$$

Randbedingungen dritter Art beschreiben eigentlich den Wärmeübergang von einer festen Oberfläche an ein Fluid. Damit müßten in den Gln. (7.3) bis (7.8) die Wärmeübergangskoeffizienten α anstelle der Teilwärmedurchgangskoeffizienten κ Verwendung finden. Praktisch ist es aber möglich, daß auf und unter der Massivplatte weitere planparallele Schichten mit relativ schlechter Wärmeleitfähigkeit in x-Richtung angeordnet sind. Dies können Putzschichten, Fußbodenbeläge, schwimmende Estriche, Dämmschichten usw. sein. In diesen Schichten wird nur die Wärmeleitung in y-Richtung betrachtet. Die Wärmeleitwiderstände dieser Schichten werden zweckmäßigerweise mit dem jeweiligen Wärmeübergangskoeffizienten zu einem *Teilwärmedurchgangskoeffizienten* κ zusammengefaßt. Es gelten für m äußere und n innere Zusatzschichten, die sich an die im Bild 7.1 dargestellten Plattenoberflächen anschließen:

$$\kappa_a = \left[\frac{1}{\alpha_a} + \sum_{j=1}^{m} \frac{\delta_{a,j}}{\lambda_{a,j}} \right]^{-1} \tag{7.9}$$

$$\kappa_i = \left[\frac{1}{\alpha_i} + \sum_{j=1}^{n} \frac{\delta_{i,j}}{\lambda_{i,j}} \right]^{-1} . \tag{7.10}$$

Die *Übertemperatur in der Massivplatte* lautet im Ergebnis der Ableitung:

$$\vartheta = -A \left\{ \frac{\pi}{l} \left[G_a \, y + G_i + |y| \right] - \sum_{s=1}^{\infty} \frac{1}{s} \left[e^{-\frac{2\pi s}{l}|y|} + g_a(s)\, e^{-\frac{2\pi s}{l} y} + g_i(s)\, e^{\frac{2\pi s}{l} y} \right] \times \cos\left(\frac{2\pi s}{l} x \right) \right\} \tag{7.11}$$

Jeder Summand dieser Gleichung erfüllt die LAPLACEsche Differentialgleichung (Gl. (7.1)). Die Konstanten werden so bestimmt, daß der Basisterm und jedes Glied der Reihe die Randbedingungen erfüllen. Unter Beachten, daß in den Gln. (7.5) und (7.8) für den äußeren Rand $y = \Delta_a$ und für den inneren Rand $y = -\Delta_i$ gelten, folgen nach langer Umrechnung die zur Bestimmung der *Konstanten* geeigneten Gleichungen:

$$G_a = \frac{h_a\,(1+h_i\,\Delta_i) - h_i\,(1+h_a\,\Delta_a)}{h_a\,(1+h_i\,\Delta_i) + h_i\,(1+h_a\,\Delta_a)} \tag{7.12}$$

$$G_i = -\frac{2\,(1+h_i\,\Delta_i)\,(1+h_a\,\Delta_a)}{h_a\,(1+h_i\,\Delta_i) + h_i\,(1+h_a\,\Delta_a)} \tag{7.13}$$

$$\left(h_a - \frac{2\pi s}{l} \right) (1+g_a(s))\, e^{-\frac{4\pi s}{l}\Delta_a} + \left(h_a + \frac{2\pi s}{l} \right) g_i(s) = 0 \tag{7.14}$$

$$\left(h_i - \frac{2\pi s}{l} \right) (1+g_i(s))\, e^{-\frac{4\pi s}{l}\Delta_i} + \left(h_i + \frac{2\pi s}{l} \right) g_a(s) = 0. \tag{7.15}$$

Aufbauend auf die Teilwärmedurchgangskoeffizienten κ_a und κ_i nach den Gln. (7.9) und (7.10) werden nunmehr Teilwärmedurchgangskoeffizienten bezogen auf die Ebene der Rohrachsen definiert. Sie lauten:

$$\overline{\kappa}_a = \left[\frac{1}{\kappa_a} + \frac{\Delta_a}{\lambda} \right]^{-1} \tag{7.16}$$

$$\overline{\kappa}_i = \left[\frac{1}{\kappa_i} + \frac{\Delta_i}{\lambda} \right]^{-1} . \tag{7.17}$$

Mit diesen Abkürzungen vereinfachen sich die Gln. (7.12) und (7.13) zur Berechnung der *Konstanten* G_a und G_i zu:

$$G_a = \frac{\overline{\kappa}_a - \overline{\kappa}_i}{\overline{\kappa}_a + \overline{\kappa}_i} \tag{7.18}$$

$$G_i = \frac{-2\lambda}{\overline{\kappa}_a + \overline{\kappa}_i} . \tag{7.19}$$

Die Lösung des Gleichungssystems (Gln. (7.14) und (7.15)) ergibt die *Konstanten* g_a und g_i in expliziter Darstellung:

$$g_a(s) = \frac{\frac{h_a l + 2\pi s}{h_a l - 2\pi s} e^{-\frac{4\pi s}{l}\Delta_i} - e^{-\frac{4\pi s}{l}(\Delta_i + \Delta_a)}}{e^{-\frac{4\pi s}{l}(\Delta_i + \Delta_a)} - \frac{h_a l + 2\pi s}{h_a l - 2\pi s}\,\frac{h_i l + 2\pi s}{h_i l - 2\pi s}} \tag{7.20}$$

$$g_i(s) = \frac{\frac{h_i l + 2\pi s}{h_i l - 2\pi s} e^{-\frac{4\pi s}{l}\Delta_a} - e^{-\frac{4\pi s}{l}(\Delta_i + \Delta_a)}}{e^{-\frac{4\pi s}{l}(\Delta_i + \Delta_a)} - \frac{h_a l + 2\pi s}{h_a l - 2\pi s}\,\frac{h_i l + 2\pi s}{h_i l - 2\pi s}} . \tag{7.21}$$

Abschließend ist noch die *Konstante* A zu bestimmen. Hierzu wird die Randbedingung nach Gl. (7.2) - konstante Temperatur am Rohrrand - verwendet. Nach aufwendiger Untersuchung des Verhaltens der Reihe im Ursprung des Koordinatensystems und Einführen einer Näherung ergibt sich schließlich

$$A = \frac{t_2 - t_i}{\ln\left(\frac{l}{\pi d_2}\right) - \frac{\pi}{l} G_i + \sum_{s=1}^{\infty} \frac{g_a(s) + g_i(s)}{s}} . \tag{7.22}$$

Nach Untersuchungen in [12] ist die verwendete Näherung vertretbar, wenn die Überdeckung des Rohres größer als der 1,5-fache Rohraußenradius ist.

Für die wärmetechnische Berechnung sind von besonderer Bedeutung:

- **mittlere Übertemperaturen an den Oberflächen**

Nach dem Mittelwertsatz der Integralrechnung folgt die mittlere Temperatur in der beliebigen Ebene y zu

$$\vartheta_m = \frac{1}{l} \int_0^l \vartheta \, dx . \tag{7.23}$$

Auf die Gl. (7.11) bezogen, ergibt sich das einfache Ergebnis

$$\vartheta_m = \frac{A\pi}{l} (-G_a\, y - G_i - |y|), \tag{7.24}$$

da der in Gl. (7.11) enthaltene Summenausdruck periodisch in l ist, und das Integral somit verschwindet. Für die Oberflächen gelten damit unter Substitution der Gln. (7.16) und (7.17) die Beziehungen:

$$\vartheta_{ma} = -\frac{A\pi}{l} G_i \frac{\overline{\kappa}_a}{\kappa_a} = \frac{A\pi\lambda}{l\,\kappa_a} (G_a + 1) \tag{7.25}$$

$$\vartheta_{mi} = -\frac{A\pi}{l} G_i \frac{\overline{\kappa}_i}{\kappa_i} = \frac{A\pi\lambda}{l\,\kappa_i} (1 - G_a)\;. \tag{7.26}$$

Diese Übertemperaturen sind im Bild 7.1 vermerkt.

- **mittlere Übertemperatur in der Rohrebene**

Analog zum Vorgenannten gilt:

$$\vartheta_{mo} = -\frac{A\pi}{l} G_i\;. \tag{7.27}$$

Im Vergleich zu den Gln. (7.25) und (7.26) wird die Analogie zu Umrechnungen deutlich, die für den eindimensionalen Wärmeleitvorgang gelten. Die Ursache ist in der stationären Wärmeleitung im homogenen, isotropen Körper begründet.

- **Wärmeabgabe der Oberflächen an die Umgebung**

Mit Kenntnis der mittleren Temperaturen in den markanten Ebenen folgen sofort die Wärmeströme:

$$\dot{q}_a = \kappa_a\, \vartheta_{ma} = \overline{\kappa}_a\, \vartheta_{mo} \tag{7.28}$$

$$\dot{q}_i = \kappa_i\, \vartheta_{mi} = \overline{\kappa}_i\, \vartheta_{mo}\;. \tag{7.29}$$

Die Aufteilung der Wärmeströme entspricht logischerweise dem Verhältnis der auf die Rohrebene bezogenen Teilwärmedurchgangskoeffizienten.

7.1.2. Homogene Platte mit Rohrregister und ungleichen Umgebungstemperaturen

Für unterschiedliche Umgebungstemperaturen $t_i \neq t_a$ wäre eine Modifikation der Randbedingungen durch Einführen der Temperaturen t oder eine Neudefinition der Übertemperaturen ϑ notwendig. Da die Wärmeleitung im Bauteil stationär betrachtet wird, ist es einfacher, von den bisherigen Ergebnissen $t_i = t_a$ und $\vartheta = t - t_i$ sowie von Gl. (7.11) auszugehen, und einen zusätzlichen Wärmestrom infolge $t_i \neq t_a$ zu superponieren. Daß dies machbar ist, zeigten bereits die Berechnungen zur mittleren Temperatur und zum Wärmestrom am Ende des vorangegangenen Abschnittes.

Die Temperaturen, die sich bei *untemperierten Rohren im Bauteil* einstellen würden, ergeben sich für die Differenz der Umgebungstemperatur

$$\Delta = t_a - t_i \tag{7.30}$$

in der *Rohrebene*

$$t_R^0 = t_i + \Delta \frac{\overline{\kappa}_a}{\overline{\kappa}_i + \overline{\kappa}_a} \tag{7.31}$$

an der *äußeren Bauteiloberfläche*

$$t_a^0 = t_a - \Delta \frac{\frac{1}{\kappa_a}}{\frac{1}{\overline{\kappa}_a} + \frac{1}{\overline{\kappa}_i}} \tag{7.32}$$

an der *inneren Bauteiloberfläche*

$$t_i^0 = t_i + \Delta \frac{\frac{1}{\kappa_i}}{\frac{1}{\overline{\kappa}_a} + \frac{1}{\overline{\kappa}_i}}. \tag{7.33}$$

Damit ergeben sich für den allgemeinen Fall der *temperierten Rohre* durch die Überlagerung mit den bereits bekannten Lösungen die *Übertemperaturen* bezogen auf t_i:

- **äußere Bauteiloberfläche**

$$\vartheta_{ma} = \frac{A \pi \lambda}{l\, \kappa_a} (G_a + 1) - \Delta \frac{\frac{1}{\kappa_a}}{\frac{1}{\overline{\kappa}_a} + \frac{1}{\overline{\kappa}_i}} \tag{7.34}$$

- **innere Bauteiloberfläche**

$$\vartheta_{mi} = \frac{A \pi \lambda}{l\, \kappa_i} (1 - G_a) + \Delta \frac{\frac{1}{\kappa_i}}{\frac{1}{\overline{\kappa}_a} + \frac{1}{\overline{\kappa}_i}} \tag{7.35}$$

- **Rohroberfläche**

$$\vartheta_2 = t_2 - t_R^0 = t_2 - t_i - \Delta \frac{\overline{\kappa}_a}{\overline{\kappa}_i + \overline{\kappa}_a}. \tag{7.36}$$

Damit berechnen sich die *Wärmestromdichten* nach den bisherigen Gln. (7.28) und

(7.29) - jeweils erster Teil -, wobei natürlich die Werte nach den Gln. (7.34) und (7.35) einzusetzen sind.

Die Rohrübertemperatur nach Gl. (7.36) dient zur *Berechnung der Konstanten* A nach Gl. (7.22).

7.1.3. Zweischichtige Platte mit Rohrregister in einer Schicht

Das analytische Verfahren zur Berechnung der zweidimensionalen Wärmeleitung ist in [11, 3] für vier parallele Schichten, wovon eine mit einem Rohrregister bestückt ist, dargestellt worden. Der Berechnungsaufwand ist relativ hoch. Deshalb wird sich auf eine *zweischichtige Platte* beschränkt. Damit lassen sich praktisch alle relevanten Aufgabenstellungen sehr gut lösen, z. B. auch die Temperaturverteilung in Fußbodenheizungen mit zusätzlicher Wärmeleitrippe.

Die Schichtbezeichnungen der *rohrführenden Platte* werden im weiteren - wie im Bild 7.1 und in den Abschnitten 7.1.1. und 7.1.2. benutzt - verwendet. Die zusätzlich am zweidimensionalen Wärmetransport teilhabende Schicht wird als *Wärmeleitlamelle* bezeichnet. Die zugehörigen Größen werden mit dem Index L gekennzeichnet. Die Dicken beider Schichten und die Lage der Rohre sind völlig frei wählbar.

Bild 7.2 zeigt eine Skizze mit drei inneren und fünf äußeren Deckschichten. Auf dieser *Grundlage* baut ein später vorgestelltes *Rechenprogramm* auf. Die Bezeichnungen und die ausführlichere Formelschreibweise werden in Vorbereitung auf dieses Programm bereits jetzt gewählt.

Die *Deckschichten* werden nicht in die zweidimensionale Wärmeleitung einbezogen, sondern leiten die Wärme nur eindimensional senkrecht zur Rohrebene an die Umgebung. Aus diesem Grund werden deren Wärmeleitwiderstände in den jeweiligen *Teilwärmedurchgangskoeffizienten* κ_a und κ_i zusammen mit den Wärmeübergangskoeffizienten eingerechnet. Damit gelten:

$$\kappa_a = \left[\frac{1}{\alpha_a} + \frac{\delta_{a,1}}{\lambda_{a,1}} + \frac{\delta_{a,2}}{\lambda_{a,2}} + \frac{\delta_{a,3}}{\lambda_{a,3}} + \frac{\delta_{a,4}}{\lambda_{a,4}} + \frac{\delta_{a,5}}{\lambda_{a,5}} \right]^{-1} \tag{7.37}$$

$$\kappa_i = \left[\frac{1}{\alpha_i} + \frac{\delta_{i,1}}{\lambda_{i,1}} + \frac{\delta_{i,2}}{\lambda_{i,2}} + \frac{\delta_{i,3}}{\lambda_{i,3}} \right]^{-1} . \tag{7.38}$$

Die *Teilwärmedurchgangskoeffizienten bezogen auf die Ebene* y = 0 lauten in diesem Fall:

$$\bar{\kappa}_a = \left[\frac{1}{\kappa_a} + \frac{\Delta_a}{\lambda} + \frac{\delta_L}{\lambda_L} \right]^{-1} \tag{7.39}$$

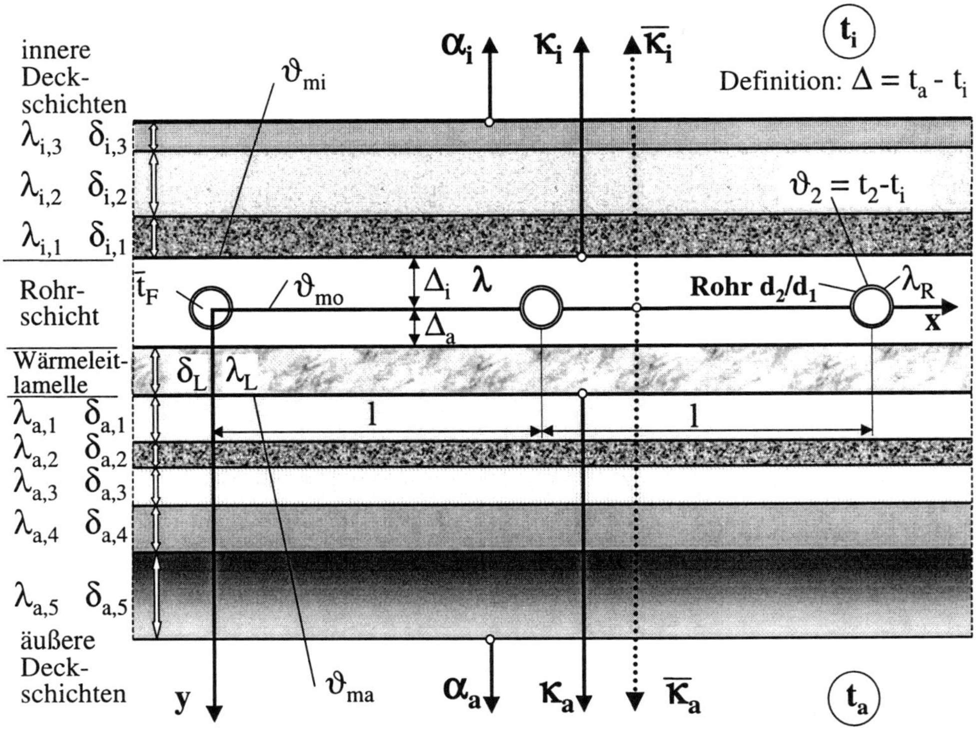

Bild 7.2 Querschnitt durch eine Massivplatte mit Rohrregister und Wärmeleitlamelle, die beide an der zweidimensionalen Wärmeleitung teilhaben, sowie durch innere und äußere Deckschichten, in denen nur eine eindimensionale Wärmeleitung (hier in vertikaler Richtung) wirkt
Die geometrischen und wärmetechnischen Größen sind gekennzeichnet. ϑ_{mi}, ϑ_{ma} und ϑ_{mo} stellen die mittleren Übertemperaturen in den markierten Ebenen bezogen auf die jeweiligen Umgebungstemperaturen t_i bzw. t_a dar (siehe S. 36). Die weiteren, nicht allgemein üblichen Größen werden im Text erläutert.

$$\overline{\kappa}_i = \left[\frac{1}{\kappa_i} + \frac{\Delta_i}{\lambda} \right]^{-1} . \tag{7.40}$$

Bei gleichen Umgebungstemperaturen ($t_i = t_a$) beschreibt die Gl. (7.11) auch bei zusätzlicher Anwesenheit der Wärmeleitlamelle die Temperaturverteilung in der Rohrschicht (rohrregisterführende Platte) richtig. Sie kann somit übernommen werden:

$$\vartheta = -A \left\{ \frac{\pi}{l} \left[G_a\, y + G_i + |y| \right] - \sum_{s=1}^{\infty} \frac{1}{s} \left[e^{-\frac{2\pi s}{l}|y|} + g_a(s)\, e^{-\frac{2\pi s}{l} y} + g_i(s)\, e^{\frac{2\pi s}{l} y} \right] \cos\!\left(\frac{2\pi s}{l} x \right) \right\} . \tag{7.41}$$

In der Wärmeleitlamelle selbst folgt die Temperatur dem Verlauf:

$$\vartheta_L = -A \left\{ \frac{\pi}{l}[G_{La}\, y + G_{Li} + y] - \sum_{s=1}^{\infty} \frac{1}{s} \left[g_{La}(s)\, e^{-\frac{2\pi s}{l} y} + g_{Li}(s)\, e^{\frac{2\pi s}{l} y} \right] \cos\left(\frac{2\pi s}{l}\, x \right) \right\}. \tag{7.42}$$

Die Übertemperaturen sind stets auf t_i bezogen, d. h., es gelten

$\vartheta = t - t_i$ und $\vartheta_L = t_L - t_i$.

Der in Gl. (7.41) bei der Summenbildung vorhandene erste Term $\exp(-2\,\pi\, s\, |y|\, /\, l)$ rührt von der Existenz der Rohre her ("Wärmequelle") und entfällt deshalb in der Gl. (7.42).

Die *Konstanten* in den Gln. (7.41) und (7.42) A, G_a, G_i, G_{La}, G_{Li}, $g_a(s)$, $g_i(s)$, $g_{La}(s)$ und $g_{Li}(s)$ sind wiederum aus den gegebenen *Randbedingungen* zu bestimmen. Zusammengefaßt gelten:

- am *Rohrumfang* (Randbedingung erster Art ⇒ konstante Temperatur)

  $$\vartheta = \vartheta_2 = t_2 - t_i \tag{7.43}$$

  Es handelt sich dabei um die Übertemperatur an der Rohraußenoberfläche (zum Durchmesser d_2 gehörig). Auf die Berechnung der Rohrwandtemperatur in Abhängigkeit der Wassertemperatur und des Wärmestromes wird später eingegangen.

- an der *inneren Rohrschichtoberfläche* (Randbedingung dritter Art ⇒ Wärmeübergang feste Körperfläche an den Raum)

  $$\left.\frac{\partial \vartheta}{\partial y}\right|_{y=-\Delta_i} = h_i\, \vartheta \qquad \text{mit} \qquad h_i = \frac{\kappa_i}{\lambda} \tag{7.44}$$

- an der *äußeren Oberfläche der Wärmeleitlamelle* (Randbedingung dritter Art ⇒ Wärmeübergang feste Körperfläche an den Raum)

  $$\left.\frac{\partial \vartheta_L}{\partial y}\right|_{y=\Delta_a+\delta_L} = -\, h_a\, \vartheta_L \qquad \text{mit} \qquad h_a = \frac{\kappa_a}{\lambda_L} \tag{7.45}$$

- an der *Schichtgrenze* zwischen *Rohrschicht* und *Wärmeleitlamelle* (Randbedingungen erster und zweiter Art ⇒ Temperaturen an den Schichtgrenzen gleich und austretender Wärmestrom betragsmäßig gleich eintretender Wärmestrom)

  $$\vartheta(x, y = \Delta_a) = \vartheta_L(x, y = \Delta_a) \tag{7.46}$$

  $$\lambda \left.\frac{\partial \vartheta}{\partial y}\right|_{x,\, y=\Delta_a} = \lambda_L \left.\frac{\partial \vartheta_L}{\partial y}\right|_{x,\, y=\Delta_a} . \tag{7.47}$$

Es sind unendlich viele Bestimmungsgleichungen zu gewinnen, denn die von x unabhängigen Terme müssen den Randbedingungen ebenso genügen wie die Reihenausdrücke für jede Laufvariable s. Für die *Hauptterme* folgen aus den Bedingungen der Gln. (7.44) bis (7.47) in der angegebenen Reihenfolge:

$$G_a - 1 = h_i\,(-G_a\,\Delta_i + G_i + \Delta_i) \tag{7.48}$$

$$G_{La} + 1 = -h_a\left[G_{La}\,(\Delta_a + \delta_L) + G_{Li} + (\Delta_a + \delta_L)\right] \tag{7.49}$$

$$(G_a + 1)\,\Delta_a + G_i = (G_{La} + 1)\,\Delta_a + G_{Li} \tag{7.50}$$

$$\lambda\,(G_a + 1) = \lambda_L\,(G_{La} + 1)\ . \tag{7.51}$$

Daraus folgen nach umfangreicher Zwischenrechnung die bereits für die einschichtige Platte gültigen Beziehungen, wobei allerdings die Gln. (7.39) und (7.40) teilweise verändert sind

$$G_a = \frac{\overline{\kappa}_a - \overline{\kappa}_i}{\overline{\kappa}_a + \overline{\kappa}_i} \tag{7.52}$$

$$G_i = \frac{-2\lambda}{\overline{\kappa}_a + \overline{\kappa}_i}\,. \tag{7.53}$$

Die in den Gln. (7.44) bis (7.47) formulierten Randbedingungen auf die *Reihenausdrücke* angewandt ergeben:

$$\left(h_i - \frac{2\pi s}{l}\right)(1 + g_i(s))\,e^{-\frac{4\pi s}{l}\Delta_i} + \left(h_i + \frac{2\pi s}{l}\right) g_a(s) = 0 \tag{7.54}$$

$$\left(h_a - \frac{2\pi s}{l}\right) g_{La}(s)\; e^{-\frac{4\pi s}{l}(\Delta_a + \delta_L)} + \left(h_a + \frac{2\pi s}{l}\right) g_{Li}(s) = 0 \tag{7.55}$$

$$g_{Li}(s) - g_i(s) + \left[g_{La}(s) - g_a(s) - 1\right] e^{-\frac{4\pi s}{l}\Delta_a} = 0 \tag{7.56}$$

$$\lambda_L\, g_{Li}(s) - \lambda\, g_i(s) + \left[\lambda + \lambda\, g_a(s) - \lambda_L\, g_{La}(s)\right] e^{-\frac{4\pi s}{l}\Delta_a} = 0. \tag{7.57}$$

Die Lösung dieses Gleichungssystems liefert in Abhängigkeit der Laufvariablen s

$$g_a(s) = -\frac{h_i l - 2\pi s}{h_i l + 2\pi s}\; e^{-\frac{4\pi s}{l}\Delta_i}\,\left[1 + g_i(s)\right] \tag{7.58}$$

und

$$g_i(s) = \frac{\left(\lambda + \frac{\lambda_L}{N_1} - \frac{\lambda_L}{N_2}\right)\left(e^{-\frac{4\pi s}{l}\Delta_a} - R\right)}{\lambda\,(1 + R) + \left(\frac{\lambda_L}{N_2} - \frac{\lambda_L}{N_1}\right)(1 - R)} \tag{7.59}$$

mit den Abkürzungen

$$N_1 = 1 - \frac{h_a l + 2\pi s}{h_a l - 2\pi s}\, e^{\frac{4\pi s}{l}\delta_L} \qquad (7.60)$$

$$N_2 = 1 - \frac{h_a l - 2\pi s}{h_a l + 2\pi s}\, e^{-\frac{4\pi s}{l}\delta_L} \qquad (7.61)$$

$$R = \frac{h_i l - 2\pi s}{h_i l + 2\pi s}\, e^{-\frac{4\pi s}{l}(\Delta_a + \Delta_i)} \;. \qquad (7.62)$$

Ist die Wärmeleitschicht nicht vorhanden ($\lambda_L = \lambda$ und $\delta_L = 0$), so ergeben sich nach Substitution der Abkürzungen für g_a und g_i die bekannten Gln. (7.20) und (7.21).

Für die *Konstante* A, die aus der Randbedingung am Rohrumfang folgte (Gl. (7.43)), gilt der bisherige Wert unverändert

$$A = \frac{t_2 - t_i}{\ln\left(\frac{1}{\pi d_2}\right) - \frac{\pi}{l} G_i + \sum_{s=1}^{\infty} \frac{g_a(s) + g_i(s)}{s}} . \qquad (7.63)$$

Die *Temperaturverteilung in der Rohrschicht* kann damit nach Gl. (7.41) ermittelt werden. Die daraus abgeleiteten Größen, wie *Wärmeströme* und *Oberflächentemperaturen* auf der inneren Oberfläche sind ebenfalls bestimmbar. Die Berechnung ist teilweise identisch mit den Ableitungen des Abschnittes 7.1.1.

Liegen *unterschiedliche Umgebungstemperaturen* $t_i \neq t_a$ vor, dann sind die im Abschnitt 7.1.2. vorgestellten Umrechnungen mit der Definition

$$\Delta = t_a - t_i \qquad (7.64)$$

zu berücksichtigen.

Die *Ergebnisgleichungen* werden zusammengefaßt wiedergegeben. Von besonderem Interesse für eine *Sofortanwendung* und das zu erstellende *Rechenprogramm* sind:

- **mittlere Übertemperaturen an den Oberflächen der Schichten mit zweidimensionaler Wärmeleitung** (siehe Bild 7.2)

$$\vartheta_{ma} = \frac{A\pi\lambda}{l\,\kappa_a}(G_a + 1) - \Delta \frac{\frac{1}{\kappa_a}}{\frac{1}{\bar{\kappa}_a} + \frac{1}{\bar{\kappa}_i}} \qquad (7.65)$$

$$\vartheta_{mi} = \frac{A\pi\lambda}{l\,\kappa_i}(1 - G_a) + \Delta \frac{\frac{1}{\kappa_i}}{\frac{1}{\overline{\kappa}_a} + \frac{1}{\overline{\kappa}_i}} \tag{7.66}$$

- **mittlere Übertemperatur in der Rohrebene**

Für gleiche Umgebungstemperaturen gilt nach Gl. (7.27) die im Bild 7.2 angegebene Größe ϑ_{mo} ohne Modifizierung. Bei ungleichen Umgebungstemperaturen ist zu unterscheiden, auf welche Umgebung bezogen wird. Ein zusätzlicher Index kennzeichnet dies:

$$\vartheta_{mo,a} = -\frac{A\pi}{l} G_i - \Delta \frac{\overline{\kappa}_i}{\overline{\kappa}_i + \overline{\kappa}_a} \;;\quad \vartheta_{mo,i} = -\frac{A\pi}{l} G_i + \Delta \frac{\overline{\kappa}_a}{\overline{\kappa}_i + \overline{\kappa}_a} \tag{7.67}$$

- **Konstante A** (aus Gl. (7.63) und Gl. (7.31))

$$A = \frac{t_2 - t_i - \Delta \frac{\overline{\kappa}_a}{\overline{\kappa}_i + \overline{\kappa}_a}}{\ln\left(\frac{l}{\pi d_2}\right) - \frac{\pi}{l} G_i + \sum\limits_{s=1}^{\infty} \frac{g_a(s) + g_i(s)}{s}} \tag{7.68}$$

- **Wärmeabgabe der Oberflächen an die Umgebung** (positiv in Richtung des Raumes)

$$\dot{q}_a = \kappa_a \vartheta_{ma} = \overline{\kappa}_a \vartheta_{mo,a} \tag{7.69}$$

$$\dot{q}_i = \kappa_i \vartheta_{mi} = \overline{\kappa}_i \vartheta_{mo,i} \tag{7.70}$$

- **Extremtemperaturen an der inneren Oberfläche**

Diese Temperaturen sind z. B. aus wärmephysiologischen Gründen von Interesse. So dürfen bei Fußbodenheizungen normalerweise 29 °C nicht überschritten werden. Damit kann die Wärmestromdichte einer Fußbodenheizung durch die Temperaturwelligkeit begrenzt sein. Aber auch die Rißgefahr in der Oberfläche - beispielsweise im Putz - und die Gefahr der Verfärbung der Oberfläche - z. B. das Abzeichnen der Rohrlagen - wachsen mit steigender Temperaturwelligkeit. Im Heizfall werden die maximale Temperatur t_{max} senkrecht über der Rohrachse (x = 0) und die minimale Temperatur t_{min} in der Mitte zwischen zwei Rohren (x = l/2) auftreten. Sie werden zunächst als Übertemperaturen ϑ_{max} und ϑ_{min} an der Rohrschichtoberfläche y = - Δ_i bestimmt. Es folgen aus Gl. (7.41) für gleiche Umgebungstemperaturen:

$$\vartheta_{max} = -A \left\{ \frac{\pi}{l}\left[-G_a \Delta_i + G_i + \Delta_i\right] - \sum\limits_{s=1}^{\infty} H_G(s) \right\}$$

$$\vartheta_{max} = A \frac{\pi \lambda}{l \kappa_i} (1 - G_a) + A \sum_{s=1}^{\infty} H_G(s) \tag{7.71}$$

$$\vartheta_{min} = - A \left\{ \frac{\pi}{l} [-G_a \Delta_i + G_i + \Delta_i] - \sum_{s=1}^{\infty} H_G(s) \cos(\pi s) \right\}$$

$$\vartheta_{min} = A \frac{\pi \lambda}{l \kappa_i} (1 - G_a) + A \sum_{s=1}^{\infty} H_G(s) \cos(\pi s) \tag{7.72}$$

mit der Hilfsgröße

$$H_G(s) = \frac{1}{s} \left[e^{-\frac{2\pi s}{l} \Delta_i} + g_a(s)\, e^{\frac{2\pi s}{l} \Delta_i} + g_i(s)\, e^{-\frac{2\pi s}{l} \Delta_i} \right]. \tag{7.73}$$

Der Vergleich der Gleichungen Gl. (7.26) mit (7.71) bzw. (7.72) zeigt eine Substitutionsmöglichkeit, die zur Vereinfachung der letztgenannten Gleichungen führt:

$$\vartheta_{max} = \vartheta_{mi} + A \sum_{s=1}^{\infty} H_G(s) \tag{7.74}$$

$$\vartheta_{min} = \vartheta_{mi} + A \sum_{s=1}^{\infty} H_G(s) \cos(\pi s) . \tag{7.75}$$

Wird die Übertemperatur ϑ_{mi} gemäß Gl. (7.66) verwendet, dann gelten die maximalen und minimalen Übertemperaturen an der inneren Rohrschichtoberfläche ϑ_{max} und ϑ_{min} auch für den Fall der ungleichen Umgebungstemperaturen.

- **Temperaturen an den Bauteiloberflächen**

Die Oberflächentemperaturen an der innersten und an der äußersten Deckschicht ergeben sich aus den bekannten Werten nach einfacher Umrechnung. Nachfolgende Beispiele orientieren auf die Darstellung im Bild 7.2:

mittlere Fußbodentemperatur (Oberseite des Bauteils)

$$t_{mi} = \frac{\dot{q}_i}{\alpha_i} + t_i = \vartheta_{mi} \frac{\kappa_i}{\alpha_i} + t_i \tag{7.76}$$

mittlere Deckentemperatur (Unterseite des Bauteils)

$$t_{ma} = \frac{\dot{q}_a}{\alpha_a} + t_a = \vartheta_{ma} \frac{\kappa_a}{\alpha_a} + t_a \tag{7.77}$$

extreme Oberflächentemperaturen des Fußbodens (Oberseite des Bauteils)

$$t_{max} = \vartheta_{max} \frac{\kappa_i}{\alpha_i} + t_i \tag{7.78}$$

$$t_{min} = \vartheta_{min} \frac{\kappa_i}{\alpha_i} + t_i . \tag{7.79}$$

- **weitere Berechnungsmöglichkeiten**

Mitunter sind die Temperaturverteilungen im gesamtem Massivbauteil oder an den Schichtgrenzen detailliert zu bestimmen. Dies ist beispielsweise erforderlich, wenn man die in der Rohrschicht gespeicherte Wärme bestimmen muß.

Ausgehend von Gl. (7.41) lassen sich die Übertemperaturen an jeder beliebigen Stelle in der rohrführenden Platte berechnen. Bei gleichen Umgebungstemperaturen kann sofort auf die realen Temperaturen geschlossen werden. Bei ungleichen Umgebungstemperaturen ist die Temperatur im Bauteil, die sich bei untemperierten, d. h. nicht aktiven Rohren an dieser Stelle einstellen würde, zu superponieren. Dies ist relativ einfach, wenn man nur den Temperaturverlauf an einer Schichtgrenze ermitteln möchte.

Die Berechnung der genauen Temperaturverteilung in der Wärmeleitlamelle ist nach Gl. (7.42) prinzipiell auch möglich. Allerdings müßten dann erst die weiteren Konstanten G_{La}, G_{Li}, $g_{La}(s)$ und $g_{Li}(s)$ aus den Randbedingungen Gl. (7.48) bis (7.51) sowie (7.54) bis (7.57) explizit bestimmt werden. Dies unterblieb bei der vorstehenden Ableitung.

7.1.4. Wärmeübergangskoeffizienten bei der Rohrströmung und Rohrwandtemperatur

Zur Berechnung des Wärmeübergangskoeffizienten vom Fluid - in der Regel Wasser - an die Rohrwand werden die neuesten Nußeltgleichungen verwendet.

Wegen der großen Durchmesservielfalt, der mitunter sehr unterschiedlichen Geschwindigkeiten und Fluidtemperaturen sind sowohl laminare als auch turbulente Strömungen zu betrachten.

Mit den nachfolgend aufgeführten Größen

d_1	Rohrinnendurchmesser
d_2	Rohraußendurchmesser
λ_R	Wärmeleitfähigkeit des Rohres
$\bar{t}_F$	mittlere Fluidtemperatur (Wassertemperatur)
$\overline{w}$	Fluidgeschwindigkeit (Mittelwert über dem Querschnitt)
L_R	gerade Rohrlänge

berechnen sich die für den Wärmetransport charakteristischen Werte

Re Reynoldszahl

$$Re = \overline{w}\ d_1/\nu \tag{7.80}$$

Nu Nußeltzahl

$$Nu = \alpha_F\, d_1/\lambda \quad (7.81)$$

α_F Wärmeübergangskoeffizient vom Fluid (Wasser) an die Rohrinnenfläche

κ_F Teilwärmedurchgangskoeffizient vom Fluid (Wasser) an die Rohraußenfläche.

Für die Stoffwerte des Fluids

ρ_F Dichte

λ_F Wärmeleitfähigkeit

ν_F kinematische Viskosität

Pr_F Prandtlzahl

werden im Falle Wasser zwischen 10 °C bis 200 °C die in [13] formulierten Approximationen verwendet. Die Stoffwerte gelten bei mittlerer Fluidtemperatur $\bar{t}_F$.

- **Nußeltgleichung für laminare Strömung**

Geltungsbereich: $Re < 2320$ und $0{,}1 < Re\ Pr_F\ d_1/L_R < 10^4$

$$Nu = \left(49{,}028 + 4{,}173\ Re\ Pr_F\ \frac{d_1}{L_R}\right)^{0{,}333} \quad (7.82)$$

- **Nußeltgleichung für turbulente Strömung**

Geltungsbereich: $Re > 2320$ und $d_i/L_R < 1$

$$Nu = \frac{B\ (Re - 1000)\ Pr_F}{1 + 12{,}7\ B^{0{,}5}\ (Pr_F^{0{,}667} - 1)} \left(1 + \left(\frac{d_1}{L_R}\right)^{0{,}667}\right) \quad (7.83)$$

mit

$$B = (5{,}15\ \lg Re - 4{,}64)^{-2} \quad (7.84)$$

- **Wärmeübergangskoeffizient**

$$\alpha_F = \frac{Nu\ \lambda_F}{d_1} \quad (7.85)$$

- **Teilwärmedurchgangskoeffizient vom Fluid zum Rohraußendurchmesser**

Als Bezugsdurchmesser gilt der Rohrinnendurchmesser d_1, womit folgt

$$\kappa_F = \left[\frac{1}{\alpha_F} + \frac{d_1}{2\ \lambda_R}\ \ln\frac{d_2}{d_1}\right]^{-1}. \quad (7.86)$$

Soll ein zusätzlicher Wärmeleitwiderstand eines evtl. Luftspaltes zwischen Rohr und Beton, Estrich usw. berücksichtigt werden, so gilt anstelle von Gl. (7.86) die Berechnungsgleichung

$$\kappa_F = \left[\frac{1}{\alpha_F} + \frac{d_1}{2\,\lambda_R} \ln\frac{d_2}{d_1} + \frac{d_1}{2\,\lambda_{Spalt}} \ln\frac{d_2 + 2\,\delta_{Spalt}}{d_2} \right]^{-1}, \tag{7.87}$$

mit

δ_{Spalt} Dicke des Luftspaltes

λ_{Spalt} Wärmeleitfähigkeit der Luft im Spalt.

Die Wärmeleitfähigkeit der Luft wird der Einfachheit halber für die äußere Rohrwandtemperatur t_2 gemäß einer Approximation nach [13] bestimmt.

- **Rohrwandtemperatur**

Die Wärmestromdichten (Wärmeleistungen) berechnen sich aus den Gln. (7.28) und (7.29) bzw. für die mehrschichtige Platte (Rohrschicht und Wärmeleitlamelle) aus den Gln. (7.69) und (7.70) zu $\dot{q}_a$ und $\dot{q}_i$. Die Wärmeabgabe eines 1 m langen Rohres beträgt somit

$$\dot{q}_R = (\dot{q}_a + \dot{q}_i)\, l. \tag{7.88}$$

Damit muß die Bilanz

$$\dot{q}_R = \kappa_F\, \pi\, d_1\, (\bar{t}_F - t_2) \tag{7.89}$$

gelten, woraus die äußere Rohrwandtemperatur t_2 folgt. Vom später vorgestellten Programmablauf her ist es aber günstiger für das Iterationsverfahren, wenn von t_2 auf die Fluidtemperatur $\bar{t}_F$ geschlossen wird. Es gilt dann:

$$\bar{t}_F = t_2 + \frac{\dot{q}_R}{\pi\, d_1} \left[\frac{1}{\alpha_F} + \frac{d_1}{2\,\lambda_R} \ln\frac{d_2}{d_1} + \frac{d_1}{2\,\lambda_{Spalt}} \ln\frac{d_2 + 2\,\delta_{Spalt}}{d_2} \right]. \tag{7.90}$$

7.1.5. Wärmeübergangskoeffizienten an den Bauteiloberflächen

Die Wärmeübergangskoeffizienten von den Bauteiloberflächen zum Raum oder nach außen setzen sich aus den Anteilen für Strahlung und Konvektion zusammen [3, 14, 15].

Die Raumgeometrie soll bei den hier vorzunehmenden Bauteilbetrachtungen aber nicht detailliert vorgegeben werden. Deshalb erfolgen Angaben in zusammengefaßter Form. Selbstverständlich muß aber die Richtung des Wärmestromes beachtet werden. Es gelten im weiteren:

ϑ K Übertemperatur der Bauteiloberfläche gegenüber dem Raum

α W/(m²K) Wärmeübergangskoeffizient (gesamt).

- **Wärmestrom nach oben**

Für Fußbodenheizungen gilt nach DIN 4725 die sogenannte "Basiskennlinie". Sie hat sich auch für Kühldecken bewährt [16]. Damit gilt allgemein für Bauteile mit Wärmestrom von unten nach oben

$$\alpha = 8{,}92\ |\vartheta|^{0,1} \quad \text{in W/(m}^2\text{K)}\,. \tag{7.91}$$

- **Wärmestrom nach unten**

Es werden zwei Empfehlungen nach [16] bzw. gemäß spezieller Berechnungen mit dem Raummodell nach [17] gegeben:

$$\alpha = 5{,}2 + 0{,}8\ |\vartheta|^{0,31} \approx 5{,}7 + 0{,}09\ |\vartheta| \quad \text{in W/(m}^2\text{K)} \tag{7.92}$$

$$\alpha = 6{,}7 \ \text{W/(m}^2\text{K)}. \tag{7.93}$$

- **Wärmestrom an Wänden**

Nach Angaben in [14] gilt der zusammengesetzte Wert

$$\alpha = 5{,}1 + 1{,}6\ |\vartheta|^{0,3} \quad \text{in W/(m}^2\text{K)} \tag{7.94}$$

in guter Näherung.

- **Außenbauteile**

Die Annahme ist entscheidend von der Windgeschwindigkeit abhängig. Für winterliche Verhältnisse gibt DIN 4701

$$\alpha = 23 \ \text{W/(m}^2\text{K)} \tag{7.95}$$

an, und ASHRAE empfiehlt für sommerliche Verhältnisse beispielsweise zur Bestimmung der Sonnenlufttemperatur

$$\alpha = 17 \ \text{W/(m}^2\text{K)}\,. \tag{7.96}$$

7.2. Rechenprogramm

Aus der Beschreibung des Algorithmus (Abschnitt 7.1.) wird deutlich, welche Berechnungsvielfalt möglich ist. Damit kann ein Rechenprogramm aufgabenangepaßt gestaltet werden. Die ausführliche Beschreibung des Algorithmus gestattet in einfacher Weise den bausteinhaften "Zusammenbau" eines speziellen Programms.

Es ist nicht sinnvoll ein "Mammutprogramm" als "Alleskönner" zu gestalten. Die Handhabung ist dann zu schwerfällig und die Rechenzeiten sind unnötig lange.

Es werden zwei Varianten von möglichen Rechenprogrammen vorgestellt, die nach praktischen Erfahrungen die hauptsächlichsten Anwendungsfälle sicherstellen. Es sind dies:

- **Programm für eine einschichtige Platte** (Rohrschicht mit Deckschichten) **und $t_i = t_a$**

Berechnung der Wärmestromdichten, der mittleren Temperaturen, der gesamten Temperaturverteilung und der gespeicherten Wärme bezogen auf die Umgebungstemperatur

⇒ Besondere Eignung des Rechenprogramms als *Basisvariante* für spätere spezielle Ergänzungen und zur Bewertung der thermischen Bauteilaktivierung - speziell von *Speicherdecken* im Geschoßbau - durch Ermittlung der maximalen Speicherwärme.

- **Programm für eine zweischichtige Platte** (Rohrschicht mit Wärmeleitlamelle sowie mit Deckschichten) **und $t_i \neq t_a$**

Berechnung der Wärmestromdichten, der mittleren Temperaturen und der maximalen und minimalen Temperaturen an der inneren Oberfläche

⇒ Besondere Eignung des Rechenprogramms für *Fußboden-*, *Decken-* und *Wandheizungen* im stationären Betrieb.

- **Abarbeitung der Programme**

Die Abarbeitung beider Rechenprogramme erfolgt für die Eingabewerte einer vorgegebenen Wassertemperatur und fester Raumtemperaturen. Die Wärmeübergangskoeffizienten an den Bauteiloberflächen müssen somit iterativ eingepaßt werden. Weiterhin geht der Ursprungsalgorithmus von einer Rohraußentemperatur und nicht von der mittleren Fluidtemperatur aus. Zur Lösung sind zwei Iterationsschleifen eingebaut. Die programmtechnische Abarbeitung erfolgt in den Schritten:

1. Schätzung der Rohraußentemperatur t_2 zum Eingabewert der Heizmedientemperatur (Fluidtemperatur) $\bar{t}_F$ unter Beachten der Wärmestromrichtung; erste Annahmen für $\alpha_i = 10$ W/(m²K) und $\alpha_a = 6$ W/(m²K) sowie für die mittleren Übertemperaturen $\vartheta_i = 0$ und $\vartheta_a = 0$ an der inneren und äußeren Oberfläche des Bauteils
2. Ermittlung der Stoffwerte für das Heizfluid Wasser und des wasserseitigen Wärmeübergangskoeffizienten an die Rohrwand
3. Berechnung der Teilwärmedurchgangskoeffizienten
4. Berechnung des zweidimensionalen Temperaturfeldes in der Rohrschicht (Platte) und - falls vorhanden - in einer zusätzlichen Wärmeleitschicht
5. Bestimmung der mittleren Übertemperaturen ϑ_{mi} und ϑ_{ma} an den Oberflächen der Bauteile mit zweidimensionaler Wärmeleitung bezogen auf die jeweils angrenzende Raumtemperatur t_i bzw. t_a

6. Berechnung der Wärmestromdichten $\dot{q}_i$ und $\dot{q}_a$
7. Ermittlung der mittleren Übertemperaturen ϑ_{i0} und ϑ_{a0} an der inneren und äußeren Oberfläche des Bauteils
8. Überprüfung der Annahmen für die raumseitigen Wärmeübergänge; wenn $|\vartheta_i - \vartheta_{i0}| > 0{,}1$ K oder $|\vartheta_a - \vartheta_{a0}| > 0{,}1$ K, dann Berechnung der Wärmeübergangskoeffizienten α_i und α_a mit den zugehörigen Unterprogrammen und Weiterrechnung ab Punkt 3.

Ende der inneren Iterationsschleife zur thermischen Anpassung des Bauteils an die Vorgabe t_2!

9. Bestimmung der mittleren Temperaturen t_{mi} und t_{ma} an der inneren und äußeren Oberfläche des Bauteils, Berechnung der Gesamtwärmestromdichte $\dot{q}=\dot{q}_i+\dot{q}_a$ sowie Bestimmung der minimalen und der maximalen inneren Oberflächentemperaturen t_{min} und t_{max}
10. Berechnung der Wärmeleitfähigkeit der Luft in einem evtl. Spalt um das Rohr für t_2
11. Ermittlung der rechnerischen Wassertemperatur $\bar{t}$, die zur Annahme t_2 paßt
12. Überprüfung der Annahme für die Rohrwandtemperatur t_2; wenn $|\bar{t} - \bar{t}_F| > 0{,}01$ K, dann verbesserte Schätzung von t_2 und Weiterrechnung ab Punkt 3.

Ende der Iterationsschleife zur Anpassung an die vorgegebene Wassertemperatur!

13. Berechnung der detaillierten Temperaturverteilung und der gespeicherten Wärme in der Rohrschicht. Im Rohrbereich wird die Fluidtemperatur angenommen.

Beachte:

- Die Schreibweise der Variablen in den nachfolgenden Programmlistings (Abschnitte 7.2.2. und 7.2.4.) weicht vom Formelsatz des Abschnittes 7.1. und den im Abschnitt 7.2.1. dargestellten Ein- und Ausgaben ab, da die griechischen Buchstaben ausgeschrieben dargestellt und die Indizes auf Zeilenhöhe gesetzt werden.
- Die Gestaltung der Ein- und Ausgaben kann individuell erfolgen. Die in den nachfolgenden Listings (Abschnitte 7.2.2. und 7.2.4.) enthaltenen Formen gelten nur für Testrechnungen. Die einprogrammierten Definitionen der Eingabedaten entsprechen den Verifikationsbeispielen.
- Die Algorithmenteile der Listings (Abschnitte 7.2.2. und 7.2.4.) sind durch detaillierte Zwischenüberschriften genau erklärt und somit leicht nachvollziehbar.

7.2.1. Ein- und Ausgabedaten des Rechenprogramms

Die nachfolgende Zusammenstellung gilt für beide in den nachfolgenden Abschnitten vorgestellten Rechenprogramme. Für jedes Programm sind somit nur Teilbereiche aus der Gesamtmenge relevant.

- **Eingabedaten**

Konstruktions- und zugehörige Stoffdaten der Schichten mit zweidimensionaler Wärmeleitung

l	m	Rohrabstand (siehe Bild 7.1 und 7.2)
Δ_a	m	Abstand der Rohrachse vom äußeren Plattenrand (siehe Bild 7.1 und 7.2)
Δ_i	m	Abstand der Rohrachse vom inneren Plattenrand (siehe Bild 7.1 und 7.2)
λ	W/(m K)	Wärmeleitfähigkeit der Rohrschicht (Platte) (siehe Bild 7.1 und 7.2)
δ_L	m	Dicke der Wärmeleitlamelle (siehe Bild 7.1 und 7.2)
λ_L	W/(m K)	Wärmeleitfähigkeit der Wärmeleitlamelle (siehe Bild 7.1 und 7.2)
ρ_R	kg/m³	Dichte der Rohrschicht
c_R	J/(kg K)	spezifische Wärmekapazität der Rohrschicht

Rohrdaten

d_1	m	Rohrinnendurchmesser ($d_i \equiv d_1$)
d_2	m	Rohraußendurchmesser ($d_a \equiv d_2$)
λ_R	W/(m K)	Wärmeleitfähigkeit des Rohrmaterials
L_R	m	gerade Rohrlänge
δ_{Spalt}	m	Luftspalt um das Rohr bis zum Plattenmaterial

Konstruktions- und zugehörige Stoffdaten der Deckschichten

$\delta_{a,j}$	m	Dicke der äußeren Deckschicht j = 1 ... 5 (siehe Bild 7.2)
$\lambda_{a,j}$	W/(m K)	Wärmeleitfähigkeit der äußeren Deckschicht j = 1 ... 5 (siehe Bild 7.2)
$\delta_{i,j}$	m	Dicke der inneren Deckschicht j = 1 ... 3 (siehe Bild 7.2)
$\lambda_{i,j}$	W/(m K)	Wärmeleitfähigkeit der inneren Deckschicht j = 1 ... 3 (siehe Bild 7.2)

Thermodynamische und hydraulische Größen

$\bar{t}_F$	°C	mittlere Fluidtemperatur im Rohr (Wassertemperatur)
$\overline{w}$	m/s	Fluidgeschwindigkeit im Rohr (Mittelwert über dem Querschnitt)
t_a	°C	äußere Umgebungstemperatur (siehe Bild 7.2)
t_i	°C	innere Umgebungstemperatur (siehe Bild 7.2)

α_A W/(m²K) konstanter äußerer Wärmeübergangskoeffizient (wenn $\alpha_A = 0$, dann Berechnung nach Unterprogramm)

α_I W/(m²K) konstanter innerer Wärmeübergangskoeffizient (wenn $\alpha_I = 0$, dann Berechnung nach Unterprogramm)

Schrittweiten bei der Temperaturberechnung

Die Schrittzahl ist stets in Verbindung mit der Schrittweite zu sehen. So ergibt sich beispielsweise die y-Koordinate aus yZahl × ySchritt usw. Um y < 0 zu erhalten, ist yZahl negativ zu setzen. Die Schrittweitenvorgaben sind erforderlich, wenn die Temperaturverteilung in der Rohrschicht und/oder die Speicherwärme bestimmt werden sollen. Die Wahl der Größen hat unter Berücksichtigung der Symmetrieachsen zu erfolgen.

yZahlmin - niedrigste yZahl

yZahlmax - höchste yZahl

ySchritt m Schrittweite in y-Richtung

xZahlmin - niedrigste xZahl (ist automatisch stets gleich 0, d.h. Beginn bei Rohrachse)

xZahlmax - höchste xZahl (gemäß Programm: nebenliegende Rohrachse)

xSchritt m Schrittweite in x-Richtung

Diese Werte können auch programmintern als Funktionen des Rohrabstandes l und der Rohrschichtdicke formuliert werden.

- **Ausgabedaten**

t_2 °C Temperatur der äußeren Rohrwand (bei Vorhandensein eines zusätzlichen Spaltes ist dies die Temperatur der Platte am Luftspaltring)

t_{ma} °C mittlere Temperatur am äußeren Platten- oder Wärmeleitlamellenrand (siehe Bild 7.1 und 7.2)

t_{mi} °C mittlere Temperatur am inneren Plattenrand (siehe Bilder 7.1 und 7.2)

t_{max} °C Temperatur an der inneren Bauteiloberfläche über dem Rohr (im Heizfall ist dies die höchste Oberflächentemperatur)

t_{min} °C Temperatur an der inneren Bauteiloberfläche in der Mitte zwischen zwei Rohren (im Heizfall ist dies die niedrigste Oberflächentemperatur)

t_{xy} °C Temperatur in der Rohrschicht (Platte) an der Stelle x,y

α_a W/(m²K) äußerer Wärmeübergangskoeffizient

α_i W/(m²K) innerer Wärmeübergangskoeffizient

α_F	W/(m²K)	Wärmeübergangskoeffizient vom Fluid zur inneren Rohrwand
$\dot{q}_a$	W/m²	Wärmestromdichte am äußeren Bauteilrand (zum Raum > 0)
$\dot{q}_i$	W/m²	Wärmestromdichte am inneren Bauteilrand (zum Raum > 0)
$\dot{q}$	W/m²	Summe der Wärmestromdichten nach außen und innen
$\dot{q}_R$	W/m	Wärmestrom vom Rohr pro 1 m
Anzahl	-	Anzahl der Rohre pro 1 m
Q_S	Wh/m²	Speicherwärme in der Rohrschicht
Kap	Wh/(m²K)	Speicherkapazität des Bauteils (Wert dient der Kontrolle über den Abarbeitungszyklus für die Ermittlung der Speicherwärme).

7.2.2. Programmlisting für eine einschichtige Platte und $t_i = t_a$

```
DIM t(50, 50)
pi = 3.1416

'EINGABE                    Daten entsprechen dem Verifikationsbeispiel (Abschnitt 7.2.3.) Test1
'Konstruktionsdaten und zugehoerige Stoffdaten der Rohrschicht
l = .2
deltai = .054
deltaa = .014
lam = 1.2
'Rohrdaten
d1 = .013
d2 = .017
lamR = .35
GLR = 4
delSpalt = 0
'Konstruktions- und Stoffdaten der Deckschichten
dela1 = .04: dela2 = .2: dela3 = 0: dela4 = 0: dela5 = 0
lama1 = .04: lama2 = 2.1: lama3 = 1: lama4 = 1:lama5 = 1
deli1 = .01: deli2 = 0: deli3 = 0
lami1 = .1: lami2 = 1: lami3 = 1
'Thermodynamische und hydraulische Groessen
tqF = 40
wq = .8
ti = 20
ta = ti
alphaA = 0
alphaI = 0
rhoR = 2400
cR = 1050
'Untersuchungsgrenzen
yZahlmin = 0
yZahlmax = 0
```

```
xZahlmax = INT(100 * l)
ySchritt = .01
xSchritt = .01

'ALGORITHMUS
'Annahme der aeusseren Rohrtemperatur als erste Schaetzung
IF tqF < ti THEN t2 = tqF + 1
IF tqF > ti THEN t2 = tqF - 1
'Erster Speicherwert der mittleren Oberflaechentemperaturen des Bauteils
thetaa = 0
thetai = 0
'Erster Schaetzwert der Waermeuebergangskoeffizienten
IF alphaI = 0 THEN
      ai = 10
ELSE
      ai = alphaI
END IF
IF alphaA = 0 THEN
      aa = 6
ELSE
      aa = alphaA
END IF

'Stoffwerte Wasser bei gegebener Fluidtemperatur
rhoF = 1006 - .26 * tqF - .0022 * tqF ^ 2
nyF = (556272.7 + 19703.39 * tqF + 124.4091 * tqF ^ 2 - .3770952 * tqF ^ 3) ^ -1
lamF = .5587913 + 2.268458E-03 * tqF - 1.248304E-05 * tqF ^ 2 + 1.890318E-08 * tqF ^ 3
PrF = (7.547718E-02 + 2.76297E-03 * tqF + 3.210257E-05 * tqF ^ 2
      - 1.015768E-07 * tqF ^ 3) ^ -1

'Waermeuebergangskoeffizient des Fluids
Re = wq * d1 / nyF
IF Re > 2320 THEN
   GB = (5.15 * .4343 * LOG(Re) - 4.64) ^ -2
   Nu = GB * (Re - 1000) * PrF / (1 + 12.7 * GB ^ .5 * (PrF ^ .667 - 1))
        * (1 + (d1 / GLR) ^ .667)
ELSE
  Nu = (49.028 + 4.173 * Re * PrF * d1 / GLR) ^ .333
END IF
alphaF = Nu * lamF / d1

'Beginn der aeusseren und inneren Iterationsschleife
L1:
'Rohruebertemperatur
theta = t2 - ti
'Teilwaermedurchgangskoeffizienten
kappai = (1 / ai + deli1 / lami1 + deli2 / lami2 + deli3 / lami3) ^ -1
kappaa = (1 / aa + dela1 / lama1 + dela2 / lama2 + dela3 / lama3 + dela4 / lama4
          + dela5 / lama5) ^ -1
kappaiq = (1 / kappai + deltai / lam) ^ -1
kappaaq = (1 / kappaa + deltaa / lam) ^ -1
```

```
'Modifizierte h-Werte durch Multiplikation mit l
ha = kappaa / lam * l
hi = kappai / lam * l
'Konstantenberechnung
GGa = (kappaaq - kappaiq) / (kappaaq + kappaiq)
GGi = -2 * lam / (kappaaq + kappaiq)
ea = -4 * pi / l * deltaa
ei = -4 * pi / l * deltai
eq = ea + ei
SUM = 0
SUMM = 0
SUMMI = 0
s = 0
L2:
s = s + 1
HHa = (ha + 2 * pi * s) / (ha - 2 * pi * s)
HHi = (hi + 2 * pi * s) / (hi - 2 * pi * s)
HH = EXP(eq * s)
ga = (HHa * EXP(ei * s) - HH) / (HH - HHa * HHi)
gi = (HHi * EXP(ea * s) - HH) / (HH - HHa * HHi)
g = (ga + gi) / s
SUM = SUM + g
EEE = EXP(-2 * pi * s / l * deltai)
IF EEE = 0 THEN
HG = 0
ELSE
HG = 1 / s * (EEE * (1 + gi) + ga / EEE)
END IF
SUMM = SUMM + HG
SUMMI = SUMMI + HG * COS(s * pi)
IF s < 25 THEN GOTO L2
AAA = theta / (LOG(l / pi / d2) - pi / l * GGi + SUM)

'Mittlere Oberflaechenuebertemperaturen an der Rohrschicht
thetami = AAA * pi * lam / l / kappai * (1 - GGa)
thetama = AAA * pi * lam / l / kappaa * (1 + GGa)
'Waermestromdichten
qa = kappaa * thetama
qi = kappai * thetami
'Mittlere Uebertemperaturen an den Bauteiloberflaechen
thetaa0 = qa / aa
thetai0 = qi / ai
'Eventuelle Berechnung der Waermeuebergangskoeffizienten
IF alphaI <> 0 AND alphaA <> 0 THEN GOTO L3
IF alphaA = 0 AND ABS(thetaa0 - thetaa) >= .1 THEN GOTO L5
IF alphaI = 0 AND ABS(thetai0 - thetai) >= .1 THEN GOTO L5

L3:
'Ende der inneren Iterationsschleife
'Waermeuebergangskoeffizienten sind den Oberflaechentemperaturen angepasst
'Mittlere Oberflaechentemperaturen
```

```
tma = thetaa0 + ta
tmi = thetai0 + ti
'Gesamtwaermestromdichte
q = qi + qa
'Extremtemperaturen an der inneren Oberflaeche
tmax = (thetami + AAA * SUMM) * kappai / ai + ti
tmin = (thetami + AAA * SUMMI) * kappai / ai + ti
'Stoffwerte Luft bei Rohrwandtemperatur
lamSpalt = .024178 + 7.634878E-05 * t2 - 4.663859E-08 * t2 ^ 2 + 4.612639E-11 * t2 ^ 3

'Berechnete Fluidtemperatur passend zur geschaetzten Temperatur t2, Fehlertest und Neu-
schaetzung von t2
tq = t2 + q * l / pi / d1 * (1 / alphaF + d1 / 2 / lamR * LOG(d2 / d1) + d1 / 2 / lamSpalt
     * LOG((d2 + 2 * delSpalt) / d2))
IF ABS(tq - tqF) > .01 THEN
     t2 = ti + (tqF - ti) / (tq - ti) * (t2 - ti)
     GOTO L1
END IF
'Ende der aeusseren Iterationsschleife

'AUSGABE I
LPRINT "   Geometrie der Massivdecke mit Rohren:"
LPRINT USING "     Deltai = #.### m  Deltaa = #.### m  lambda  = ##.### W/(m K)";
deltai; deltaa; lam
LPRINT "   Rohrdurchmesser:"
LPRINT USING "     da = #.#### m     di = #.#### m     lambdaR =###.### W/(m K)";
d2; d1; lamR
LPRINT "   Rohrabstand und gerade Rohrlaenge (Annahme fuer Wasserwaermeuebergang):"
LPRINT USING "     l = #.### m      LR = ##.# m"; l; GLR
LPRINT "   Luftspalt um das Rohr:"
LPRINT USING "     Luftspalt = #.#### m"; delSpalt
LPRINT "   Dichte und spezifische Waermekapazitaet der Rohrschicht:"
LPRINT USING "     rhoRohrschicht  = ##### kg/m^3   cRohrschicht = #### J/(kg K)";
rhoR; cR
LPRINT
LPRINT "   Geometrie der inneren Deckschichten:"
LPRINT USING "     deli1  = #.### m  lami1 =##.### W/(m K)"; deli1; lami1
LPRINT USING "     deli2  = #.### m  lami2 =##.### W/(m K)"; deli2; lami2
LPRINT USING "     deli3  = #.### m  lami3 =##.### W/(m K)"; deli3; lami3
LPRINT
LPRINT "   Geometrie der aeusseren Deckschichten:"
LPRINT USING "     dela1  = #.### m  lama1 =##.### W/(m K)"; dela1; lama1
LPRINT USING "     dela2  = #.### m  lama2 =##.### W/(m K)"; dela2; lama2
LPRINT USING "     dela3  = #.### m  lama3 =##.### W/(m K)"; dela3; lama3
LPRINT USING "     dela4  = #.### m  lama4 =##.### W/(m K)"; dela4; lama4
LPRINT USING "     dela5  = #.### m  lama5 =##.### W/(m K)"; dela5; lama5
LPRINT
LPRINT "   Wassergeschwindigkeit und Waermeuebergang in den Rohren:"
LPRINT USING "     w =##.## m/s        alphaF = ####.# W/(m²K)"; wq; alphaF
LPRINT
LPRINT "   Temperaturen:"
```

```
LPRINT USING "   ti = ##.# °C   ta = ##.# °C"; ti; ta
LPRINT USING "   tRohrwand/Estrich  = ##.# °C    tWasser =  ##.# °C"; t2; tqF
LPRINT "   Oberflaechentemperaturen auf der Innenseite:"
LPRINT USING "   tmi = ##.# °C  tmax = ##.## °C    tmin = ##.## °C"; tmi; tmax; tmin
LPRINT
LPRINT "   Waermeuebergangskoeffizienten an den Bauteiloberflaechen:"
LPRINT USING "   alphai =####.# W/(m²K)   alphaa =####.# W/(m²K)"; ai; aa
LPRINT
LPRINT "   Waermestroeme:"
LPRINT USING "   qi =####.# W/m²   qa =####.# W/m²   q =####.# W/m²"; qi; qa; q
LPRINT
LPRINT "   Abarbeitungsschritte:"
LPRINT USING "   yZahlmin = ####   yZahlmax = ####   ySchritt = #.#### m";
yZahlmin; yZahlmax; ySchritt
LPRINT USING "   xZahlmin =   0   xZahlmax = ####   xSchritt = #.#### m";
xZahlmax; xSchritt

'Berechnung der Temperaturen und Speicherkapazitaeten im Bauteil
QS = 0
Kap = 0
'AUSGABE II
LPRINT
LPRINT "   Temperaturen im Bauteil mit dem Abstand x von Rohrmitte in cm :"
LPRINT "0   1   2   3   4   5   6   7   8   9   10  11  12  13  14  15 "
LPRINT "--------------------------------------------------------------------------------"
'Berechnung in Abarbeitungsschritten
es = 2 * pi / l
FOR yZahl = yZahlmin TO yZahlmax
      y = ySchritt * yZahl
      FOR xZahl = 0 TO xZahlmax
            x = xSchritt * xZahl
            SUM = 0
            s = 0
L4:
            s = s + 1
            HHa = (ha + 2 * pi * s) / (ha - 2 * pi * s)
            HHi = (hi + 2 * pi * s) / (hi - 2 * pi * s)
            HH = EXP(eq * s)
            ga = (HHa * EXP(ei * s) - HH) / (HH - HHa * HHi)
            gi = (HHi * EXP(ea * s) - HH) / (HH - HHa * HHi)
            g = EXP(-es * s * ABS(y)) + ga * EXP(-es * s * y) + gi * EXP(es * s * y)
            g = g / s * COS(es * s * x)
            SUM = SUM + g
            IF s < 25 THEN GOTO L4
            'Temperatur txy
            txy = -AAA * (pi / l * (GGa * y + GGi + ABS(y)) - SUM) + ti
            IF x <= d2 / 2 AND ABS(y) <= d2 / 2 THEN txy = tqF
            IF x >= l - d2 / 2 AND ABS(y) <= d2 / 2 THEN txy = tqF
            t(xZahl, yZahl + ABS(yZahlmin)) = txy
            'Speicherwaerme im Gitterintervall xSchritt und ySchritt
            deltaQS = ySchritt * xSchritt * rhoR * cR * (txy - ti)
```

```
            'Addition der Speicherwaerme
            IF xZahl = 0 THEN deltaQS = deltaQS / 2
            IF xZahl = xZahlmax THEN deltaQS = deltaQS / 2
            IF yZahl = yZahlmin THEN deltaQS = deltaQS / 2
            IF yZahl = yZahlmax THEN deltaQS = deltaQS / 2
            QS = QS + deltaQS

            'Waermekapazitaet zur Kontrolle
            Kap = Kap + deltaQS / (txy - ti)
      NEXT xZahl
NEXT yZahl

'AUSGABE III MIT BERECHNUNG DER ENDGUELTIGEN SPEICHERWERTE
FOR yZahl = yZahlmax TO yZahlmin STEP -1
      y = ySchritt * yZahl

      LPRINT USING "    y = ##.### m "; y
      YZ = yZahl + ABS(yZahlmin)
      FOR xZahl = 0 TO 15
            LPRINT USING "##.# "; t(xZahl, YZ);
      NEXT xZahl
      LPRINT
NEXT yZahl
'Anzahl der Speicherintervalle pro 1 m
Anzahl = 1 / xSchritt / xZahlmax
Kapaz = Anzahl * QS
Kap = Anzahl * Kap
LPRINT "-------------------------------------------------------------------------------"
LPRINT
LPRINT USING "    Anzahl der Rohrintervalle pro m:       ####.## 1/m  "; Anzahl
LPRINT USING "    Gespeicherte Waerme bezogen auf ti:  ###### Wh/m^2"; Kapaz / 3600
LPRINT USING "    Waermekapazitaet der Decke:        ########## Wh/(K m^2)  "; Kap /
3600

END

'Waermeuebergangskoeffizienten an den Bauteiloberflaechen
L5:
thetaa = thetaa0
IF alphaA = 0 THEN aa = 5.2 + .8 * (ABS(thetaa) ^ .31)
thetai = thetai0
IF alphaI = 0 THEN ai = 8.92 * (ABS(thetai) ^ .1)
GOTO L1
```

7.2.3. Verifikation des vorhergehenden Programms

Da kein umfassendes Rechenprogramm oder anderweitige Ergebnisse für alle durchgeführten Rechnungen verfügbar sind, werden nachfolgend drei verschiedene Tests zur Verifikation des Algorithmus und des Programms herangezogen.

TEST 1

Die Heizfläche Fußbodenheizung wird aus Einzelkomponenten - dem Rohrregister, dem Estrich, dem Belag usw. - zusammengesetzt. Normalerweise geschieht dies auf der Baustelle, so daß größere Exemplarstreuungen als bei einer automatisierten Heizflächenfertigung auftreten. Die weitere Besonderheit besteht in der großen Variationsvielfalt der Parameter, wie z. B. Rohrdurchmesser, Rohrabstand, Estrichdicke, Belagart usw. Andererseits sind die Berechnungsalgorithmen aber soweit entwickelt, daß damit zuverlässige Leistungsberechnungen möglich sind. Diese gründen sich auf die FEM-Methode und auch auf analytische Verfahren.
Deshalb erfolgt die wärmetechnische Prüfung der Warmasser-Fußbodenheizung nach DIN 4725 Teil 2 (Mai 1992) grundsätzlich rechnerisch nach Zeichnungsunterlagen und Modell entsprechend einem Potenzansatz dem die Gültigkeit des Superpositionsprinzips zugrunde liegt.

Potenzansatz für Naßverlegesysteme und Berechnungsdaten:

$$\dot{q} = B\, a_B a_T^{m_T} a_{\ddot{U}}^{m_{\ddot{U}}} a_D^{m_D} \Delta t \tag{7.97}$$

- B = 6,7 W/(m² K) für eine Rohrwanddicke von 2 mm und einen Wärmeleitkoeffizienten von 0,35 W/(m K); Umrechnung auf andere Parameter ist möglich
- a_B Belagfaktor
- a_T Teilungsfaktor
- $a_{\ddot{U}}$ Überdeckungsfaktor (Angabe für kleinste Teilung 50 mm)
- a_D Rohraußendurchmesserfaktor (Angabe für kleinste Teilung 50 mm)
- m_T Exponent für Teilung (Angabe für kleinste Teilung 50 mm)
- $m_{\ddot{U}}$ Exponent für Estrichüberdeckung (Angabe für kleinste Überdeckung 15 mm)
- m_D Exponent für Außendurchmesser (Angabe für Durchmesser größer 12 mm)
- Δt logarithmische Heizwasserübertemperatur.

Verifikationsbeispiel

Es gelten die Ausgangswerte nach Bild 7.3. Die Wärmeübergangskoeffizienten sind nicht vorgegeben, sondern in Abhängigkeit der Übertemperaturen zu bestimmen.

- **Rechnung nach DIN 4725 Teil 2**

B = 6,7 W/(m²K)

Belagfaktor nach Tab. A1	$a_B = 0{,}598$
Teilungsfaktor nach Tab. A2	$a_T = 1{,}156$
Überdeckungsfaktor nach Tab. A3	$a_{\ddot{U}} = 1{,}0315$

Rohraußendurchmesserfaktor nach Tab. A4 $a_D = 1{,}035$

$m_T = -1{,}667$; $m_Ü = 0$; $m_D = -0{,}75$.

Für die Übertemperatur von 20 K ergibt Gl. (7.97)

$\dot{q} = 6{,}7 \cdot 0{,}598 \cdot 1{,}156^{-1{,}667} \cdot 1{,}0315^{0} \cdot 1{,}035^{-0{,}75} \cdot 20 = \mathbf{61{,}3}$ W/m².

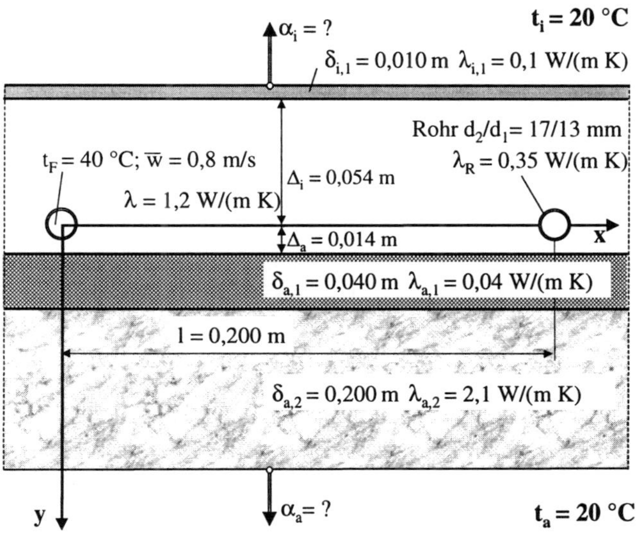

Bild 7.3 Fußbodenaufbau des Verifikationsbeispiels nach TEST 1

- **Rechnung nach Simulationsmodell** (Programm nach Abschnitt 7.2.2.)

```
Geometrie der Massivdecke mit Rohren:
Deltai = 0.054 m  Deltaa = 0.014 m  lambda  =  1.200 W/(m K)

Rohrdurchmesser:
da = 0.0170 m     di = 0.0130 m     lambdaR =  0.350 W/(m K)

Rohrabstand und gerade Rohrlaenge (Annahme fuer Wasserwaermeue-
bergang):
l = 0.200 m       LR =  4.0 m

Luftspalt um das Rohr:
Luftspalt = 0.0000 m

Dichte und spezifische Waermekapazitaet der Rohrschicht:
rhoRohrschicht  =  2400 kg/m³    cRohrschicht = 1050 J/(kg K)

Geometrie der inneren Deckschichten:
deli1   = 0.010 m   lami1 = 0.100 W/(m K)
deli2   = 0.000 m   lami2 = 1.000 W/(m K)
deli3   = 0.000 m   lami3 = 1.000 W/(m K)

Geometrie der aeusseren Deckschichten:
dela1   = 0.040 m   lama1 = 0.040 W/(m K)
dela2   = 0.200 m   lama2 = 2.100 W/(m K)
dela3   = 0.000 m   lama3 = 1.000 W/(m K)
dela4   = 0.000 m   lama4 = 1.000 W/(m K)
dela5   = 0.000 m   lama5 = 1.000 W/(m K)
```

```
Wassergeschwindigkeit und Waermeuebergang in den Rohren:
w = 0.80 m/s            alphaF = 4919.6 W/(m²K)

Temperaturen:
ti = 20.0 °C     ta = 20.0 °C
tRohrwand/Estrich   = 38.2 °C      tWasser =   40.0 °C

Oberflaechentemperaturen auf der Innenseite:
tmi = 25.7 °C    tmax = 26.19 °C      tmin = 25.33 °C

Waermeuebergangskoeffizienten an den Bauteiloberflaechen:
alphai =   10.6 W/(m²K)     alphaa =    6.2 W/(m²K)

Waermestroeme:
qi =   60.8 W/m²      qa =   11.5 W/m²     q =   72.3 W/m²
```

- **Vergleich der Ergebnisse**

Beim Vergleich der Ergebnisse ist zu beachten, daß bei der DIN-Berechnung der Wärmestrom in den Raum mit $\dot{q}$ bezeichnet wird. Er ist zu vergleichen mit dem Wert $\dot{q}_i$ der Simulationsrechnung. Die Abweichung beträgt vom DIN-Wert 0,8 %.

TEST 2

- **Rechnung nach FEM**

Die im Bild 7.4 gezeigte Fußbodenheizung ist in [18] mit FEM untersucht worden. Die Wärmestromdichten ergaben sich zu $\dot{q}_i$ **= 76,6 W/m²** und $\dot{q}$ **= 88,6 W/m²**.

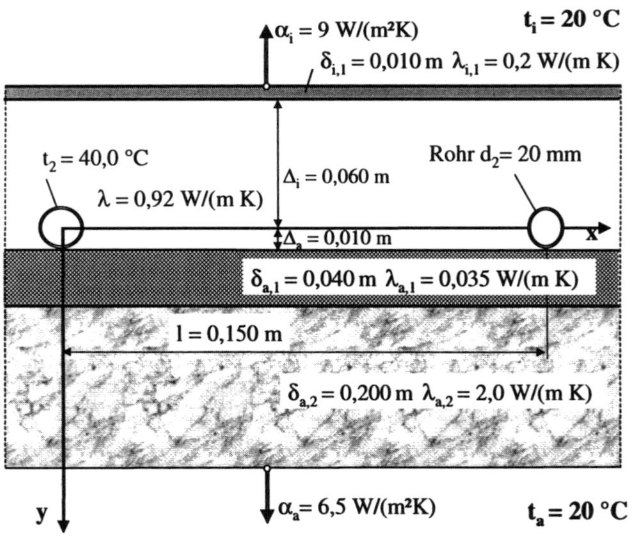

Bild 7.4 Fußbodenaufbau des Verifikationsbeispiels nach TEST 2

- **Rechnung nach Simulationsmodell** (Programm nach Abschnitt 7.2.2.)

```
Geometrie der Massivdecke mit Rohren:
Deltai = 0.060 m  Deltaa = 0.010 m  lambda  =  0.920 W/(m K)
```

```
Rohrdurchmesser:
da = 0.0200 m      di = 0.0180 m      lambdaR =  0.410 W/(m K)
Rohrabstand und gerade Rohrlaenge (Annahme fuer Wasserwaermeue-
bergang):
l = 0.150 m        LR =  2.0 m
Luftspalt um das Rohr:
Luftspalt = 0.0000 m
Dichte und spezifische Waermekapazitaet der Rohrschicht:
rhoRohrschicht  =  2400 kg/m³    cRohrschicht = 1050 J/(kg K)
Geometrie der inneren Deckschichten:
deli1   = 0.010 m   lami1 = 0.200 W/(m K)
deli2   = 0.000 m   lami2 = 1.000 W/(m K)
deli3   = 0.000 m   lami3 = 1.000 W/(m K)
Geometrie der aeusseren Deckschichten:
dela1   = 0.040 m   lama1 = 0.035 W/(m K)
dela2   = 0.200 m   lama2 = 2.000 W/(m K)
dela3   = 0.000 m   lama3 = 1.000 W/(m K)
dela4   = 0.000 m   lama4 = 1.000 W/(m K)
dela5   = 0.000 m   lama5 = 1.000 W/(m K)
Wassergeschwindigkeit und Waermeuebergang in den Rohren:
w = 0.50 m/s          alphaF = 3212.2 W/(m²K)
Temperaturen:
ti = 20.0 °C    ta = 20.0 °C
tRohrwand/Estrich  = 40.0 °C      tWasser =  40.6 °C

Oberflaechentemperaturen auf der Innenseite:
tmi = 28.3 °C   tmax = 28.57 °C     tmin = 27.96 °C
Waermeuebergangskoeffizienten an den Bauteiloberflaechen:
alphai =    9.0 W/(m²K)    alphaa =    6.5 W/(m²K)
Waermestroeme:
qi =  74.3 W/m²    qa =  11.9 W/m²    q =  86.2 W/m²
```

- **Vergleich der Ergebnisse**

Die Abweichung beträgt nur 3 %. Unter Beachtung der enormen Anzahl von Berechnungsschritten und der völlig unterschiedlichen Modellierungen ist dies ein sehr gutes Ergebnis.

TEST 3

Der im Bild 7.5 dargestellte Fußbodenaufbau ist ebenfalls mit FEM wärmetechnisch berechnet worden, wobei auch der Temperaturverlauf auf der Oberfläche ermittelt wurde.

- **Rechnung nach FEM**

Die in [19] mitgeteilten Ergebnisse lauten: $\dot{q}_i$ **= 56,6 W/m²** , Temperaturverlauf an der Fußbodenoberfläche nach Bild 7.6.

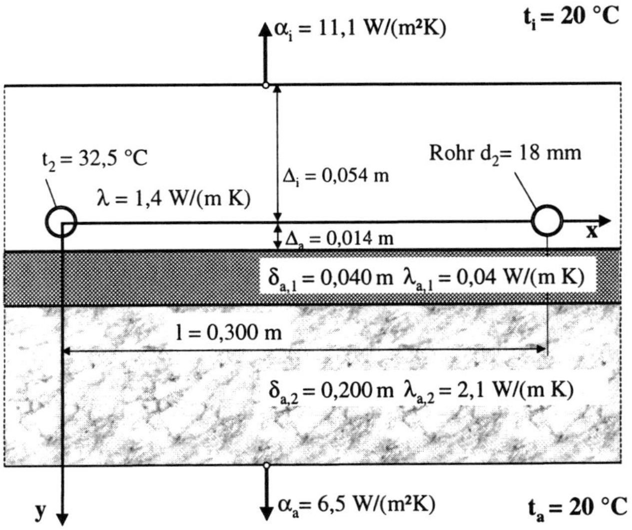

Bild 7.5 Fußbodenaufbau des Verifikationsbeispiels nach TEST 3

- **Rechnung nach Simulationsmodell** (Programm nach Abschnitt 7.2.2.)

```
Geometrie der Massivdecke mit Rohren:
Deltai = 0.054 m  Deltaa = 0.014 m  lambda   =  1.400 W/(m K)
Rohrdurchmesser:
da = 0.0180 m     di = 0.0140 m     lambdaR =  0.410 W/(m K)
Rohrabstand und gerade Rohrlaenge (Annahme fuer Wasserwaermeue-
bergang):
l = 0.300 m       LR =  2.0 m
Luftspalt um das Rohr:
Luftspalt = 0.0000 m
Dichte und spezifische Waermekapazitaet der Rohrschicht:
rhoRohrschicht  =  2400 kg/m³   cRohrschicht = 1050 J/(kg K)
Geometrie der inneren Deckschichten:
deli1   = 0.000 m   lami1 = 1.000 W/(m K)
deli2   = 0.000 m   lami2 = 1.000 W/(m K)
deli3   = 0.000 m   lami3 = 1.000 W/(m K)

Geometrie der aeusseren Deckschichten:
dela1   = 0.040 m   lama1 = 0.040 W/(m K)
dela2   = 0.200 m   lama2 = 2.100 W/(m K)
dela3   = 0.000 m   lama3 = 1.000 W/(m K)
dela4   = 0.000 m   lama4 = 1.000 W/(m K)
dela5   = 0.000 m   lama5 = 1.000 W/(m K)
Wassergeschwindigkeit und Waermeuebergang in den Rohren:
w = 0.50 m/s         alphaF = 3061.6 W/(m²K)
Temperaturen:
ti = 20.0 °C    ta = 20.0 °C
tRohrwand/Estrich  = 32.5 °C      tWasser =  34.4 °C

Oberflaechentemperaturen auf der Innenseite:
```

tmi = 25.0 °C   tmax = 26.82 °C   tmin = 23.67 °C

Waermeuebergangskoeffizienten an den Bauteiloberflaechen:
alphai = 11.1 W/(m^2K)   alphaa = 6.5 W/(m^2K)

Waermestroeme:
qi = 55.4 W/m^2   qa = 5.7 W/m^2 q = 61.1 W/m^2

Abarbeitungsschritte:
yZahlmin = -2   yZahlmax = 0   ySchritt = 0.0270 m
xZahlmin = 0   xZahlmax = 30   xSchritt = 0.0100 m

Temperaturen im Bauteil mit dem Abstand x von Rohrmitte in cm :

0	1	2	3	4	5	6	7	8	9	10	11	12	13	14	15
y = 0.000 m															
34.4	31.8	30.2	29.2	28.3	27.6	26.9	26.3	25.9	25.5	25.2	25.0	24.9	24.7	24.6	24.6
y = -0.027 m															
28.9	28.7	28.3	27.8	27.2	26.7	26.3	25.8	25.5	25.1	24.9	24.7	24.5	24.4	24.3	24.3
y = -0.054 m															
26.8	26.8	26.6	26.3	25.9	25.6	25.2	24.9	24.6	24.4	24.2	24.0	23.8	23.7	23.7	23.7

Anzahl der Rohrintervalle pro m: 3.33 1/m
Gespeicherte Waerme bezogen auf ti: 228 Wh/m^2
Waermekapazitaet der Decke: 38 Wh/(K m^2)

- **Vergleich der Ergebnisse**

Die Abweichung bezüglich der Heizleistung beträgt nur 2 %. Die Gegenüberstellung der Temperaturverläufe längs des halben Rohrabstandes ist im Bild 7.6 gegeben. Es zeigt sich eine sehr gute Übereinstimmung mit dem Ergebnis aus [19].

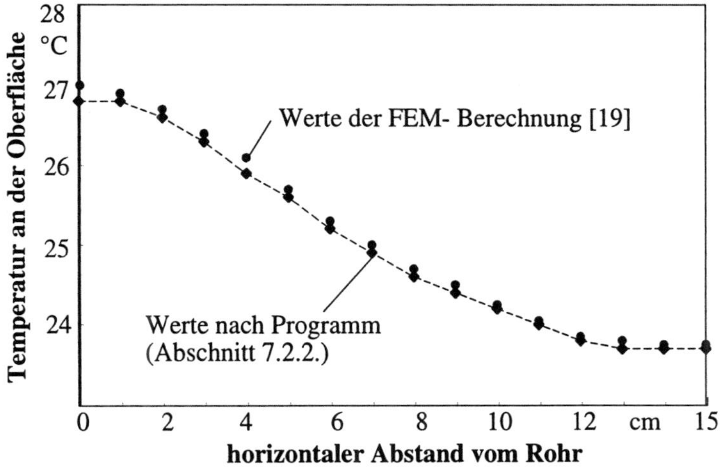

Bild 7.6 Temperaturverläufe an der Fußbodenoberfläche nach einer FEM-Berechnung und nach der Ermittlung mit dem beschriebenen Programm
Die Unterschiede sind kleiner als 0,2 K.

Gleichzeitig wird die Abarbeitung des Speicherintervalls kontrolliert. Die Summation erfolgte zwischen x-Achse und innerer Bauteiloberfläche. Die manuelle

Berechnung ergibt für diesen Abschnitt eine Wärmekapazität von:

$0{,}054 \cdot 2400 \cdot 1050 = 136080$ Ws/(K m²) = 37,8 Wh/(K m²).

Dieser Wert wird im Rechnerausdruck ausgewiesen. Die Abarbeitung ist damit in Ordnung.

7.2.4. Programmlisting für eine zweischichtige Platte und $t_i \neq t_a$

```
pi = 3.1416

'EINGABE            Daten entsprechen dem Verifikationsbeispiel (Abschnitt 7.2.5.) Test2
'Konstruktionsdaten und zugehoerige Stoffdaten
l = .3
deltai = .054
deltaa = .014
lam = 1.4
delL = .0005
lamL = 200
'Rohrdaten
d1 = .014
d2 = .018
lamR = .41
GLR = 2
delSpalt = 0!
'Konstruktions- und Stoffdaten der Deckschichten
dela1 = .04: dela2 = .2: dela3 = 0: dela4 = 0: dela5 = 0
lama1 = .04: lama2 = 2.1: lama3 = 1: lama4 = 1: lama5 = 1
deli1 = 0: deli2 = 0: deli3 = 0
lami1 = 1: lami2 = 1: lami3 = 1
'Thermodynamische und hydraulische Groessen
tqF = 34.9
wq = .5
ti = 20
ta = 20
alphaA = 6.5
alphaI = 11.1

'ALGORITHMUS
'Annahme der aeusseren Rohrtemperatur als erste Schaetzung
IF tqF < ti THEN t2 = tqF + 1
IF tqF > ti THEN t2 = tqF - 1
'Temperaturdifferenz der Umgebungstemperaturen
delta = ta - ti
'Erster Speicherwert der mittleren Oberflaechentemperaturen des Bauteils
thetaa = 0
thetai = 0
'Erster Schaetzwert der Waermeuebergangskoeffizienten
IF alphaI = 0 THEN
```

```
      ai = 10
ELSE
      ai = alphaI
END IF
IF alphaA = 0 THEN
      aa = 6
ELSE
      aa = alphaA
END IF

'Stoffwerte Wasser bei gegebener Fluidtemperatur
rhoF = 1006 - .26 * tqF - .0022 * tqF ^ 2
nyF = (556272.7 + 19703.39 * tqF + 124.4091 * tqF ^ 2 - .3770952 * tqF ^ 3) ^ -1
lamF = .5587913 + 2.268458E-03 * tqF - 1.248304E-05 * tqF ^ 2 + 1.890318E-08 * tqF ^ 3
PrF = (7.547718E-02 + 2.76297E-03 * tqF + 3.210257E-05 * tqF ^ 2
      - 1.015768E-07 * tqF ^ 3) ^ -1

'Waermeuebergangskoeffizient des Fluids
Re = wq * d1 / nyF
IF Re > 2320 THEN
   GB = (5.15 * .4343 * LOG(Re) - 4.64) ^ -2
   Nu = GB * (Re - 1000) * PrF / (1 + 12.7 * GB ^ .5 * (PrF ^ .667 - 1))
         * (1 + (d1 / GLR) ^ .667)
ELSE
  Nu = (49.028 + 4.173 * Re * PrF * d1 / GLR) ^ .333
END IF
alphaF = Nu * lamF / d1
```

'Beginn der aeusseren und inneren Iterationsschleife
L1:

```
'Rohruebertemperatur
theta = t2 - ti
'Teilwaermedurchgangskoeffizienten und modifizierte h-Werte
kappai = (1 / ai + deli1 / lami1 + deli2 / lami2 + deli3 / lami3) ^ -1
kappaa = (1 / aa + dela1 / lama1 + dela2 / lama2 + dela3 / lama3 + dela4 / lama4
         + dela5 / lama5) ^ -1
kappaiq = (1 / kappai + deltai / lam) ^ -1
IF delL <> 0 THEN
      kappaaq = (1 / kappaa + deltaa / lam + delL / lamL) ^ -1
      ee = 4 * pi * delL / l
      ha = kappaa * l / lamL
ELSE
      kappaaq = (1 / kappaa + deltaa / lam) ^ -1
      ha = kappaa * l / lam
END IF
hi = kappai / lam * l
'Konstantenberechnung
GGa = (kappaaq - kappaiq) / (kappaaq + kappaiq)
GGi = -2 * lam / (kappaaq + kappaiq)
ea = -4 * pi / l * deltaa
ei = -4 * pi / l * deltai
eq = ea + ei
```

```
SUM = 0
SUMM = 0
SUMMI = 0
s = 0
L2:
s = s + 1
HHa = (ha + 2 * pi * s) / (ha - 2 * pi * s)
HHi = (hi + 2 * pi * s) / (hi - 2 * pi * s)
HH = EXP(eq * s)
IF delL <> 0 THEN
     N1 = 1 - HHa * EXP(ee * s)
     N2 = N1 / (N1 - 1)
     RR = HH / HHi
     gi = (lam + lamL / N1 - lamL / N2) * (EXP(ea * s) - RR)
     gi = gi / (lam * (1 + RR) + (lamL / N2 - lamL / N1) * (1 - RR))
     ga = -EXP(ei * s) / HHi * (1 + gi)
ELSE
     ga = (HHa * EXP(ei * s) - HH) / (HH - HHa * HHi)
     gi = (HHi * EXP(ea * s) - HH) / (HH - HHa * HHi)
END IF
g = (ga + gi) / s
SUM = SUM + g
EEE = EXP(-2 * pi * s / l * deltai)
IF EEE = 0 THEN
     HG = 0
ELSE
     HG = 1 / s * (EEE * (1 + gi) + ga / EEE)
END IF
SUMM = SUMM + HG
SUMMI = SUMMI + HG * COS(s * pi)
IF s < 25 THEN GOTO L2
AAA = (theta - delta * kappaaq / (kappaaq + kappaiq)) / (LOG(l / pi / d2) - pi / l * GGi + SUM)

'Mittlere Oberflaechenuebertemperaturen an der Rohrschicht
thetami = AAA * pi * lam / l / kappai * (1 - GGa) + delta / kappai / (1 / kappaaq + 1 / kappaiq)
thetama = AAA * pi * lam / l / kappaa * (1 + GGa) - delta / kappaa / (1 / kappaaq + 1 / kappaiq)
'Waermestromdichten
qa = kappaa * thetama
qi = kappai * thetami
'Mittlere Uebertemperaturen an den Bauteiloberflaechen
thetaa0 = qa / aa
thetai0 = qi / ai
'Eventuelle Berechnung der Waermeuebergangskoeffizienten
IF alphaI <> 0 AND alphaA <> 0 THEN GOTO L3
IF alphaA = 0 AND ABS(thetaa0 - thetaa) >= .1 THEN GOTO L5
IF alphaI = 0 AND ABS(thetai0 - thetai) >= .1 THEN GOTO L5

L3:
'Ende der inneren Iterationsschleife
'Waermeuebergangskoeffizienten sind den Oberflaechentemperaturen angepasst
'Mittlere Oberflaechentemperaturen
```

```
tma = thetaa0 + ta
tmi = thetai0 + ti
'Gesamtwaermestromdichte
q = qi + qa
'Extremtemperaturen an der inneren Oberflaeche
tmax = (thetami + AAA * SUMM) * kappai / ai + ti
tmin = (thetami + AAA * SUMMI) * kappai / ai + ti

'Stoffwerte Luft bei Rohrwandtemperatur
lamSpalt = .024178 + 7.634878E-05 * t2 - 4.663859E-08 * t2 ^ 2 + 4.612639E-11 * t2 ^ 3

'Berechnete Fluidtemperatur passend zur geschaetzten Temperatur t2, Fehlertest und Neu-
schaetzung von t2
tq = t2 + q * l / pi / d1 * (1 / alphaF + d1 / 2 / lamR * LOG(d2 / d1) + d1 / 2 / lamSpalt
     * LOG((d2 + 2 * delSpalt) / d2))
IF ABS(tq - tqF) > .01 THEN
     t2 = ti + (tqF - ti) / (tq - ti) * (t2 - ti)
     GOTO L1
END IF
'Ende der aeusseren Iterationsschleife

'AUSGABE
LPRINT "    Geometrie der Rohrschicht und der Waermeleitlamelle:"
LPRINT
LPRINT USING "    Deltai = #.### m  Deltaa = #.### m  lambda = ##.###  W/(m K)";
deltai; deltaa; lam
LPRINT USING "    delL   = #.#### m              lamL   = ###.### W/(m K)";
delL; lamL
LPRINT "    Rohrdurchmesser:"
LPRINT USING "    da = #.#### m     di = #.#### m     lambdaR =###.### W/(m K)";
d2; d1; lamR
LPRINT "    Rohrabstand und gerade Rohrlaenge (Annahme fuer Wasserwaermeuebergang):"
LPRINT USING "    l = #.### m       LR = ##.# m"; l; GLR
LPRINT "    Luftspalt um das Rohr:"
LPRINT USING "    Luftspalt = #.#### m"; delSpalt
LPRINT
LPRINT "    Geometrie der inneren Deckschichten:"
LPRINT
LPRINT USING "    deli1   = #.### m   lami1 =##.### W/(m K)"; deli1; lami1
LPRINT USING "    deli2   = #.### m   lami2 =##.### W/(m K)"; deli2; lami2
LPRINT USING "    deli3   = #.### m   lami3 =##.### W/(m K)"; deli3; lami3
LPRINT
LPRINT "    Geometrie der aeusseren Deckschichten:"
LPRINT
LPRINT USING "    dela1   = #.### m   lama1 =##.### W/(m K)"; dela1; lama1
LPRINT USING "    dela2   = #.### m   lama2 =##.### W/(m K)"; dela2; lama2
LPRINT USING "    dela3   = #.### m   lama3 =##.### W/(m K)"; dela3; lama3
LPRINT USING "    dela4   = #.### m   lama4 =##.### W/(m K)"; dela4; lama4
LPRINT USING "    dela5   = #.### m   lama5 =##.### W/(m K)"; dela5; lama5
LPRINT
LPRINT "    Wassergeschwindigkeit und Waermeuebergang in den Rohren:"
```

```
LPRINT
LPRINT USING "    w =##.## m/s        alphaF = ####.# W/(m²K)"; wq; alphaF
LPRINT
LPRINT "   Temperaturen:"
LPRINT
LPRINT USING "    ti = ##.# °C   ta = ##.# °C"; ti; ta
LPRINT USING "    tRohrwand/Estrich  = ##.# °C    tWasser =  ##.# °C"; t2; tqF

LPRINT "   Oberflaechentemperaturen auf der Innenseite:"
LPRINT USING "    tmi = ##.# °C  tmax = ##.## °C    tmin = ##.## °C"; tmi; tmax; tmin
LPRINT
LPRINT "   Waermeuebergangskoeffizienten an den Bauteiloberflaechen:"
LPRINT
LPRINT USING "    alphai =####.# W/(m²K)   alphaa =####.# W/(m²K)"; ai; aa

LPRINT "   Waermestroeme:"
LPRINT
LPRINT USING "    qi =####.# W/m²   qa =####.# W/m²   q =####.# W/m²"; qi; qa; q

END

'Waermeuebergangskoeffizienten an den Bauteiloberflaechen
L5:
thetaa = thetaa0
IF alphaA = 0 THEN aa = 5.2 + .8 * (ABS(thetaa) ^ .31)
thetai = thetai0
IF alphaI = 0 THEN ai = 8.92 * (ABS(thetai) ^ .1)
GOTO L1
```

7.2.5. Verifikation des vorhergehenden Programms

Da keine kompletten, alle Parameter umfassenden Testbeispiele bekannt sind, werden mehrere Tests durchgeführt.

TEST 1

Zunächst wurde der TEST 3 des Abschnittes 7.2.3. (Bild 7.5) mit dem neuen Programm für $\delta_L = 0$ bei sonst gleichen Eingaben wiederholt. Das Ergebnis lautet:

```
Waermestroeme:
qi =   55.4 W/m²     qa =    5.7 W/m²     q =   61.1 W/m²
```

Damit besteht Identität, d. h., der Basistest ist bestanden.

TEST 2

Es wird wiederum auf TEST 3 des Abschnittes 7.2.3. (Bild 7.5) aufgebaut. Eine zusätzliche Aluminiumlamelle ist unter der Rohrschicht angeordnet, wie Bild 7.7 zeigt.

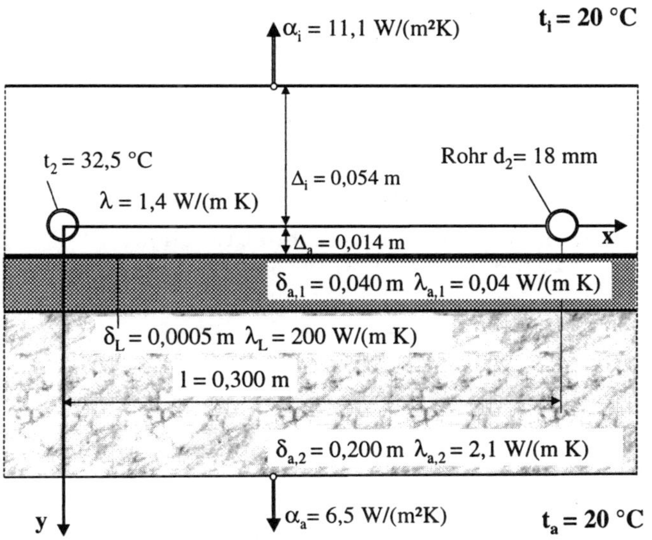

Bild 7.7 Fußbodenaufbau des Verifikationsbeispiels nach TEST 2
Zusätzlich ist eine Wärmeleitlamelle integriert.

- **Rechnung nach FEM**

Die in [19] mitgeteilten Ergebnisse lauten: $\dot{q}_i$ **= 68,6 W/m²** , Temperaturwelligkeit an der Fußbodenoberfläche $\mathbf{t_{max} - t_{min} = 2,2\ K}$.

- **Rechnung nach Simulationsmodell** (Programm nach Abschnitt 7.2.4.)

```
Geometrie der Rohrschicht und der Waermeleitlamelle:
Deltai = 0.054  m  Deltaa = 0.014 m  lambda =   1.400  W/(m K)
delL   = 0.0005 m                     lamL   = 200.000 W/(m K)

Rohrdurchmesser:
da = 0.0180 m       di = 0.0140 m       lambdaR =   0.410 W/(m K)

Rohrabstand und gerade Rohrlaenge (Annahme fuer Wasserwaermeue-
bergang):
l = 0.300 m         LR =   2.0 m

Luftspalt um das Rohr:
Luftspalt = 0.0000 m

Geometrie der inneren Deckschichten:
deli1    = 0.000 m   lami1 = 1.000 W/(m K)
deli2    = 0.000 m   lami2 = 1.000 W/(m K)
deli3    = 0.000 m   lami3 = 1.000 W/(m K)

Geometrie der aeusseren Deckschichten:
dela1    = 0.040 m   lama1 = 0.040 W/(m K)
dela2    = 0.200 m   lama2 = 2.100 W/(m K)
dela3    = 0.000 m   lama3 = 1.000 W/(m K)
dela4    = 0.000 m   lama4 = 1.000 W/(m K)
dela5    = 0.000 m   lama5 = 1.000 W/(m K)
```

```
Wassergeschwindigkeit und Waermeuebergang in den Rohren:
w = 0.50 m/s          alphaF = 3079.6 W/(m²K)

Temperaturen:
ti = 20.0 °C     ta = 20.0 °C
tRohrwand/Estrich  = 32.5 °C      tWasser =  34.9 °C

Oberflaechentemperaturen auf der Innenseite:
tmi = 26.2 °C   tmax = 27.48 °C     tmin = 25.26 °C

Waermeuebergangskoeffizienten an den Bauteiloberflaechen:
alphai =  11.1 W/(m²K)    alphaa =   6.5 W/(m²K)

Waermestroeme:
qi =  68.4 W/m²     qa =    7.0 W/m²     q =   75.4 W/m²
```

- **Vergleich der Ergebnisse**

Die Abweichung der Heizleistung beträgt nur 0,2 W/m². Dies entspricht 0,3 %. Die Temperaturwelligkeit liegt in beiden Fällen bei 2,2 K.

Die vorgestellte Berechnung ist mehrfach unter Variation des Rohrabstandes l = 0,1 ... 0,4 m für Deckenaufbauten mit und ohne Wärmeleitschicht wiederholt worden. Die Ergebnisse stimmen mit den Angaben in [19] - wie aus Bild 7.8 hervorgeht - sehr gut überein.

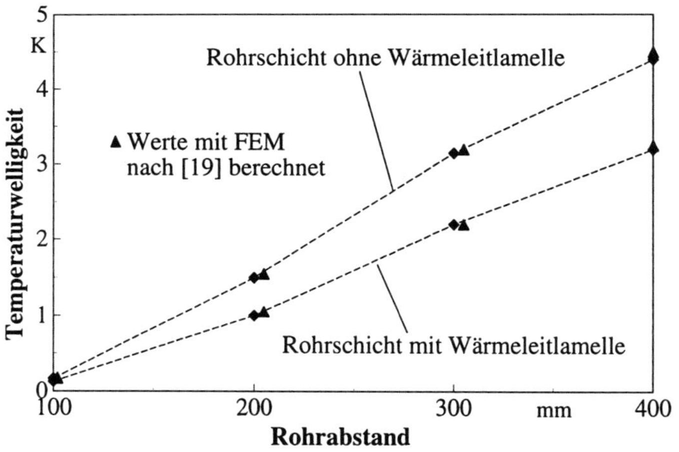

Bild 7.8 Temperaturwelligkeit in Abhängigkeit des Rohrabstandes (TEST 3)

TEST 3

Weitere, teilweise manuelle Untersuchungen sind bezüglich des Temperaturunterschiedes zwischen der Ober- und Unterseite und bei einem vorhandenen Luftspalt durchgeführt worden. Sie ergaben die Richtigkeit der Programmarbeitsweise.

8. Speichervermögen und Wärmestromdichten von homogenen Bauteilen (Decken) mit integrierten Rohrregistern

Bezüglich des Speichervermögens von Bauteilen sind zwei verschiedene Begriffe, die zugleich auch unterschiedliche Tatbestände darstellen, auseinander zu halten.

Die *Wärmekapazität* (oftmals auch *Wärmespeicherkapazität* genannt) $C = m \times c$ kennzeichnet die *Fähigkeit eines Bauelementes* mit der Masse m und der spezifischen Wärmekapazität c Wärme zu speichern.

Die *Speicherwärme* $m \times c \times (t_m - t_B)$ stellt das Produkt aus Wärmekapazität C und der Temperaturdifferenz zwischen der *mittleren Bauteiltemperatur* t_m und einer *Bezugstemperatur* t_B dar.

Häufig werden in Diskussionen *zwei große Fehler* begangen. Erstens wird das Vorhandensein eines Bauteils mit einer hohen "Wärmespeicherkapazität" - z. B. einer dicken Betonmassivdecke - automatisch mit einer hohen Speicherwärme gleichgesetzt. Dies ist natürlich nicht so. Die hohe Wärmespeicherkapazität schafft lediglich die Voraussetzung, daß bei günstiger Temperaturverteilung in diesem Bauteil auch eine große Speicherwärme verfügbar ist. Zweitens erfolgt keine Angabe über die Bezugstemperatur. Diese ist selbstverständlich sehr entscheidend bezüglich der Größe der Speicherwärme. Die Benennung der Speicherwärme eines Bauteils beispielsweise in Wh/m^2 ohne Benennung der Bezugstemperatur ist sinnlos.

In der Regel gelten nachfolgende Randbedingungen und Zusammenhänge:

- Die *Abmessungen* des zur Speicherung einzusetzenden Bauteiles sind *vorgegeben.*
- Die *Bezugstemperatur* - normalerweise ist dies die Raumtemperatur - wird durch wärmephysiologische Randbedingungen meistens eindeutig *definiert.*
- Nur die *mittlere Bauteiltemperatur* ist *beeinflußbar.* Diese sollte einen möglichst großen Unterschied zur Bezugstemperatur aufweisen. Dies kann wiederum durch zwei Maßnahmen erfolgen:

  ⇒ Um bei großen Rohrabständen und den damit verbundenen großen Temperaturunterschieden im Bauteil dennoch eine hohe mittlere Temperaturdifferenz $|t_m - t_B|$ zu erhalten, muß die Heiz- oder Kühlmedientemperatur sich sehr von der Bezugstemperatur (Raumtemperatur) unterscheiden. Dies ist aus exergetischer Sicht (siehe Abschnitt 2.2.) nicht wünschenswert, da dies den Einsatz von Umweltenergie reduziert.

  ⇒ Die *Temperaturunterschiede im Bauteil* werden *möglichst gering* gehalten, so daß die mittlere Temperaturdifferenz $|t_m - t_B|$ trotz relativ geringer Unterschiede der Heiz- oder Kühlmedientemperatur zur Raumtemperatur groß ist.

Um das letztgenannte Ziel zu erreichen, muß im Bauteil eine möglichst *homogene Temperatur* vorliegen. Zwischen den Heiz- bzw. Kühlrohren und der Umgebung - z. B. dem Raum - wird bei Temperaturunterschieden natürlich stets ein Wärmefluß auftreten. Somit ist ein Temperaturgradient zwischen der Rohrregisterebene und den Bauteiloberflächen unabdingbar vorhanden. Zwischen den Rohren innerhalb der Registerebene sollte der Temperaturverlauf aber nur sehr geringe Unterschiede aufweisen. *Rohrabstand* und *Rohrdurchmesser* sind die beiden *konstruktiven Hauptparameter*, die den Temperaturverlauf im Bauteil entscheidend beeinflussen. Sie sind im Sinne einer Homogenisierung der Bauteiltemperatur zu optimieren. Weitere, kaum beeinflußbare Parameter wären die wärmetechnischen Eigenschaften des Speicherbauteiles, wie z. B. die Dichte, die spezifische Wärmekapazität und die Wärmeleitfähigkeit.

Die *Optimierung* des *Rohrabstandes* und des *Rohrdurchmessers* mit der *Zielfunktion* einer *großen Speicherwärme* kann nur durch *Variantenvergleiche* erfolgen. Die Ursachen liegen in der Abstufung der Rohrabmessungen, der an die Verlegetechnologie gebundenen Rohrabstände und in der Kompliziertheit des Algorithmus begründet. Diese Lösungsmethodik stellt aber praktisch keine Einschränkung der Aussagen dar, wie zu sehen sein wird. Denn einerseits ergeben sich eindeutige Trends, und andererseits können Berechnungen mit evtl. neu kreierten Systemen jederzeit ergänzt werden.

8.1. Beispielrechnungen

Der Einfluß der Hauptparameter *Rohrabstand* und *Rohrdurchmesser* wird für nachfolgende Konstruktionen und Randbedingungen unter *stationären Bedingungen* mit *zweidimensionaler Wärmeleitung* in der Rohrschicht (Betondecke) hinsichtlich *Speicherwärme* und *Kühlleistung* untersucht:

- Betondecke: Dicke 300 mm, $\rho = 2400$ kg/m^3, $\lambda = 1{,}4$ W/(m K), c = 1050 J/(kg K), Decke als Geschoßdecke zwischen zwei Büroräumen
- Belag: Dicke 10 mm, Wärmeleitfähigkeit des Belages 0,07 W/(m K)
- Rohrregister: wasserdurchflossen, symmetrisch in der Decke verlegt
  Wärmeleitfähigkeit 0,41 W/(m K)
  Rohrdurchmesser × Wanddicken:
  20×2 mm; 17×2 mm (Normalrohre)
  3,4×0,55 mm; 4,3×0,9 mm (Kapillarrohre)
  Rohrabstand:
  300 ... 150 mm (Normalrohre)
  50 ... 15 mm (Kapillarrohre)

- Wassertemperatur: 18°C
- Raumtemperaturen: $t_i = t_a = 24$ °C.

Die Berechnung der Temperaturverteilung und der weiteren wärmetechnischen Werte erfolgt mit dem Rechenprogramm nach Abschnitt 7.2.2.

Für drei ausgewählte Konstruktionen werden die Ergebnisse komplett wiedergegeben. Zwei Konstruktionen (Bild 8.1) und (Bild 8.3) kennzeichnen die konstruktiven Grenzen der berechneten Gesamtpalette.

Alle Ergebnisse werden in Tabelle 8.1 zusammengefaßt.

- **Berechnungsbeispiel 1**

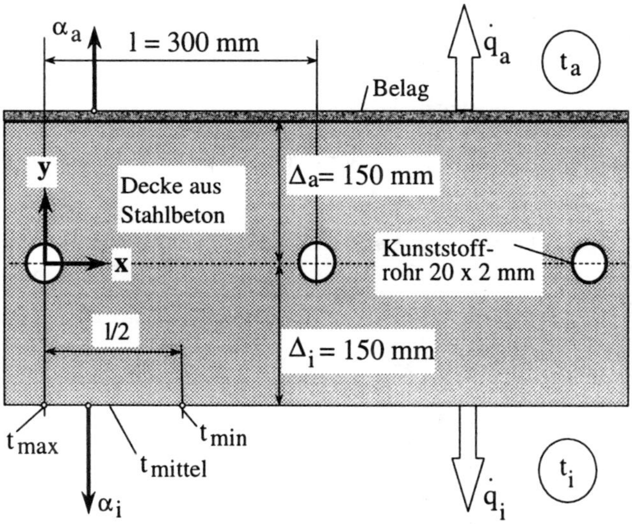

Bild 8.1 Deckenaufbau für Berechnungsbeispiel 1 (größter Rohrabstand, größter Rohrdurchmesser) (Beachte: t_{max}- und t_{min}-Definition gilt für den Heizfall!)

```
Geometrie der Massivdecke mit Rohren:
Deltai = 0.150 m  Deltaa = 0.150 m  lambda  =  1.400 W/(m K)

Rohrdurchmesser:
da = 0.0200 m     di = 0.0160 m     lambdaR =  0.410 W/(m K)

Rohrabstand und gerade Rohrlaenge:
l = 0.300 m       LR =  1.0 m

Luftspalt um das Rohr:
Luftspalt = 0.0000 m

Dichte und spezifische Waermekapazitaet der Rohrschicht:
rhoRohrschicht  =  2400 kg/m³   cRohrschicht = 1050 J/(kg K)

Geometrie der inneren Deckschichten:
deli1   = 0.000 m   lami1 = 1.000 W/(m K)
deli2   = 0.000 m   lami2 = 1.000 W/(m K)
deli3   = 0.000 m   lami3 = 1.000 W/(m K)

Geometrie der aeusseren Deckschichten:
dela1   = 0.010 m   lama1 = 0.070 W/(m K)
dela2   = 0.000 m   lama2 = 1.000 W/(m K)
```

```
dela3    = 0.000 m    lama3 = 1.000 W/(m K)
dela4    = 0.000 m    lama4 = 1.000 W/(m K)
dela5    = 0.000 m    lama5 = 1.000 W/(m K)

Wassergeschwindigkeit und Waermeuebergang in den Rohren:
w = 0.50 m/s          alphaF = 2473.5 W/(m²K)

Temperaturen:
ti = 24.0 °C    ta = 24.0 °C
tRohrwand/Estrich  = 18.8 °C     tWasser =  18.0 °C
Oberflaechentemperaturen auf der Innenseite:
tmi = 22.1 °C   tmax = 22.06 °C     tmin = 22.18 °C
Waermeuebergangskoeffizienten an den Bauteiloberflaechen:
alphai =   9.5 W/(m²K)    alphaa =   6.1 W/(m²K)

Waermestroeme:
qi = -17.9 W/m²      qa =  -9.2 W/m²      q = -27.0 W/m²

Abarbeitungsschritte:
yZahlmin =  -15    yZahlmax =   15    ySchritt = 0.0100 m
xZahlmin =    0    xZahlmax =   30    xSchritt = 0.0100 m


-----------------------------------------------------------------
Temperaturen im Bauteil mit dem Abstand x von Rohrmitte in cm :
0    1    2    3    4    5    6    7    8    9    10   11   12
13   14   15
-----------------------------------------------------------------
     y =  0.150 m
21.1 21.1 21.1 21.1 21.1 21.2 21.2 21.2 21.2 21.2 21.2 21.2 21.2
21.3 21.3 21.3
     y =  0.140 m
21.0 21.0 21.1 21.1 21.1 21.1 21.1 21.1 21.1 21.1 21.2 21.2 21.2
21.2 21.2 21.2
     y =  0.130 m
21.0 21.0 21.0 21.0 21.0 21.0 21.0 21.1 21.1 21.1 21.1 21.1 21.1
21.1 21.1 21.1
     y =  0.120 m
20.9 20.9 20.9 20.9 20.9 20.9 21.0 21.0 21.0 21.0 21.0 21.1 21.1
21.1 21.1 21.1
     y =  0.110 m
20.8 20.8 20.8 20.8 20.9 20.9 20.9 20.9 20.9 21.0 21.0 21.0 21.0
21.0 21.0 21.0
     y =  0.100 m
20.7 20.7 20.7 20.8 20.8 20.8 20.8 20.9 20.9 20.9 20.9 20.9 21.0
21.0 21.0 21.0
     y =  0.090 m
20.6 20.6 20.7 20.7 20.7 20.7 20.8 20.8 20.8 20.9 20.9 20.9 20.9
20.9 20.9 20.9
     y =  0.080 m
20.5 20.5 20.6 20.6 20.6 20.7 20.7 20.7 20.8 20.8 20.8 20.9 20.9
20.9 20.9 20.9
     y =  0.070 m
20.4 20.4 20.4 20.5 20.5 20.6 20.6 20.7 20.7 20.8 20.8 20.8 20.8
20.9 20.9 20.9
     y =  0.060 m
20.3 20.3 20.3 20.4 20.4 20.5 20.6 20.6 20.7 20.7 20.7 20.8 20.8
20.8 20.8 20.8
```

```
---------------------------------------------------------------
Temperaturen im Bauteil mit dem Abstand x von Rohrmitte in cm :
0    1    2    3    4    5    6    7    8    9    10   11   12
13   14   15
---------------------------------------------------------------
     y =  0.050 m
20.1 20.1 20.2 20.3 20.3 20.4 20.5 20.6 20.6 20.7 20.7 20.8 20.8
20.8 20.8 20.8
     y =  0.040 m
19.9 20.0 20.0 20.1 20.2 20.3 20.4 20.5 20.6 20.6 20.7 20.7 20.8
20.8 20.8 20.8
     y =  0.030 m
19.7 19.7 19.9 20.0 20.1 20.3 20.4 20.5 20.6 20.6 20.7 20.7 20.8
20.8 20.8 20.8
     y =  0.020 m
19.3 19.4 19.7 19.9 20.1 20.2 20.4 20.5 20.5 20.6 20.7 20.7 20.8
20.8 20.8 20.8
     y =  0.010 m
18.0 18.0 19.5 19.8 20.0 20.2 20.3 20.5 20.6 20.6 20.7 20.7 20.8
20.8 20.8 20.8
     y =  0.000 m
18.0 18.0 19.5 19.8 20.0 20.2 20.3 20.5 20.6 20.7 20.7 20.7 20.8
20.8 20.9 20.9
     y = -0.010 m
18.0 18.0 19.5 19.8 20.1 20.3 20.4 20.5 20.6 20.7 20.8 20.8 20.8
20.9 20.9 20.9
     y = -0.020 m
19.5 19.6 19.8 20.0 20.2 20.3 20.5 20.6 20.7 20.7 20.8 20.9 20.9
20.9 20.9 20.9
     y = -0.030 m
19.9 19.9 20.0 20.2 20.3 20.5 20.6 20.7 20.7 20.8 20.9 20.9 20.9
21.0 21.0 21.0
     y = -0.040 m
20.2 20.2 20.3 20.4 20.5 20.6 20.7 20.8 20.8 20.9 20.9 21.0 21.0
21.0 21.0 21.1
     y = -0.050 m
20.4 20.5 20.5 20.6 20.6 20.7 20.8 20.9 20.9 21.0 21.0 21.1 21.1
21.1 21.1 21.1
     y = -0.060 m
20.7 20.7 20.7 20.8 20.8 20.9 20.9 21.0 21.0 21.1 21.1 21.2 21.2
21.2 21.2 21.2
     y = -0.070 m
20.9 20.9 20.9 20.9 21.0 21.0 21.1 21.1 21.1 21.2 21.2 21.2 21.3
21.3 21.3 21.3
     y = -0.080 m
21.0 21.0 21.1 21.1 21.1 21.2 21.2 21.2 21.3 21.3 21.3 21.3 21.4
21.4 21.4 21.4
     y = -0.090 m
21.2 21.2 21.2 21.2 21.3 21.3 21.3 21.4 21.4 21.4 21.4 21.5 21.5
21.5 21.5 21.5
     y = -0.100 m
21.4 21.4 21.4 21.4 21.4 21.4 21.5 21.5 21.5 21.5 21.5 21.6 21.6
21.6 21.6 21.6
     y = -0.110 m
21.5 21.5 21.5 21.5 21.5 21.6 21.6 21.6 21.6 21.6 21.7 21.7 21.7
21.7 21.7 21.7
     y = -0.120 m
21.6 21.7 21.7 21.7 21.7 21.7 21.7 21.7 21.8 21.8 21.8 21.8 21.8
21.8 21.8 21.8
```

```
---------------------------------------------------------------
Temperaturen im Bauteil mit dem Abstand x von Rohrmitte in cm :
0    1    2    3    4    5    6    7    8    9    10   11   12
13   14   15
---------------------------------------------------------------
     y = -0.130 m
21.8 21.8 21.8 21.8 21.8 21.8 21.8 21.9 21.9 21.9 21.9 21.9 21.9
21.9 21.9 21.9
     y = -0.140 m
21.9 21.9 21.9 21.9 22.0 22.0 22.0 22.0 22.0 22.0 22.0 22.0 22.0
22.1 22.1 22.1
     y = -0.150 m
22.1 22.1 22.1 22.1 22.1 22.1 22.1 22.1 22.1 22.1 22.2 22.2 22.2
22.2 22.2 22.2
---------------------------------------------------------------

Anzahl der Rohrintervalle pro m:            3.33 1/m
Gespeicherte Waerme bezogen auf ti:         -645 Wh/m²
Waermekapazitaet der Decke:                  210 Wh/(K m²)
```

- **Berechnungsbeispiel 2**

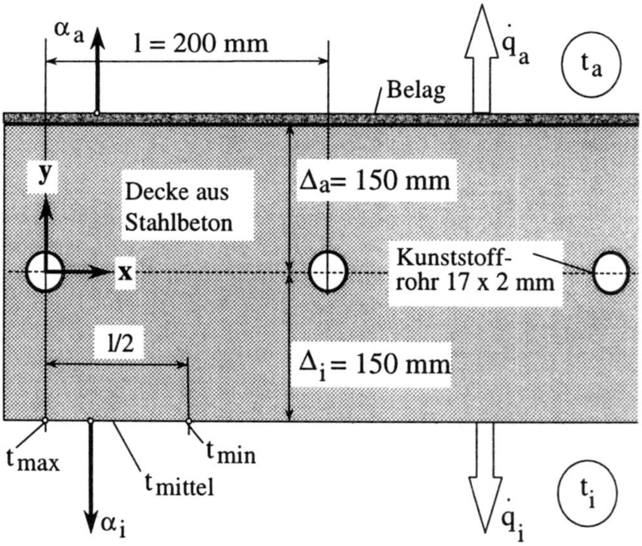

Bild 8.2 Deckenaufbau für Berechnungsbeispiel 2 (mittlerer Rohrabstand, mittlerer Rohrdurchmesser)
(Beachte: t_{max}- und t_{min}-Definition gilt für den Heizfall!)

```
Geometrie der Massivdecke mit Rohren:
Deltai = 0.150 m  Deltaa = 0.150 m  lambda  =  1.400 W/(m K)
Rohrdurchmesser:
da = 0.0170 m     di = 0.0130 m     lambdaR =  0.410 W/(m K)
Rohrabstand und gerade Rohrlaenge:
l = 0.200 m       LR =  1.0 m
Luftspalt um das Rohr:
Luftspalt = 0.0000 m
```

Dichte und spezifische Waermekapazitaet der Rohrschicht:
rhoRohrschicht = 2400 kg/m^3 cRohrschicht = 1050 J/(kg K)

Geometrie der inneren Deckschichten:
deli1 = 0.000 m lami1 = 1.000 W/(m K)
deli2 = 0.000 m lami2 = 1.000 W/(m K)
deli3 = 0.000 m lami3 = 1.000 W/(m K)

Geometrie der aeusseren Deckschichten:
dela1 = 0.010 m lama1 = 0.070 W/(m K)
dela2 = 0.000 m lama2 = 1.000 W/(m K)
dela3 = 0.000 m lama3 = 1.000 W/(m K)
dela4 = 0.000 m lama4 = 1.000 W/(m K)
dela5 = 0.000 m lama5 = 1.000 W/(m K)

Wassergeschwindigkeit und Waermeuebergang in den Rohren:
w = 0.50 m/s alphaF = 2464.9 $W/(m^2K)$

Temperaturen:
ti = 24.0 °C ta = 24.0 °C
tRohrwand/Estrich = 18.7 °C tWasser = 18.0 °C
Oberflaechentemperaturen auf der Innenseite:
tmi = 21.9 °C tmax = 21.85 °C tmin = 21.87 °C

Waermeuebergangskoeffizienten an den Bauteiloberflaechen:
alphai = 9.6 $W/(m^2K)$ alphaa = 6.1 $W/(m^2K)$

Waermestroeme:
qi = -20.6 W/m^2 qa = -10.5 W/m^2 q = -31.2 W/m^2

Abarbeitungsschritte:
yZahlmin = -15 yZahlmax = 15 ySchritt = 0.0100 m
xZahlmin = 0 xZahlmax = 20 xSchritt = 0.0100 m

Temperaturen im Bauteil mit dem Abstand x von Rohrmitte in cm :

y	0	1	2	3	4	5	6	7	8	9	10
y = 0.150 m	20.8	20.8	20.8	20.8	20.8	20.8	20.8	20.8	20.8	20.8	20.8
y = 0.140 m	20.7	20.7	20.7	20.7	20.7	20.7	20.7	20.7	20.7	20.7	20.7
y = 0.130 m	20.6	20.6	20.6	20.6	20.6	20.6	20.6	20.6	20.6	20.6	20.6
y = 0.120 m	20.5	20.5	20.5	20.5	20.5	20.6	20.6	20.6	20.6	20.6	20.6
y = 0.110 m	20.5	20.5	20.5	20.5	20.5	20.5	20.5	20.5	20.5	20.5	20.5
y = 0.100 m	20.4	20.4	20.4	20.4	20.4	20.4	20.4	20.4	20.4	20.4	20.4
y = 0.090 m	20.3	20.3	20.3	20.3	20.3	20.3	20.3	20.3	20.4	20.4	20.4
y = 0.080 m	20.2	20.2	20.2	20.2	20.2	20.3	20.3	20.3	20.3	20.3	20.3
y = 0.070 m	20.1	20.1	20.1	20.1	20.2	20.2	20.2	20.2	20.2	20.2	20.2
y = 0.060 m	20.0	20.0	20.0	20.0	20.1	20.1	20.1	20.2	20.2	20.2	20.2
y = 0.050 m	19.9	19.9	19.9	19.9	20.0	20.0	20.1	20.1	20.1	20.2	20.2

Temperaturen im Bauteil mit dem Abstand x von Rohrmitte in cm :

y	**0**	**1**	**2**	**3**	**4**	**5**	**6**	**7**	**8**	**9**	**10**
y = 0.040 m	19.7	19.7	19.8	19.8	19.9	20.0	20.0	20.1	20.1	20.1	20.1
y = 0.030 m	19.5	19.6	19.6	19.7	19.8	19.9	20.0	20.0	20.1	20.1	20.1
y = 0.020 m	19.3	19.3	19.5	19.6	19.8	19.9	20.0	20.0	20.1	20.1	20.1
y = 0.010 m	18.8	19.0	19.4	19.6	19.7	19.9	20.0	20.0	20.1	20.1	20.1
y = 0.000 m	18.0	18.7	19.3	19.6	19.7	19.9	20.0	20.1	20.1	20.1	20.2
y = -0.010 m	18.9	19.1	19.4	19.7	19.8	19.9	20.0	20.1	20.1	20.2	20.2
y = -0.020 m	19.4	19.5	19.6	19.8	19.9	20.0	20.1	20.2	20.2	20.2	20.2
y = -0.030 m	19.7	19.8	19.9	20.0	20.1	20.1	20.2	20.3	20.3	20.3	20.3
y = -0.040 m	20.0	20.0	20.1	20.1	20.2	20.3	20.3	20.4	20.4	20.4	20.4
y = -0.050 m	20.2	20.2	20.3	20.3	20.4	20.4	20.4	20.5	20.5	20.5	20.5
y = -0.060 m	20.4	20.4	20.4	20.5	20.5	20.5	20.6	20.6	20.6	20.6	20.6
y = -0.070 m	20.6	20.6	20.6	20.6	20.7	20.7	20.7	20.7	20.7	20.7	20.8
y = -0.080 m	20.8	20.8	20.8	20.8	20.8	20.8	20.8	20.9	20.9	20.9	20.9
y = -0.090 m	20.9	20.9	20.9	20.9	21.0	21.0	21.0	21.0	21.0	21.0	21.0
y = -0.100 m	21.1	21.1	21.1	21.1	21.1	21.1	21.1	21.1	21.1	21.1	21.2
y = -0.110 m	21.2	21.2	21.2	21.3	21.3	21.3	21.3	21.3	21.3	21.3	21.3
y = -0.120 m	21.4	21.4	21.4	21.4	21.4	21.4	21.4	21.4	21.4	21.4	21.4
y = -0.130 m	21.5	21.5	21.6	21.6	21.6	21.6	21.6	21.6	21.6	21.6	21.6
y = -0.140 m	21.7	21.7	21.7	21.7	21.7	21.7	21.7	21.7	21.7	21.7	21.7
y = -0.150 m	21.8	21.8	21.8	21.9	21.9	21.9	21.9	21.9	21.9	21.9	21.9

Anzahl der Rohrintervalle pro m: 5.00 1/m
Gespeicherte Waerme bezogen auf ti: -739 Wh/m²
Waermekapazitaet der Decke: 210 Wh/(K m²)

Berechnungsbeispiel 3

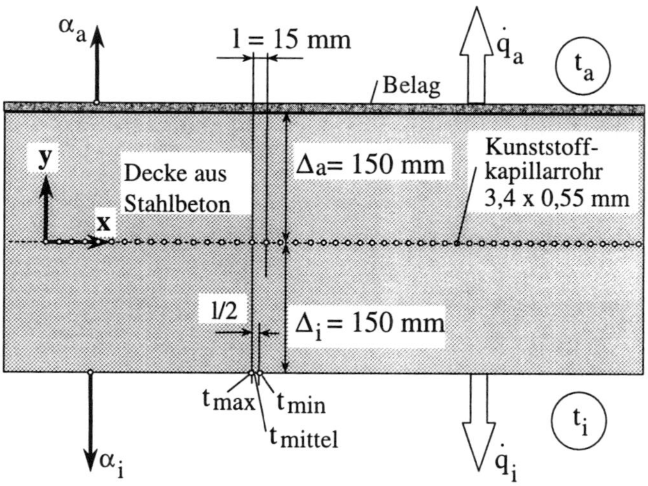

Bild 8.3 Deckenaufbau für Berechnungsbeispiel 3 (kleinster Rohrabstand, kleinster Rohrdurchmesser)
(Beachte: t_{max}- und t_{min}-Definition gilt für den Heizfall!)

```
Geometrie der Massivdecke mit Rohren:
Deltai = 0.150 m  Deltaa = 0.150 m  lambda  =  1.400 W/(m K)
Rohrdurchmesser:
da = 0.0034 m     di = 0.0023 m     lambdaR =  0.410 W/(m K)
Rohrabstand und gerade Rohrlaenge:
l = 0.015 m       LR =  1.0 m
Luftspalt um das Rohr:
Luftspalt = 0.0000 m
Dichte und spezifische Waermekapazitaet der Rohrschicht:
rhoRohrschicht  =  2400 kg/m³   cRohrschicht = 1050 J/(kg K)
Geometrie der inneren Deckschichten:
deli1   = 0.000 m   lami1 = 1.000 W/(m K)
deli2   = 0.000 m   lami2 = 1.000 W/(m K)
deli3   = 0.000 m   lami3 = 1.000 W/(m K)
Geometrie der aeusseren Deckschichten:
dela1   = 0.010 m   lama1 = 0.070 W/(m K)
dela2   = 0.000 m   lama2 = 1.000 W/(m K)
dela3   = 0.000 m   lama3 = 1.000 W/(m K)
dela4   = 0.000 m   lama4 = 1.000 W/(m K)
dela5   = 0.000 m   lama5 = 1.000 W/(m K)
Wassergeschwindigkeit und Waermeuebergang in den Rohren:
w = 0.10 m/s          alphaF = 1037.5 W/(m²K)
Temperaturen:
ti = 24.0 °C     ta = 24.0 °C
tRohrwand/Estrich  = 18.2 °C     tWasser =  18.0 °C
Oberflaechentemperaturen auf der Innenseite:
tmi = 21.2 °C   tmax = 21.19 °C     tmin = 21.19 °C
Waermeuebergangskoeffizienten an den Bauteiloberflaechen:
alphai =    9.9 W/(m²K)     alphaa =    6.2 W/(m²K)
```

Waermestroeme:

qi = -27.9 W/m²   qa = -14.1 W/m²   q = -42.0 W/m²

```
Abarbeitungsschritte:
yZahlmin =  -15    yZahlmax =   15    ySchritt = 0.0100 m
```

```
xZahlmin =    0    xZahlmax =   15    xSchritt = 0.0010 m

---------------------------------------------------------------
Temperaturen im Bauteil mit dem Abstand x von Rohrmitte in mm :
0    1    2    3    4    5    6    7    8    9    10   11   12
13   14   15              Achtung! Werte laufen von Rohr zu Rohr
---------------------------------------------------------------
         y =  0.150 m
19.7 19.7 19.7 19.7 19.7 19.7 19.7 19.7 19.7 19.7 19.7 19.7 19.7
19.7 19.7 19.7
         y =  0.140 m
19.6 19.6 19.6 19.6 19.6 19.6 19.6 19.6 19.6 19.6 19.6 19.6 19.6
19.6 19.6 19.6
         y =  0.130 m
19.5 19.5 19.5 19.5 19.5 19.5 19.5 19.5 19.5 19.5 19.5 19.5 19.5
19.5 19.5 19.5
         y =  0.120 m
19.4 19.4 19.4 19.4 19.4 19.4 19.4 19.4 19.4 19.4 19.4 19.4 19.4
19.4 19.4 19.4
         y =  0.110 m
19.3 19.3 19.3 19.3 19.3 19.3 19.3 19.3 19.3 19.3 19.3 19.3 19.3
19.3 19.3 19.3
         y =  0.100 m
19.2 19.2 19.2 19.2 19.2 19.2 19.2 19.2 19.2 19.2 19.2 19.2 19.2
19.2 19.2 19.2
         y =  0.090 m
19.1 19.1 19.1 19.1 19.1 19.1 19.1 19.1 19.1 19.1 19.1 19.1 19.1
19.1 19.1 19.1
         y =  0.080 m
19.0 19.0 19.0 19.0 19.0 19.0 19.0 19.0 19.0 19.0 19.0 19.0 19.0
19.0 19.0 19.0
         y =  0.070 m
18.9 18.9 18.9 18.9 18.9 18.9 18.9 18.9 18.9 18.9 18.9 18.9 18.9
18.9 18.9 18.9
         y =  0.060 m
18.8 18.8 18.8 18.8 18.8 18.8 18.8 18.8 18.8 18.8 18.8 18.8 18.8
18.8 18.8 18.8
         y =  0.050 m
18.7 18.7 18.7 18.7 18.7 18.7 18.7 18.7 18.7 18.7 18.7 18.7 18.7
18.7 18.7 18.7
         y =  0.040 m
18.6 18.6 18.6 18.6 18.6 18.6 18.6 18.6 18.6 18.6 18.6 18.6 18.6
18.6 18.6 18.6
         y =  0.030 m
18.5 18.5 18.5 18.5 18.5 18.5 18.5 18.5 18.5 18.5 18.5 18.5 18.5
18.5 18.5 18.5
         y =  0.020 m
18.4 18.4 18.4 18.4 18.4 18.4 18.4 18.4 18.4 18.4 18.4 18.4 18.4
18.4 18.4 18.4
         y =  0.010 m
18.3 18.3 18.3 18.3 18.3 18.3 18.3 18.3 18.3 18.3 18.3 18.3 18.3
18.3 18.3 18.3
         y =  0.000 m
18.0 18.0 18.2 18.2 18.2 18.2 18.2 18.3 18.3 18.2 18.2 18.2 18.2
18.2 18.0 18.0
         y = -0.010 m
18.4 18.4 18.4 18.4 18.4 18.4 18.4 18.4 18.4 18.4 18.4 18.4 18.4
18.4 18.4 18.4
```

```
-------------------------------------------------------------
Temperaturen im Bauteil mit dem Abstand x von Rohrmitte in mm :
0    1    2    3    4    5    6    7    8    9    10   11   12
13   14   15             Achtung! Werte laufen von Rohr zu Rohr
-------------------------------------------------------------
     y = -0.020 m
18.6 18.6 18.6 18.6 18.6 18.6 18.6 18.6 18.6 18.6 18.6 18.6 18.6
18.6 18.6 18.6
     y = -0.030 m
18.8 18.8 18.8 18.8 18.8 18.8 18.8 18.8 18.8 18.8 18.8 18.8 18.8
18.8 18.8 18.8
     y = -0.040 m
19.0 19.0 19.0 19.0 19.0 19.0 19.0 19.0 19.0 19.0 19.0 19.0 19.0
19.0 19.0 19.0
     y = -0.050 m
19.2 19.2 19.2 19.2 19.2 19.2 19.2 19.2 19.2 19.2 19.2 19.2 19.2
19.2 19.2 19.2
     y = -0.060 m
19.4 19.4 19.4 19.4 19.4 19.4 19.4 19.4 19.4 19.4 19.4 19.4 19.4
19.4 19.4 19.4
     y = -0.070 m
19.6 19.6 19.6 19.6 19.6 19.6 19.6 19.6 19.6 19.6 19.6 19.6 19.6
19.6 19.6 19.6
     y = -0.080 m
19.8 19.8 19.8 19.8 19.8 19.8 19.8 19.8 19.8 19.8 19.8 19.8 19.8
19.8 19.8 19.8
     y = -0.090 m
20.0 20.0 20.0 20.0 20.0 20.0 20.0 20.0 20.0 20.0 20.0 20.0 20.0
20.0 20.0 20.0
     y = -0.100 m
20.2 20.2 20.2 20.2 20.2 20.2 20.2 20.2 20.2 20.2 20.2 20.2 20.2
20.2 20.2 20.2
     y = -0.110 m
20.4 20.4 20.4 20.4 20.4 20.4 20.4 20.4 20.4 20.4 20.4 20.4 20.4
20.4 20.4 20.4
     y = -0.120 m
20.6 20.6 20.6 20.6 20.6 20.6 20.6 20.6 20.6 20.6 20.6 20.6 20.6
20.6 20.6 20.6
     y = -0.130 m
20.8 20.8 20.8 20.8 20.8 20.8 20.8 20.8 20.8 20.8 20.8 20.8 20.8
20.8 20.8 20.8
     y = -0.140 m
21.0 21.0 21.0 21.0 21.0 21.0 21.0 21.0 21.0 21.0 21.0 21.0 21.0
21.0 21.0 21.0
     y = -0.150 m
21.2 21.2 21.2 21.2 21.2 21.2 21.2 21.2 21.2 21.2 21.2 21.2 21.2
21.2 21.2 21.2
-------------------------------------------------------------
```

Anzahl der Rohrintervalle pro m: 66.67 1/m
Gespeicherte Waerme bezogen auf ti: -981 Wh/m^2
Waermekapazitaet der Decke: 210 Wh/(K m^2)

8.2. Zusammenstellung und Auswertung der relevanten Ergebnisse aller Beispiele

Nachfolgende - in der Tabelle 8.1 dargestellten - Varianten wurden berechnet. Die wichtigsten Ausgangsdaten und Ergebnisse sind vermerkt. Da in erster Linie die *Geometrie des Rohrregisters beurteilt* werden soll, sind die thermischen Daten sowie die Stoffwerte des Bauteils und des Rohres zunächst gleich angenommen worden. Eine Variation dieser Größen erfolgte nur in den Unter- bzw. Sondervarianten.

Für die Zuordnungen der im Abschnitt 8.1. ausführlichen Berechnungsbeispiele gelten:

Berechnungsbeispiel 1 ⇒ Variante 1

Berechnungsbeispiel 2 ⇒ Variante 4

Berechnungsbeispiel 3 ⇒ Variante 11.

Variante 11 gilt für die Speicherwärme und die Leistungen als *Bezugsbeispiel*, da diese Werte die *Höchstwerte* darstellen.

Tabelle 8.1 Zusammenstellung aller berechneten Varianten

Variante	Rohr mm	Rohrabstand mm	$t_i = t_a$ °C	$\overline{w}$ m/s	t_{mi} °C	$\dot{q}_i$ W/m²	$\dot{q}_i + \dot{q}_a$ W/m²	q_S Wh/m²	q_S/q_{Smax} ×100% %
Normalrohrregister									
1	**20 × 2**	300	24	0,5	22,1	-17,9	**-27,0**	**-645**	66
2	**17 × 2**	300	24	0,5	22,2	-17,0	**-25,7**	**-613**	62
3	**17 × 2**	250	24	0,5	22,0	-18,7	**-28,2**	**-672**	69
4	**17 × 2**	200	24	0,5	21,9	-20,6	**-31,2**	**-739**	75
4a	**17 × 2**	200	24	0,25	21,9	-20,4	**-30,8**	**-730**	74
5	**17 × 2**	150	24	0,5	21,6	-22,9	**-34,5**	**-814**	83
6[1)]	**20 × 2**	300	22	0,3	20,7	-11,7	**-17,7**	**-431**	

Variante	Rohr mm	Rohrabstand mm	$t_i = t_a$ °C	$\overline{w}$ m/s	t_{mi} °C	$\dot{q}_i$ W/m²	$\dot{q}_i + \dot{q}_a$ W/m²	q_S Wh/m²	$q_S/q_{Smax} \times 100\%$ %
Kapillarrohrmatten									
7	**4,3×0,9**	50	24	0,1	21,5	-24,4	**-36,7**	**-865**	88
8	**4,3×0,9**	40	24	0,1	21,4	-25,3	**-38,2**	**-897**	91
9	**4,3×0,9**	30	24	0,1	21,3	-26,3	**-39,6**	**-930**	95
10	**4,3×0,9**	20	24	0,1	21,2	-27,3	**-41,1**	**-963**	98
10a	**4,3×0,9**	20	24	0,05	21,2	-27,3	**-41,1**	**-962**	98
10b[3)]	**4,3×0,9**	20	24	0,1	21,3	-26,5	**-40,0**	**-938**	96
11	**3,4×0,55**	15	24	0,1	21,2	-27,9	**-42,0**	**-981**	100
12[2)]	**3,4×0,55**	15	24	0,1	21,9	-20,6	**-37,8**	**-889**	91

[1)] Sondervariante: Abweichend von den Basiseingaben gilt eine veränderte Bezugstemperatur (Raumtemperatur).

[2)] Sondervariante: Die Matte liegt nicht symmetrisch im Bauteil, sondern ist nach oben, 50 mm unterhalb des Belages, verlegt.

[3)] Sondervariante: Das Material der Kunststoff-Kapillarrohrmatte hat ein λ_R = 0,21 W/(m K). Dieser Wert entspricht dem von der Fa. Clina eingesetzten Polypropylen.

Zusammengefaßt ergeben sich folgende Aussagen:

- Die thermodynamischen Größen *Wärmestromdichte* und die *gespeicherte Wärme* folgen dem *gleichen Trend.*
- Der entscheidende Parameter für diese thermodynamischen Größen ist in erster Näherung der *Rohrabstand.*
- Eine detailliertere Untersuchung (Bild 8.4) zeigte eine sehr gute Korrelation zwischen der installierten *Rohroberfläche* im Bauteil und der Speicherwärme bezogen auf die jeweilige Rohrart.
- Generell ergibt der *Einsatz von Kapillarrohrmatten bedeutende Leistungsvorteile.* Bei gleicher Wärmekapazität der Decke entsteht aufgrund der Einbringung der Kapillarrohrmatte bei Variante 11 eine Erhöhung der Speicherwärme - in diesem Fall der "gespeicherten Kälte" - gegenüber der Variante 1 um **52 %.**

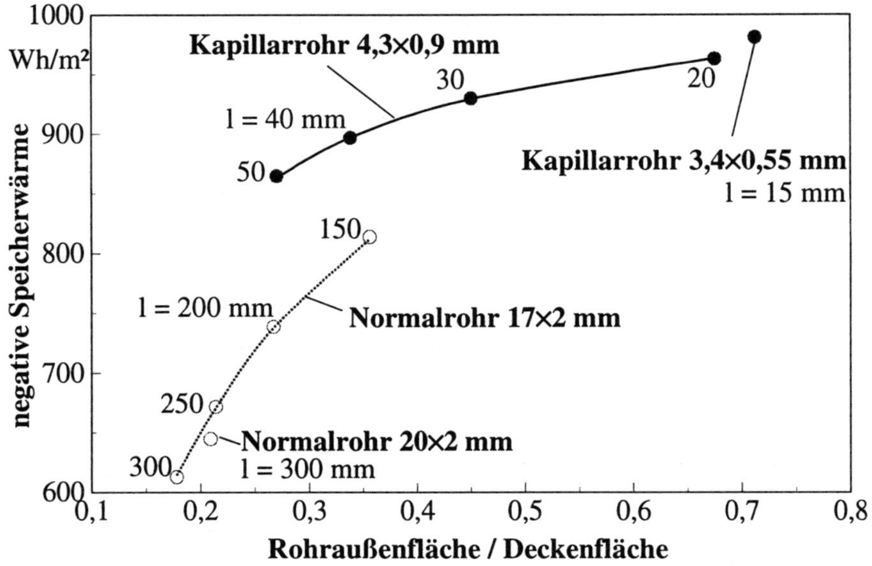

Bild 8.4 Korrelation zwischen der Rohroberfläche, die im Bauteil integriert ist, und der Speicherwärme unter sonst gleichen Randbedingungen

- Es ist weiterhin bemerkenswert, daß die *Kühlleistung* (Wärmeaufnahme) des Bauteils im Falle des Kapillarrohrmatteneinsatzes (Variante 11) ebenfalls um *56 % höher* liegt, als im Falle herkömmlicher Verrohrung (Variante 1).
- Die große Speicherwärme und Leistung bei Kapillarrohrmatteneinsatz ist thermodynamisch durch die weitestgehende Homogenisierung der Temperatur im Bauteil begründet. Zwischen den Rohren gibt es kaum Temperaturunterschiede, ein Temperaturgradient tritt nur in Richtung der Bauteilberandung auf. Die großen Unterschiede zwischen herkömmlichen Rohrregistern und Kapillarrohrmatten verdeutlicht das Bild 8.5.
- Eine Veränderung der *Lage der Rohrregister* führt auch zu einer Änderung der Speicherwärme und der Leistung. Ein Beispiel dafür zeigt der Vergleich der Variante 12 mit der Bezugsvariante 11. Die Einordnung der Kapillarrohrmatten 50 mm unter dem Belag des Fußbodens (gegenüber Bild 8.3 ist die Matte nach oben verschoben) ergibt eine Reduzierung der negativen Speicherwärme um 9 % und der stationären Kühlleistung um 10 %. Aus konstruktiven Gründen kann dennoch eine solche Lösung vorteilhaft sein.
- Der *Einfluß* der *Geschwindigkeit* ist im praktisch üblichen Bereich *sehr klein*, wie die Varianten 4 und 4a sowie 10 und 10a verdeutlichen.
- Der *Einfluß* der *Wärmeleitfähigkeit* des *Rohrmaterials* ist relativ *gering*. Eine Änderung von λ_R = 0,41 W/(m K) auf 0,21 W/(m K) bewirkt selbst bei besonders dickwandigen Kapillarrohren nur etwa 3 % Reduzierung der Speicherkapazität, wie der Vergleich der Varianten 10 und 10b zeigt.

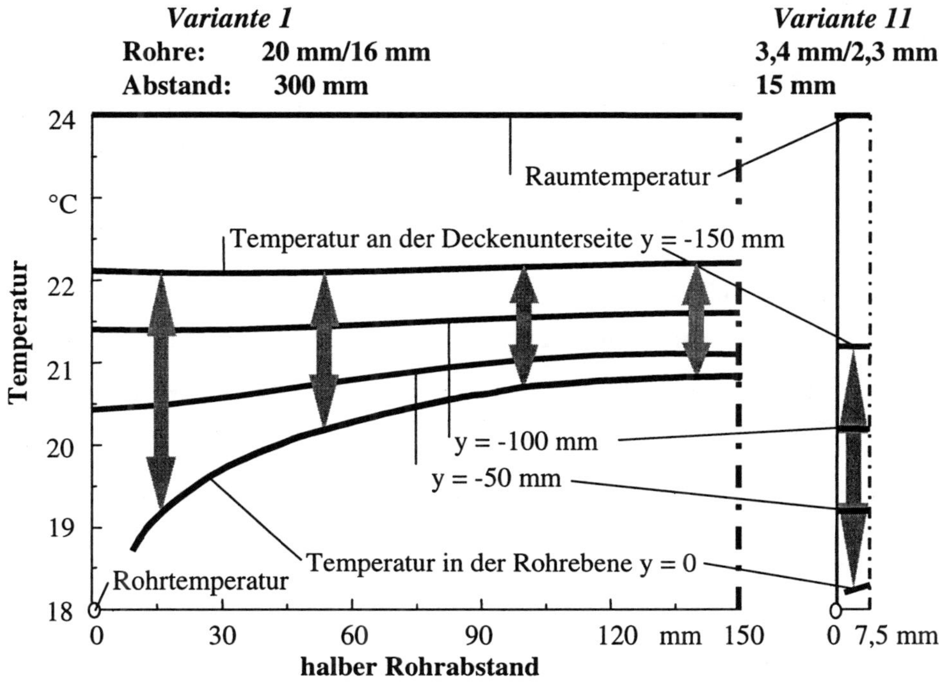

Bild 8.5 Temperaturverläufe bei Kühlung des Bauteils im stationären Zustand bei einer Wassertemperatur von 18 °C und einer Raumtemperatur von 24 °C, dargestellt von einer Rohrachse bis zur Mitte der jeweils rechts davon liegenden nächsten Rohrachse
Die Vertikalpfeile kennzeichnen den Temperaturbereich des Betons im stationären Ladezustand.
links: konventionelle Konstruktion nach Bild 8.1
rechts: Konstruktion mit Kapillarrohrmatte nach Bild 8.3
Die bezogen auf das Raumtemperaturniveau gespeicherte "Kälte" ist beim Kapillarrohreinsatz um 52 % größer als bei der konventionellen Lösung.

- Eine interessante Größe stellt auch der *Materialeinsatz* dar. Es ergeben sich beispielsweise für die exponierten Fälle:

Normalrohr 20×2 mm, l = 300 mm l = 150 mm	$377 \cdot 10^{-6}$ $m^3_{Material}/m^2_{Decke}$ $754 \cdot 10^{-6}$ $m^3_{Material}/m^2_{Decke}$	115 % 230 %
Kapillarrohr 3,4×0,55 mm, l = 15 mm	$328 \cdot 10^{-6}$ $m^3_{Material}/m^2_{Decke}$	100 %

Sinnvoller ist die Speicherwärme bezogen auf den Kunststoffeinsatz zu bewerten:

Normalrohr 20×2 mm, l = 300 mm l = 150 mm	1,71 MWh/m³ 1,07 MWh/m³	57 % 36 %
Kapillarrohr 3,4×0,55 mm, l = 15 mm	2,99 MWh/m³	100 %

In beiden Fällen ergeben sich *große Vorteile für den Kapillarrohreinsatz.*

- Die Angabe der *Bezugstemperatur* zur gespeicherten Wärme ist selbstverständlich unabdingbar erforderlich. Im stationären Fall kann eine Umrechnung mit der Temperaturdifferenz |Wassertemperatur - Raumtemperatur| erfolgen, wie das Ergebnis der Variante 6 bezogen auf Variante 1 demonstriert. Es gilt:

$$q_{S,\text{Variante 6}} = q_{S,\text{Variante 1}} \frac{| t_{W,\text{Variante 6}} - t_{i,\text{Variante 6}} |}{| t_{W,\text{Variante 1}} - t_{i,\text{Variante 1}} |} = -645 \frac{|18-22|}{|18-24|} \text{ Wh/m}^2$$

$q_{S,\text{Variante 6}} = -430 \text{ Wh/m}^2$.

Die Übereinstimmung mit dem genauen Wert - 431 Wh/m² ist gegeben.

- Daß hohe stationäre Wärmeströme gepaart mit einer großen Speicherwärme auftreten, kann in der Regel bei der thermischen Bauteilaktivierung positiv genutzt werden. Bei der nächtlichen Abkühlung der Decke wird zusätzlich aus dem Raum ein relativ großer Wärmestrom entnommen, der auch zur Abkühlung des Interieurs und damit zu einer zusätzlichen "Kältespeicherung", die am darauffolgenden Tag nutzbar ist, beiträgt.

9. Eindimensionale, stationäre Wärmeleitung in heterogenen Bauteilen mit integrierten Rohrregistern

Kennzeichnend für die als heterogen bezeichneten Bauteile sind Konstruktionen, die aus Metall- oder Kunststofflamellen bestehen und die Rohre ganz oder teilweise umschließen. Diese Lamellen haben die vielfältigsten Formen, so werden Halblamellen teilweise durch Estriche oder Klebemörtel - beispielsweise Fliesenkleber - ergänzt. In [3] wurden verschiedene Lamellenformen und unterschiedliche Rohranbindungen untersucht, wobei die jeweils separaten Algorithmen miteinander kombinierbar sind. Dadurch wird eine hohe Anpassbarkeit der theoretischen Lösung an die reale Konstruktion erreicht. Der Vorbereitungsaufwand für ein lauffähiges Programm ist dann allerdings recht groß. Im vorliegenden Fall wird ein Kompromiß getroffen, indem man nur ein Programm gestaltet, dieses aber bezüglich der Geometrie der Lamellen und der Rohranbindung mit zahlreichen Freiheitsgraden ausstattet.

Der Algorithmus baut in allen Fällen auf der einfachsten Form der eindimensionalen Wärmeleitung in homogenen, isotropen Körpern auf. Es gilt:

$$\frac{\partial^2 t}{\partial x^2} = 0. \tag{9.1}$$

Die Besonderheit besteht darin, daß diese Differentialgleichung mehrfach für unterschiedliche Randbedingungen zu lösen ist, da sie für die verschiedenen Strukturelemente der Konstruktion gilt. Die Schnittstellen zwischen den Teilalgorithmen sind genau definiert.

9.1. Algorithmus

9.1.1. Rippe mit vorgegebenen Fußtemperaturen und ungleichen Umgebungstemperaturen

Im Bild 9.1 sind die geometrischen und wärmetechnischen Gegebenheiten für eine einfache *Wärmeleitrippe* dargestellt. Die gut wärmeleitende Rippe ist zwischen drei inneren und fünf äußeren *Deckschichten* eingeschlossen. Nur in dieser Rippe strömt die Wärme in x-Richtung, d. h. in diesem Fall horizontal. Die Temperaturen an den Rippenendflächen sind als t_l und t_E vorgegeben. Die inneren und äußeren Rippendeckschichten sind nicht an dieses Temperaturpotential angeschlossen. Ihre Wärmeleitfähigkeiten $\lambda_{i,j}$ und $\lambda_{a,j}$ sind außerdem bedeutend kleiner als die Wärmeleitfähigkeit λ der Rippe, so daß für diese Schichten auch nur eine vertikale Wärmeleitung in Ansatz kommt.

Die ausführliche Ableitung für mehrere spezielle Fälle ist in [3] dargelegt. Nachfolgend wird nur eine für das spätere Rechenprogramm benötigte Kurzform betrachtet.

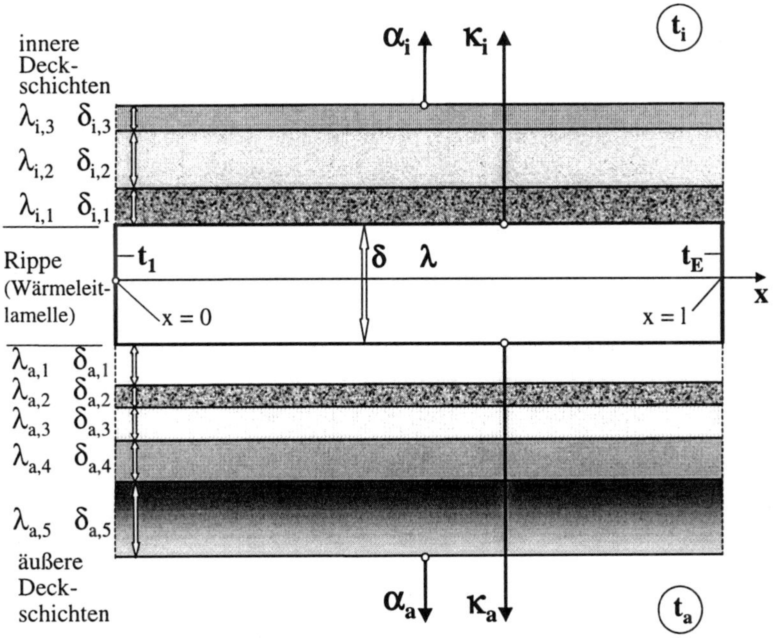

Bild 9.1 Beschichtete Rechteckrippe der Breite b mit vorgegebenen Temperaturen an den Rippenenden (Rippenfuß und Rippenstirn)

Die allgemeine Gleichung für den *Temperaturverlauf in der Rippe* lautet mit den im Bild 9.1 verwendeten Bezeichnungen:

$$t = C_1\, e^{m x} + C_2\, e^{-m x} + \frac{\kappa_a}{\kappa_a + \kappa_i}\,(t_a - t_i) + t_i\,. \tag{9.2}$$

Es gelten die *Randbedingungen*:

$$t = t_l \qquad \text{für } x = 0 \tag{9.3}$$

$$t = t_E \qquad \text{für } x = l\,. \tag{9.4}$$

Die *Teilwärmedurchgangskoeffizienten* κ_a und κ_i berechnen sich nach den Definitionsgleichungen:

$$\kappa_a = \left[\frac{1}{\alpha_a} + \frac{\delta_{a,1}}{\lambda_{a,1}} + \frac{\delta_{a,2}}{\lambda_{a,2}} + \frac{\delta_{a,3}}{\lambda_{a,3}} + \frac{\delta_{a,4}}{\lambda_{a,4}} + \frac{\delta_{a,5}}{\lambda_{a,5}}\right]^{-1} \tag{9.5}$$

$$\kappa_i = \left[\frac{1}{\alpha_i} + \frac{\delta_{i,1}}{\lambda_{i,1}} + \frac{\delta_{i,2}}{\lambda_{i,2}} + \frac{\delta_{i,3}}{\lambda_{i,3}}\right]^{-1}, \tag{9.6}$$

woraus mit der Abkürzung

$$m = \sqrt{\frac{\kappa_a + \kappa_i}{\lambda \delta}} \tag{9.7}$$

die *Temperaturverteilung in der Rippe* angeschrieben werden kann:

$$t = \left[(t_l - t_i) - \frac{\kappa_a}{\kappa_a + \kappa_i}(t_a - t_i)\right] \frac{\cosh\left[m\left(\frac{l}{2} - x\right)\right]}{\cosh\left(m\frac{l}{2}\right)} + \frac{\kappa_a}{\kappa_a + \kappa_i}(t_a - t_i)$$

$$- (t_l - t_E)\frac{\sinh(m x)}{\sinh(m l)} + t_i\,. \tag{9.8}$$

Die *mittlere Temperatur der Rippe* beträgt

$$t_m = \left[t_l - t_i - \frac{t_l - t_E}{2} - \frac{\kappa_a}{\kappa_a + \kappa_i}(t_a - t_i)\right] \frac{\tanh\left(m\frac{l}{2}\right)}{m\frac{l}{2}} + \frac{\kappa_a}{\kappa_a + \kappa_i}(t_a - t_i) + t_i\,. \tag{9.9}$$

Die mittlere Rippentemperatur bei ungleichen Fußtemperaturen ($t_l \neq t_E$) entspricht dem Fall gleicher Rippenfußtemperaturen, wenn für $t_l = t_E$ der arithmetische Mittelwert

$$t_{mittel} = 0{,}5\,(t_l + t_E) \tag{9.10}$$

- gebildet aus den realen Größen t_l und t_E - eingesetzt wird.

Die Wärmeströme der Rippenfläche $l \times b$ nach außen und innen lauten:

$$\dot{Q}_{L,a} = \kappa_a (t_m - t_a) l b \tag{9.11}$$

$$\dot{Q}_{L,i} = \kappa_i (t_m - t_i) l b . \tag{9.12}$$

Die angegebenen Berechnungsgleichungen vereinfachen sich schrittweise, wenn $t_l = t_E$, $t_a = t_i$ und $\kappa_a = \kappa_i = \alpha_a = \alpha_i = \alpha$ gelten. Für diesen Sonderfall folgen:

$$m = \sqrt{\frac{2\alpha}{\lambda\delta}} \tag{9.13}$$

$$t = \left[t_l - t_i\right] \frac{\cosh\left[m\left(\frac{l}{2} - x\right)\right]}{\cosh\left(m\frac{l}{2}\right)} + t_i \tag{9.14}$$

$$t_m = \left[t_l - t_i\right] \frac{\tanh\left(m\frac{l}{2}\right)}{m\frac{l}{2}} + t_i \tag{9.15}$$

$$\dot{Q}_{L,a} = \dot{Q}_{L,i} = \alpha (t_m - t_i) l b . \tag{9.16}$$

Die Gleichung (9.14) stellt die sogenannte "Kettenlinie" dar.

9.1.2. Formschlüssige Verbindung von Rohr und Rippe

Bild 9.2 zeigt die Konstruktion der zu berechnenden Verbindung mit den charakteristischen geometrischen und wärmetechnischen Größen. Das Rohr liegt hierbei in einer Lamellensicke.

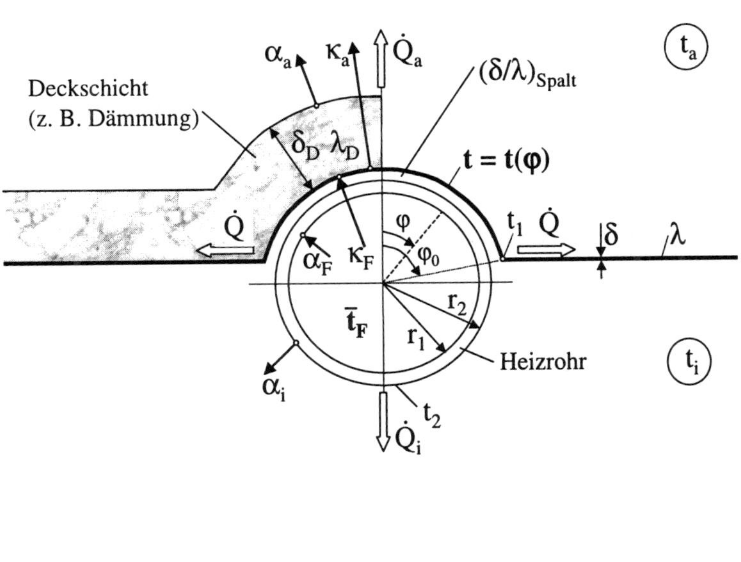

Bild 9.2 Rohr mit formschlüssig verbundener Lamelle und aufliegender Dämmschicht

Die ausführlichen Ableitungen der wärmetechnischen Zusammenhänge sind in [3] dargelegt. Hier erfolgt nur eine kurzgefaßte Darstellung.

Infolge der großen Berührungslänge zwischen Rohr und Lamelle und auch wegen des eventuell vorhandenen Spaltes ist die Wärmestromdichte relativ gering. Deshalb kann in der Rohrwand ein rein *radialer Wärmestrom* angesetzt werden. (Völlig anders liegen beispielsweise die Verhältnisse bei einer Schweißnaht. Die linienförmige Verbindung mit einer sehr großen Wärmestromdichte bewirkt Wärmeströme in der Rohrwand, die radial und tangential gerichtet sind.) Die allgemeine Lösung der Differentialgleichung für den *Temperaturverlauf in der Lamelle über dem Rohr* bei eindimensionaler Betrachtung lautet

$$t = C_1 e^{n x} + C_2 e^{-n x} + \frac{\kappa_a t_a + \kappa_F t_F}{\kappa_a + \kappa_F} \tag{9.17}$$

mit der Abkürzung

$$n = \sqrt{\frac{\kappa_a + \kappa_F}{\lambda \delta}} \tag{9.18}$$

und den *Teilwärmedurchgangskoeffizienten* nach außen κ_a und vom Fluid (Wasser) an die Lamelle κ_F (abgewickelter Fall)

$$\kappa_a = \left[\frac{1}{\alpha_a} + \frac{\delta_D}{\lambda_D} \right]^{-1} \tag{9.19}$$

$$\kappa_F = \left[\frac{1}{\alpha_F} + \frac{r_2 - r_1}{\lambda_R} + \left(\frac{\delta}{\lambda} \right)_{Spalt} \right]^{-1} . \tag{9.20}$$

Die *x-Koordinate* wird durch die Bogenlänge - gebildet am äußeren Rohrumfang - ausgedrückt

$$x = \varphi\, r_2 . \tag{9.21}$$

Damit gelten die *Randbedingungen*:

$$\left. \frac{dt}{dx} \right|_{x = \varphi r_2 = 0} = 0 \quad \text{Symmetriebedingung} \tag{9.22}$$

$$t = t_1 \qquad \text{für } x = \varphi_0 r_2. \tag{9.23}$$

Der *Temperaturverlauf* in der am Rohr anliegenden Lamelle folgt dann der Beziehung

$$t(\varphi) = \left[t_1 - \frac{\kappa_a t_a + \kappa_F \bar{t}_F}{\kappa_a + \kappa_F} \right] \frac{\cosh(n r_2 \varphi)}{\cosh(n r_2 \varphi_0)} + \frac{\kappa_a t_a + \kappa_F \bar{t}_F}{\kappa_a + \kappa_F} , \tag{9.24}$$

woraus der *integrale Mittelwert der Temperatur* für den Berührungsbereich

$$\bar{t} = \left[t_l - \frac{\kappa_a t_a + \kappa_F \bar{t}_F}{\kappa_a + \kappa_F} \right] \frac{\tanh(n r_2 \varphi_0)}{n r_2 \varphi_0} + \frac{\kappa_a t_a + \kappa_F \bar{t}_F}{\kappa_a + \kappa_F} \tag{9.25}$$

folgt. Der *Wärmestrom* in eine Lamellenhälfte der Breite b an der Stelle φ_0 beträgt

$$\dot{Q} = -b \delta \lambda n \left[t_l - \frac{\kappa_a t_a + \kappa_F \bar{t}_F}{\kappa_a + \kappa_F} \right] \tanh(n r_2 \varphi_0), \tag{9.26}$$

woraus die Umstellung der Gleichung die *Heizmedientemperatur* explizit liefert

$$\bar{t}_F = \left[t_l + \frac{\dot{Q}}{b \delta \lambda n \tanh(n r_2 \varphi_0)} \right] \frac{\kappa_a + \kappa_F}{\kappa_F} - \frac{\kappa_a}{\kappa_F} t_a \; . \tag{9.27}$$

Bei der Auswertung der Gleichung ist zu beachten, daß der wasserseitige Wärmeübergangskoeffizient eine Funktion der Fluidtemperatur $\bar{t}_F$ ist, so daß Iterationen zur Lösung unerläßlich sind.

Die *direkte Wärmeabgabe des Rohres an die Umgebung* kann gemäß nachfolgender Näherungen berechnet werden.

Der Wärmestrom der Lamelle im Berührungsbereich *nach außen* ergibt sich zu:

$$\dot{Q}_a = 2\, \kappa_a \varphi_0 r_2 b (\bar{t} - t_a) \tag{9.28}$$

Der Wärmestrom des nackten Rohres *nach innen* folgt dann zu:

$$\dot{Q}_i = \left(\frac{r_2}{r_l \alpha_F} + \frac{r_2}{\lambda_R} \ln \frac{r_2}{r_l} + \frac{1}{\alpha_i} \right)^{-1} 2\, r_2 (\pi - \varphi_0)\, b\, (\bar{t}_F - t_i). \tag{9.29}$$

Theoretisch sind auch hier die Wärmeübergangskoeffizienten Temperaturfunktionen. Es wird bei der Programmgestaltung zu entscheiden sein, inwieweit entsprechende Iterationen einzubauen sind.

9.1.3. Kombinationen der Einzelalgorithmen

Die Besonderheiten werden nachfolgend stichpunkthaft genannt.

- Die *Lamellenkonstruktion* nach Bild 9.1 wird *thermisch symmetrisch* betrachtet. D. h., die Rippenfußtemperatur ist gleich der Rippenstirntemperatur $t_l = t_E$.
- *Schnittstellen* zwischen den Konstruktionen nach Bild 9.1 und nach Bild 9.2 sind durch
  - die Rippenfußtemperatur t_l und
  - durch die Wärmestrombilanz $\dot{Q} = 0{,}5(\dot{Q}_{L,i} + \dot{Q}_{L,a})$ nach Gln. (9.26) und (9.11) sowie (9.12) gegeben.

- Der *wasserseitige Wärmeübergangskoeffizient* α_F berechnet sich strömungs- und temperaturabhängig nach den Gln. (7.82) bis (7.85).
- Für die *Wärmeübergangskoeffizienten* α *an den Bauteiloberflächen* gelten weiterhin die von der Richtung des Wärmestromes und der Raumtemperatur abhängigen Gln. (7.91) bis (7.96).

9.1.4. Spezielle Modellierung des heterogenen Bauteiles als Fußbodenheizung

Die wärmetechnische Modellierung der im Bild 9.3 dargestellten Fußbodenheizung ist sehr schwierig, da diese Konstruktion prinzipiell der Gestaltung eines heterogenen Bauteiles - wie bei einem Trockenverlegeverfahren üblich - entspricht, dennoch aber Merkmale eines Naßverlegeverfahrens integriert sind.

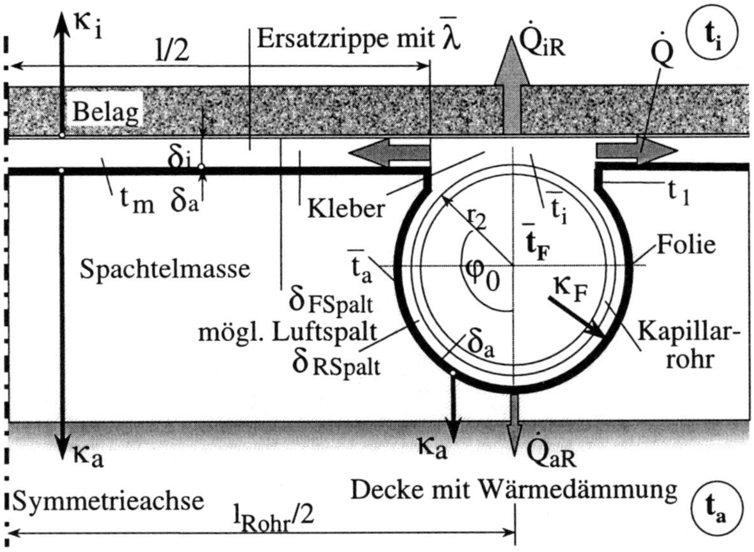

Bild 9.3 Schematischer Aufbau der Fußbodenheizung (Trockenverlegesystem)

- Einerseits liegt das Kapillarrohr in einer mit Sicken versehenen Lamelle (z. B. einer Folie), andererseits erhält es einen Glattstrich mit einem Kleber (z. B. Fliesenkleber) in dem ein Gewebe eingelegt sein kann. Auf der Basis dieser Konstruktion sind dann unterschiedliche Fußbodenaufbauten möglich.
- Die Prägung der Folie in Längsrichtung ist nicht immer durchgehend, so daß bis zu einem Drittel der Gesamtfläche des Rohres auch völlig vom Kleber eingespachtelt sein kann. Es wird deshalb nachfolgende Modellierung als "Kompromißkonstrukion" gewählt.
- Die Folie und der Kleber (Spachtelmasse) werden um das Rohr als Umhüllung der jeweils homogenen Dicken δ_a und δ_i betrachtet. Das Rohr wird vollständig umschlossen, der Umschlingungswinkel der Folie φ_0 ist frei wählbar. Die

Wärmeleitfähigkeiten sind λ_a für die äußere (Folie) und λ_i für die innere (Kleber mit Gewebe) Rohrumhüllung. Zwischen den Umhüllungen und dem Rohr kann sich ein Luftspalt der Dicke δ_{RSpalt} befinden.

- An der Stelle, wo die beiden unterschiedlichen Umhüllungen zusammenstoßen, bildet sich eine gemeinsame Temperatur t_l aus. Von diesem Punkt aus wird *eine Ersatzrippe* definiert, deren wärmetechnische Eigenschaften ein Äquivalent beider Rippen, der Folie und der Kleberschicht, darstellen. Es gelten für diese äquivalente Ersatzrippe folgende Zusammenhänge für die Dicke und die Wärmeleitfähigkeit:

$$\bar{\delta} = (\delta_a + \delta_i) \tag{9.30}$$

$$\bar{\lambda} = (\lambda_a\, \delta_a + \lambda_i\, \delta_i)/(\delta_a + \delta_i). \tag{9.31}$$

- Zwischen der Ersatzrippe und dem Fußbodenbelag kann sich wiederum ein Luftspalt der Dicke δ_{FSpalt} befinden.
- Da die Folie eine relativ niedrige Wärmeleitfähigkeit besitzt, der Kleber demgegenüber eine größere, ist diese Modellierung einer Ersatzrippe hinreichend genau. Die mitunter großflächige, allseitige Umhüllung der Rohre mit der Klebermasse wird als zusätzliche Sicherheit betrachtet und in die Berechnung nicht mit einbezogen. Wollte man dies tun, so müßte eine Mittelung mit den Ergebnissen des Naßverlegeverfahrens geschehen.

Der Algorithmus ist auch für den Kühlflächeneinsatz vorbereitet. Er kann weiterhin für Konstruktionen mit beidseitigen Hüllfolien - natürlich auch metallischer Art - angepaßt werden.

Die Bezeichnungen im Bild 9.3 weichen von den Bildern 9.1 und 9.2 ab, da beispielsweise eine Doppelrippe vorhanden ist, zwei unterschiedliche Luftspalte auftreten usw. Vergleichende Betrachtungen ermöglichen aber die Übertragung der Ergebnisse der in den Abschnitten 9.1.1. und 9.1.2. angegebenen Algorithmen ohne weiteres.

Alle Stoffwerte werden nach den in [13] gegebenen Approximationen berechnet.

9.2. Rechenprogramm

Das Rechenprogramm nimmt Bezug auf Bild 9.3 und die im Abschnitt 9.1. vorgestellten Algorithmen. Das Programm ist damit besonders gut zur Berechnung von Fußbodenheizungen mit Kunststoff-Kapillarrohrmatten, die in einer Profilfolie liegen, geeignet. Es kann aber jederzeit auf andere spezielle Fälle z. B. Fußbodenaufbauten im konventionellen Trockenverlegesystem direkt angewandt oder für weitere spezielle Einsatzbedingungen umgearbeitet werden. Deshalb erfolgt die Wiedergabe des Programmaufbaus sehr detailliert. Die Berechnung gilt grundsätzlich für ungleiche Umgebungstemperaturen.

- **Abarbeitung des Programms**

Die Berechnung wird für eine konstante Wassertemperatur und für vorgegebene feste Raumtemperaturen vorgenommen. Während der wasserseitige Wärmeübergangskoeffizient α_F sofort berechenbar ist, müssen die raumseitigen Wärmeübergangskoeffizienten α_i und α_a iterativ eingepaßt werden. Die einzelnen Berechnungsschritte sind nachfolgend dargestellt.

1. Berechnung der Rohrumhüllungen im Bogenmaß φ_a und φ_i
2. Berechnung der Rippenlänge l, wobei eine äußere Rohrumschlingung von mindestens 90° vorausgesetzt wird
3. Definition der Ersatzrippe mit der Dicke $\bar{\delta} = (\delta_a + \delta_i)$ und der Wärmeleitfähigkeit dieser äquivalenten Ersatzrippe $\bar{\lambda}$
4. Aus der Vorgabe der Wassertemperatur (Fluidtemperatur) $\bar{t}_F$ werden eine erste Annahme t_m und eine zweite Annahme t_{mx} für die mittlere Rippentemperatur, die nacheinander Verwendung finden und die Ausgangswerte für eine Iteration bilden, bestimmt:
   $t_m = \bar{t}_F - 2$ K, wenn $\bar{t}_F > t_i$ (Heizelement)
   $t_m = \bar{t}_F + 2$ K, wenn $\bar{t}_F < t_i$ (Kühlelement)
   $t_{mx} = \bar{t}_F - 4$ K, wenn $\bar{t}_F > t_i$ (Heizelement)
   $t_{mx} = \bar{t}_F + 4$ K, wenn $\bar{t}_F < t_i$ (Kühlelement)
5. Erste Annahme der Wärmeübergangskoeffizienten, wenn diese nicht fest vorgegeben sind
   $\alpha_i = 10$ W/(m² K) und $\alpha_a = 6$ W/(m² K)
6. Berechnung der Stoffwerte des Wassers für $\bar{t}_F$
7. Berechnung des wasserseitigen Wärmeübergangs α_F in Abhängigkeit von Re und Nu für turbulente oder laminare Strömung (Wert unterliegt nicht der Iteration sondern ist endgültig)
8. *Beginn der äußeren Iterationsschleife* (Zähler: ZGL) zur Bestimmung der mittleren Rippentemperatur, die zu $\bar{t}_F$ paßt

   Die Übertemperaturen an der Fußbodenober- und der Deckenunterseite werden auf Null gestellt $\vartheta_i = 0$ und $\vartheta_a = 0$
9. *Beginn der inneren Iterationsschleife* zur Bestimmung der richtigen Wärmeübergangskoeffizienten α_i und α_a, wenn diese nicht fest vorgegeben sind, d. h., wenn $\alpha_I = 0$ und $\alpha_A = 0$ gelten
10. Berechnung der Wärmeleitfähigkeit einer möglichen Luftschicht zwischen Rippe und Belag für t_m
11. Berechnung der Teilwärmedurchgangskoeffizienten κ_i und κ_a
    Berechnung der mittleren Rippenübertemperaturen nach innen und außen ϑ_{mi}

und ϑ_{ma}, der Wärmestromdichten $\dot{q}_i$ und $\dot{q}_a$ und der Übertemperaturen an den Oberflächen ϑ_{i0} und ϑ_{a0}

Sind die Wärmeübergangskoeffizienten nicht vorgegeben, werden sie in den Unterprogrammen berechnet. So gelten für α_i die Gl. (7.91) und für α_a die Gl. (7.92). Diese Näherungen entsprechen der Basiskennlinie für Fußbodenheizungen sowie auf der Außenseite einer eigenen Näherung. Diese Berechnungen werden wiederholt, wenn ϑ_i von ϑ_{i0} und/oder ϑ_a von ϑ_{a0} um mehr als 0,1 K abweichen. Es erfolgt ein Rücksprung nach Punkt 9. mit den neuen Übertemperaturen an den Oberflächen ϑ_i und ϑ_a. Für Berechnungen, die von einer üblichen Fußbodenheizung abweichen, sind für α_i und für α_a die Gln. (7.91) bis (7.96) fallbezogen zu substituieren.

Ende der inneren Iterationsschleife zur Anpassung der raumseitigen Wärmeübergangskoeffizenten!

12. Bestimmung der Wärmeströme von der halben Rippe in den zu beheizenden und den darunterliegenden Raum $\dot{Q}_i$ und $\dot{Q}_a$ sowie der Summe $\dot{Q}$
13. Berechnung der Rippenfußtemperatur t_l aus der umgeformten Gl. (9.9) mit der Hilfsgröße m nach Gl. (9.7)
14. Berechnung des Rohranschlusses beginnend mit der Berechnung der Wärmeleitfähigkeit λ_{RSpalt} einer möglichen Luftschicht zwischen Rohr und Umhüllung für den Mittelwert aus t_l und $\bar{t}_F$
15. Berechnung des Teilwärmedurchgangskoeffizienten κ_F
16. Für die vorgegebene Wassertemperatur $\bar{t}_F$ und die berechnete Rippenfußtemperatur t_l werden nach Bestimmung der Hilfsgröße n nach Gl. (9.18) der Wärmestrom in der Rohrumhüllung nach Gl. (9.26) berechnet. Dies geschieht für die äußere (Folie) und die innere Umhüllung. Die Summe beider Wärmeströme muß dem Wärmestrom in die Rippe $\dot{Q}$ entsprechen. Dies ist nur der Fall, wenn die mittlere Rippentemperatur richtig gewählt wurde. Ist die Differenz $|\Delta\dot{Q}| <$ 0,001 $|\dot{Q}|$, gilt die Forderung als erfüllt. Ansonsten erfolgt ein Rücksprung nach Punkt 8. Der zweite Durchgang arbeitet mit dem eingangs definierten Wert t_{mx}, weitere Annahmen werden mit der regula falsi bestimmt.

Ende der äußeren Iterationsschleife zur Anpassung der mittleren Rippentempertur!

17. Die Berechnung der direkt vom Rohr abgegebenen Wärmeströme in den Raum $\dot{Q}_{iR}$ und in den darunterliegenden Raum $\dot{Q}_{aR}$ beginnt mit der Ermittlung der jeweiligen mittleren Temperatur $\bar{t}$ im Umhüllungsbereich des Rohres nach Gl. (9.25). Dies erfolgt für den äußeren Bereich (Folie) mit $\bar{t}_a$ und den inneren Bereich mit $\bar{t}_i$. Zur Berechnung der im Rohrbereich abgegebenen Wärmeströme werden die gleichen Teilwärmedurchgangskoeffizienten κ_i und κ_a wie im Rippenbereich verwendet. Als Flächen finden im äußeren Bereich der Folienum-

fang (ist wegen der Lage in der Dämmschicht ausreichend genau) und im inneren Bereich die Projektionsfläche der Umhüllung Anwendung:

$$\dot{Q}_{iR} = \kappa_i \sin(\varphi_i)\, d_2\, b\, (\bar{t}_i - t_i) \qquad (9.32)$$

$$\dot{Q}_{aR} = \kappa_a\, \varphi_a\, d_2\, b\, (\bar{t}_a - t_a)\,. \qquad (9.33)$$

18. Berechnung der Gesamtwärmestromdichten bestehend aus der Rohrwärmeabgabe und dem Wärmestrom von zwei Rippenhälften für den Wärmestrom in den Raum (Heizleistung) $\dot{q}_{ges,i}$ und insgesamt $\dot{q}_{ges}$

$$\dot{q}_{ges,i} = \frac{2\dot{Q}_i + \dot{Q}_{iR}}{l_{Rohr}} \qquad (9.34)$$

$$\dot{q}_{ges} = \frac{2\dot{Q}_i + \dot{Q}_{iR} + 2\dot{Q}_a + \dot{Q}_{aR}}{l_{Rohr}}\,. \qquad (9.35)$$

19. Berechnung der Mitteltemperatur $\bar{t}_{mi}$ der raumseitigen Oberfläche mit $\dot{q}_{ges,i}$ und α_i

20. Berechnung der maximalen und minimalen Oberflächentemperaturen
Die maximale Temperatur wird einmal im Rohrbereich φ_i und zum anderen am Rippenfuß mit t_l gebildet. Der Größtwert findet Verwendung. Die minimale Temperatur liegt in Rippenmitte vor. Zur Berechnung dient Gl. (9.8).

Beachte:

- Die Schreibweise der Variablen im nachfolgenden Programmlisting (Abschnitt 9.2.2.) weicht vom Formelsatz des Abschnittes 9.1. und den im Abschnitt 9.2.1. dargestellten Ein- und Ausgaben ab, da die griechischen Buchstaben ausgeschrieben dargestellt und die Indizes auf Zeilenhöhe gesetzt werden.
- Die Gestaltung der Ein- und Ausgaben kann individuell erfolgen. Die im nachfolgenden Listing (Abschnitt 9.2.2.) enthaltenen Formen gelten nur für Testrechnungen. Die einprogrammierten Definitionen der Eingabedaten entsprechen dem Beispiel TEST 1.
- Die Algorithmenteile des Listings (Abschnitt 9.2.2.) sind durch detaillierte Zwischenüberschriften genau erklärt und somit leicht nachvollziehbar.

9.2.1. Ein- und Ausgabedaten des Rechenprogramms

Die nachfolgende Zusammenstellung gilt nur beispielhaft und kann beliebig verändert werden. Einige Größen, die nach den Teilalgorithmen des Abschnittes 9.1. (Bilder 9.1 und 9.2) Eingabegrößen darstellten, ergeben sich bei der Komplettkonstruktion nach Bild 9.3 aus dem Gesamtzusammenhang. Sie werden im Sonderfall zum besseren Verständnis teilweise mit aufgeführt, wobei aber auf die Berechnungsmöglichkeit verwiesen wird.

- **Eingabedaten**

Konstruktions- und zugehörige Stoffdaten der Wärmeleitschichten (Rippen)

l_{Rohr}	m	Rohrabstand von Rohrmitte zu Rohrmitte (siehe Bild 9.3)
l	m	Rippenlänge (siehe Bild 9.3) ⇒ (wird berechnet)
δ_{FSpalt}	m	Dicke eines möglichen Luftspaltes zwischen Rippenfläche und Belag
δ_a	m	Dicke der äußeren Rohrumhüllung (Folie)
λ_a	m	Wärmeleitfähigkeit der äußeren Rohrumhüllung (Folie)
δ_i	m	Dicke der inneren Rohrumhüllung (z. B. Kleber mit Gewebe)
λ_i	m	Wärmeleitfähigkeit der inneren Rohrumhüllung (z. B. Kleber mit Gewebe)
b	m	Breite des Systems (b = 1 m wird in den Berechnungen stets vorausgesetzt)

Rohrdaten

d_1	m	Rohrinnendurchmesser ($d_i \equiv d_1$)
d_2	m	Rohraußendurchmesser ($d_a \equiv d_2$)
λ_R	W/(m K)	Wärmeleitfähigkeit des Rohrmaterials
L_R	m	gerade Rohrlänge
δ_{RSpalt}	m	Luftspalt um das Rohr bis zur Profilfolie
φ_0	°	Umschlingungswinkel der Folie für eine Rohrhälfte (≥ 90°)

Konstruktions- und zugehörige Stoffdaten der Deckschichten nach Bild 9.1 unter Beachtung der Definition der Teilwärmedurchgangskoeffizienten κ_i und κ_a nach Bild 9.3

$\delta_{a,j}$	m	Dicke der äußeren Deckschicht j = 1 ... 5
$\lambda_{a,j}$	W/(m K)	Wärmeleitfähigkeit der äußeren Deckschicht j = 1 ... 5
$\delta_{i,j}$	m	Dicke der inneren Deckschicht j = 1 ... 3
$\lambda_{i,j}$	W/(m K)	Wärmeleitfähigkeit der inneren Deckschicht j = 1 ... 3

Thermodynamische und hydraulische Größen

$\bar{t}_F$	°C	mittlere Fluidtemperatur im Rohr (Wassertemperatur) ⇒ Zur Erzeugung einer Leistungstabelle sind $\bar{t}_{Fmax}$, $\bar{t}_{Fmin}$, $\bar{t}_{FSchritt}$ einzugeben.
$\bar{w}$	m/s	Fluidgeschwindigkeit im Rohr (Mittelwert über den Querschnitt)
t_a	°C	äußere Umgebungstemperatur (siehe Bild 9.3)
t_i	°C	innere Umgebungstemperatur (siehe Bild 9.3)

α_A	W/(m²K)	konstanter äußerer Wärmeübergangskoeffizient (wenn $\alpha_A = 0$, dann Berechnung nach Unterprogramm)
α_I	W/(m²K)	konstanter innerer Wärmeübergangskoeffizient (wenn $\alpha_I = 0$, dann Berechnung nach Unterprogramm)

- **Ausgabedaten**

Die Ausgabe ist unterschiedlich gestaltet worden. So wird in den Testbeispielen (Abschnitt 9.2.3.) eine sehr detaillierte Ausgabe dargestellt, während in den Ausgaben mit Leistungstabellen in Abhängigkeit der Wassertemperatur nur eine Kurzform zur Anwendung kommt (Abschnitt 10.1., Beispiele 3 und 4). In der nachfolgenden Liste ist der Gesamtumfang aufgenommen. Das Listing enthält aber nur die Tabellenform.

l	m	Rippenlänge (Länge des ebenen Folienabschnittes)
φ_i		Umschlingungswinkel am Rohr innen im Bogenmaß
φ_a		Umschlingungswinkel am Rohr außen im Bogenmaß
ρ_F	kg/m³	Dichte des Fluids Wasser
ν_F	m²/s	kinematische Viskosität des Fluids Wasser
λ_F	W/(m K)	Wärmeleitfähigkeit des Fluids Wasser
Pr_F		Prandtlzahl des Fluids Wasser
Re		Reynoldszahl des Fluids
Nu		Nußeltzahl des Fluids
α_F	W/(m²K)	Wärmeübergangskoeffizient vom Fluid zur inneren Rohrwand
α_i	W/(m²K)	innerer Wärmeübergangskoeffizient
α_a	W/(m²K)	äußerer Wärmeübergangskoeffizient
κ_i	W/(m²K)	innerer Teilwärmedurchgangskoeffizient
κ_a	W/(m²K)	äußerer Teilwärmedurchgangskoeffizient
$\dot{Q}_i$	W	Wärmestrom von der Rippe (ebene Folienfläche der Länge l/2) nach innen
$\dot{Q}_a$	W	Wärmestrom von der Rippe (ebene Folienfläche der Länge l/2) nach außen
$\dot{Q}$	W	Wärmestrom in eine Rippenhälfte am Rippenfuß
$\dot{Q}_{iR}$	W	Wärmestrom von der inneren Rohrumhüllung nach innen in den Raum
$\dot{Q}_{aR}$	W	Wärmestrom von der äußeren Rohrumhüllung in den unteren Raum
ΔQ	W	Wärmestromabweichung bei der iterativen Anpassung
t_1	°C	Rippenfußtemperatur

$\bar{t}_a$	°C	mittlere Temperatur der vom Rohr beheizten äußeren Umhüllung (Folie)
$\bar{t}_i$	°C	mittlere Temperatur der vom Rohr beheizten inneren Umhüllung
$\bar{t}_{mi}$	°C	mittlere Temperatur der inneren, raumseitigen Oberfläche (⇒ Tabellenausgabe)
t_{max}	°C	maximale Temperatur der inneren, raumseitigen Oberfläche (⇒ Tabellenausgabe)
t_{min}	°C	minimale Temperatur der inneren, raumseitigen Oberfläche (⇒ Tabellenausgabe)
$\dot{q}_{ges,i}$	W/m²	Wärmestromdichte am gesamten inneren Bauteilrand (Rippe und Rohrbereich; zum Raum positiv) (⇒ Tabellenausgabe)
$\dot{q}_{ges}$	W/m²	Summe der Wärmestromdichten gesamt nach außen und innen (Rippe und Rohrbereich) (⇒ Tabellenausgabe)

9.2.2. Programmlisting

```
DECLARE FUNCTION cosh! (x!)
DECLARE FUNCTION tanh! (x!)
pi = 3.14159
'EINGABE                    Daten entsprechen dem Beispiel TEST 1 (Abschnitt 9.2.3.)
'Konstruktions- und zugehoerige Stoffdaten der Waermeleitschicht (Rippen)
lRohr = .02
delFSpalt = 0
dela = .0008
lama = .3
deli = .002
lami = 1
'Rohrdaten
d1 = .0023
d2 = .0034
lamR = .21
GLR = 4
delRSpalt = 0
phi0 = 135
'Konstruktions- und Stoffdaten der Deckschichten
dela1 = .04: dela2 = .2: dela3 = 0: dela4 = 0: dela5 = 0
lama1 = .04: lama2 = 2.1: lama3 = 1:lama4 = 1: lama5 = 1
deli1 = .01: deli2 = 0: deli3 = 0
lami1 = 1: lami2 = 1: lami3 = 1
'Thermodynamische und hydraulische Groessen
tqFmin = 40
tqFmax = 40
tqFSchritt = 1
```

```
wq = .1
ti = 20
ta = 18
alphaA = 0
alphaI = 0

'BERECHNUNG DER FESTSTEHENDEN GROESSEN
'Umschlingungswinkel
phia = phi0 * pi / 180
phii = (180 - phi0) * pi / 180
'Rippenlaenge
l = lRohr - d2 * SIN(phii)
'Definition der Ersatzrippe
lamq = (deli * lami + dela * lama) / (deli + dela)
delq = deli + dela

'AUSGABE I
LPRINT "    Geometrie des Fussbodens-Trockenaufbau:"
LPRINT
LPRINT USING "    deltaa  = #.#### m        deltai  = #.#### m "; dela; deli
LPRINT USING "    lambdaa = ###.## W/(m K)  lambdai = ###.## W/(m K)"; lama; lami
LPRINT "    Luftspalt zwischen Rippe und Belag sowie um das Rohr:"
LPRINT USING "    deltaFSpalt = #.#### m      deltaRSpalt = #.#### m"; delFSpalt; delRSpalt
LPRINT "    Rohrdurchmesser und Waermeleitfaehigkeit:"
LPRINT USING "    da = #.#### m    di = #.#### m    lambdaR =###.### W/(m K)";
                d2; d1; lamR
LPRINT "    Rohrabstand und Registerlaenge:"
LPRINT USING "    lRohr = #.### m  LR = ##.# m"; lRohr; GLR
LPRINT "    Umschlingungswinkel einer Rohrhaelfte aussen:"
LPRINT USING "    phi0 = ###ø    "; phi0
LPRINT
LPRINT "    Geometrie der inneren Deckschichten:"
LPRINT
LPRINT USING "    deli1  = #.### m  lami1 =##.### W/(m K)"; deli1; lami1
LPRINT USING "    deli2  = #.### m  lami2 =##.### W/(m K)"; deli2; lami2
LPRINT USING "    deli3  = #.### m  lami3 =##.### W/(m K)"; deli3; lami3
LPRINT
LPRINT "    Geometrie der aeusseren Deckschichten:"
LPRINT
LPRINT USING "    dela1  = #.### m  lama1 =##.### W/(m K)"; dela1; lama1
LPRINT USING "    dela2  = #.### m  lama2 =##.### W/(m K)"; dela2; lama2
LPRINT USING "    dela3  = #.### m  lama3 =##.### W/(m K)"; dela3; lama3
LPRINT USING "    dela4  = #.### m  lama4 =##.### W/(m K)"; dela4; lama4
LPRINT USING "    dela5  = #.### m  lama5 =##.### W/(m K)"; dela5; lama5
LPRINT
LPRINT "    Wassergeschwindigkeit in den Rohren:"
LPRINT USING "    w =##.## m/s"; wq
LPRINT "    Raumtemperaturen:"
LPRINT USING "    ti = ##.# °C   ta = ##.# °C"; ti; ta
LPRINT
LPRINT "    ____________________________________________________________________"
```

```
LPRINT "                                                                      Fliesen "
LPRINT
LPRINT USING "   Folie:    Dicke ###.# mm   Lambda  ##.# W/(m K)   "; dela * 1000; lama
LPRINT USING "   Estrich:  Dicke ###.# mm   Lambda  ##.# W/(m K)  lRohr: ### mm   ";
                 deli * 1000; lami; lRohr * 1000
LPRINT "    ________________________________________________________________ "
LPRINT "    tWasser  I      tmi   I   tmax     tmin  I     qi          q "
LPRINT "      °C     I      °C    I   °C        °C   I    W/m²        W/m²
LPRINT "    ________________________________________________________________ "
FOR tqF = tqFmin TO tqFmax STEP tqFSchritt

'ALGORITHMUS
'Erste und zweite Annahme der mittleren Rippentemperatur
IF tqF > ti THEN
      tm = tqF - 2
      tmx = tqF - 4
END IF
IF tqF < ti THEN
      tm = tqF + 2
      tmx = tqF + 4
END IF

'Erste Annahme des Waermeuebergangskoeffizienten
IF alphaI = 0 THEN
      ai = 10
ELSE
      ai = alphaI
END IF
IF alphaA = 0 THEN
      aa = 6
ELSE
      aa = alphaA
END IF

'Stoffwerte Wasser bei gegebener Fluidtemperatur
rhoF = 1006 - .26 * tqF - .0022 * tqF ^ 2
nyF = (556272.7 + 19703.39 * tqF + 124.4091 * tqF ^ 2 - .3770952 * tqF ^ 3) ^ -1
lamF = .5587913 + 2.268458E-03 * tqF - 1.248304E-05 * tqF ^ 2 + 1.890318E-08 * tqF ^ 3
PrF = (7.547718E-02 + 2.76297E-03 * tqF + 3.210257E-05 * tqF ^ 2
        -1.015768E-07 * tqF ^ 3) ^ -1

'Berechnung des Waermeuebergangs im Rohr
Re = wq * d1 / nyF
IF Re > 2320 THEN
   GB = (5.15 * .4343 * LOG(Re) - 4.64) ^ -2
   Nu = GB * (Re - 1000) * PrF / (1 + 12.7 * GB ^ .5 * (PrF ^ .667 - 1))
    * (1 + (d1 / GLR) ^ .667)
ELSE
  Nu = (49.028 + 4.173 * Re * PrF * d1 / GLR) ^ .333
END IF
alphaF = Nu * lamF / d1
```

```
ZGL = 0

'Beginn der aeusseren Iterationsschleife (Rippentemperaturanpassung)
L2:
thetaa = 0
thetai = 0

'Beginn der inneren Iterationsschleife (Waermeuebergangskoeffizienten-Anpassung)
L1:
'Berechnung der Ersatzrippe
'Stoffwert Luft
tL = tm
lamLuft = .024178 + 7.634878E-05 * tL - 4.663859E-08 * tL ^ 2 + 4.612639E-11 * tL ^ 3

'Berechnung der Teilwaermedurchgangskoeffizienten
kappai = (1 / ai + deli1 / lami1 + deli2 / lami2 + deli3 / lami3 + delFSpalt / lamLuft) ^ -1
kappaa = (1 / aa + dela1 / lama1 + dela2 / lama2 + dela3 / lama3 + dela4 / lama4
          + dela5 / lama5) ^ -1

'Berechnung der mittleren Rippenuebertemperatur
thetami = tm - ti
thetama = tm - ta
qi = kappai * thetami
qa = kappaa * thetama

'Überprüfung des Waermeuebergangskoeffizienten
thetai0 = qi / ai
thetaa0 = qa / aa
IF alphaI <> 0 AND alphaA <> 0 THEN GOTO L3
IF alphaA = 0 AND ABS(thetaa0 - thetaa) >= .1 THEN GOTO L5
IF alphaI = 0 AND ABS(thetai0 - thetai) >= .1 THEN GOTO L5

L3:
'Waermestrom von der halben Rippe nach innen und außen sowie insgesamt
GQi = qi * l / 2
GQa = qa * l / 2
GQ = GQi + GQa
'Berechnung der Rippenfusstemperatur
HG = kappaa / (kappaa + kappai) * (ta - ti)
m = ((kappaa + kappai) / delq / lamq) ^ .5
t1 = (tm - ti - HG) * m * l / 2 / tanh(m * l / 2) + HG + ti
'Berechnung Rohranschluss
'Stoffwert Luft
tL = (tqF + t1) / 2
lamLuft = .024178 + 7.634878E-05 * tL - 4.663859E-08 * tL ^ 2 + 4.612639E-11 * tL ^ 3
'Berechnung der Waermestroeme am Rohr
kappaF = (1 / alphaF + (d2 - d1) / 2 / lamR + delRSpalt / lamLuft) ^ -1
na = ((kappaa + kappaF) / lama / dela) ^ .5
ni = ((kappai + kappaF) / lami / deli) ^ .5
HGGa = (kappaa * ta + kappaF * tqF) / (kappaa + kappaF)
GQTa = -dela * lama * na * (t1 - HGGa) * tanh(na * phia * d2 / 2)
```

```
HGGi = (kappai * ti + kappaF * tqF) / (kappai + kappaF)
GQTi = -deli * lami * ni * (t1 - HGGi) * tanh(ni * phii * d2 / 2)
DeltaQ = GQTa + GQTi - GQ

'Anpassung der mittleren Rippentemperatur
IF ABS(DeltaQ) < .001 * ABS(GQ) THEN GOTO L4
tmII = tmI: DeltaQII = DeltaQI
tmI = tm: DeltaQI = DeltaQ
IF ZGL = 0 THEN
  tm = tmx
ELSE
  tm = tmI - (tmII - tmI) * DeltaQI / (DeltaQII - DeltaQI)
END IF
ZGL = ZGL + 1
GOTO L2

L4:
'Zusammenfassende Berechnung
'Berechnung der im Rohrbereich abgegebenen Waermestroeme
tqa = (t1 - HGGa) * tanh(na * d2 / 2 * phia) / na / phia / d2 * 2 + HGGa
tqi = (t1 - HGGi) * tanh(ni * d2 / 2 * phii) / ni / phii / d2 * 2 + HGGi
QaR = kappaa * phia * d2 * (tqa - ta)
QiR = kappai * SIN(phii) * d2 * (tqi - ti)

'Gesamtwaermestromdichten
qgi = (2 * GQi + QiR) / lRohr
qg = (2 * GQi + 2 * GQa + QiR + QaR) / lRohr

'Berechnung der Mittel- und Extremtemperaturen an der raumseitigen Oberflaeche
tqmi = ti + qgi / ai
tmax = ti + QiR / SIN(phii) / d2 / ai
tmax1 = ti + (t1 - ti) * kappai / ai
IF tmax1 > tmax THEN tmax = tmax1
thetamin = (t1 - ti - HG) / cosh(m * l / 2) + HG
tmin = ti + thetamin * kappai / ai

'AUSGABE II
LPRINT USING "      ###.#   | ###.# | ###.#  ###.#  | ####.#    ####.#";
                    tqF; tqmi; tmax; tmin; qgi; qg
NEXT tqF
LPRINT "    ____________________________________________________________"
END

'Waermeuebergangskoeffizienten an den Bauteiloberflaechen
L5:
thetaa = thetaa0
IF alphaA = 0 THEN aa = 5.7 + .09 * thetaa
thetai = thetai0
IF alphaI = 0 THEN ai = 8.92 * thetai ^ .1
GOTO L1
```

```
'Funktionen
FUNCTION cosh (x)
cosh = (EXP(x) + EXP(-x)) / 2
END FUNCTION
FUNCTION tanh (x)
tanh = (EXP(x) - EXP(-x)) / (EXP(x) + EXP(-x))
END FUNCTION
```

9.2.3. Verifikation des vorhergehenden Programms

Da es keine umfassenden Berechnungen und Versuche gibt an Hand derer eine komplette Überprüfung der Ergebnisse möglich wäre, wird in zwei Schritten vorgegangen.

TEST 1

Als erste Überprüfung des Rechenprogramms erfolgt eine *Testrechnung* für ein typisches, von der Fa. Clina entwickeltes Fußbodenheizungssystem (Bild 9.4).

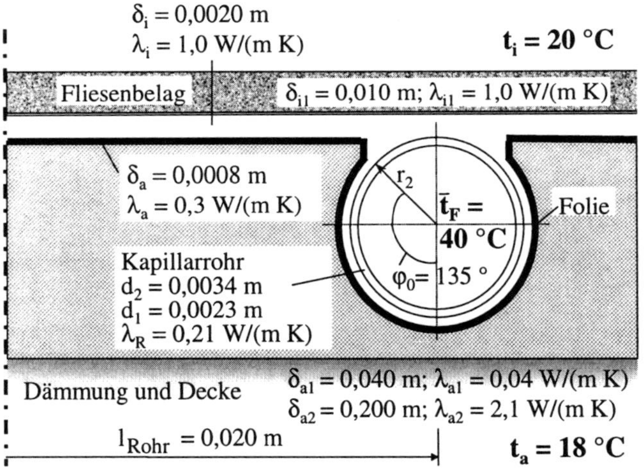

Bild 9.4 Fußbodenaufbau mit Kunststoff-Kapillarrohrmatten für das Beispiel TEST 1

Der Rechnerausdruck ist nachfolgend wiedergegeben.

```
Geometrie des Fussbodens (Trockenaufbau):
deltaa   = 0.0008 m          deltai   = 0.0020 m
lambdaa  = 0.30 W/(m K)      lambdai  = 1.00 W/(m K)

Luftspalt zwischen Rippe und Belag sowie um das Rohr:
deltaFSpalt = 0.0000 m       deltaRSpalt = 0.0000 m

Rohrdurchmesser und Waermeleitfaehigkeit:
da = 0.0034 m       di = 0.0023 m       lambdaR =  0.210 W/(m K)

Rohrabstand und Registerlaenge:
lRohr = 0.020 m     LR =  4.0 m

Umschlingungswinkel einer Rohrhaelfte aussen:
phi0 = 135°
```

```
Geometrie der inneren Deckschichten:
deli1   = 0.010 m   lami1 = 1.000 W/(m K)
deli2   = 0.000 m   lami2 = 1.000 W/(m K)
deli3   = 0.000 m   lami3 = 1.000 W/(m K)

Geometrie der aeusseren Deckschichten:
dela1   = 0.040 m   lama1 = 0.040 W/(m K)
dela2   = 0.200 m   lama2 = 2.100 W/(m K)
dela3   = 0.000 m   lama3 = 1.000 W/(m K)
dela4   = 0.000 m   lama4 = 1.000 W/(m K)
dela5   = 0.000 m   lama5 = 1.000 W/(m K)

Wassergeschwindigkeit in den Rohren:
w = 0.10 m/s

Raumtemperaturen:
ti = 20.0 °C    ta = 18.0 °C
```

```
Folie:    Dicke   0.8 mm   Lambda   0.3 W/(m K)          Fliesen
Estrich: Dicke   2.0 mm   Lambda   1.0 W/(m K)   lRohr: 20 mm
```

tWasser °C	tmi °C	tmax °C	tmin °C	qi W/m²	q W/m²
40.0	33.8	35.5	32.8	160.2	178.9

```
Rippenlaenge und Umschlingungswinkel im Bogenmass:
l = 0.0176 m   phii = 0.785   phia = 2.356

Stoffwerte Wasser:
rhoF = 992.1 kg/m³        nyF = 0.658 10^-6 m²/s
lamF = 0.631 W/(m K)      PrF = 4.33

Waermeuebergang in den Rohren:
Re =  349    Nu =  3.7    alphaF = 1026.6 W/(m²K)

Waermeuebergangskoeffizienten an den Oberflaechen:
alphai = 11.6 W/(m²K)    alphaa =  5.91 W/(m²K)
kappai = 10.4 W/(m²K)    kappaa =  0.79 W/(m²K)

Waermestroeme:
Qi  =   1.39 W    Qa  =   0.12 W    Q      =   1.51 W
QiR =   0.43 W    QaR =   0.13 W    DeltaQ =  -0.00 W

Temperaturen:
t1  = 37.11 °C    tqa = 39.28 °C    tqi = 37.28 °C
```

Die Ergebnisse sind generellen Plausibilitätskontrollen unterzogen worden. Außerdem wurden die Endergebnisse der Iterationen durch Handrechnungen kontrolliert und keine Fehler festgestellt.

TEST 2

Es wird eine *Verifikation* am Beispiel eines typischen Trockenverlegesystems im Vergleich zur DIN 4725 T. 2 vorgenommen. Die Daten gehen aus Bild 9.5 hervor.

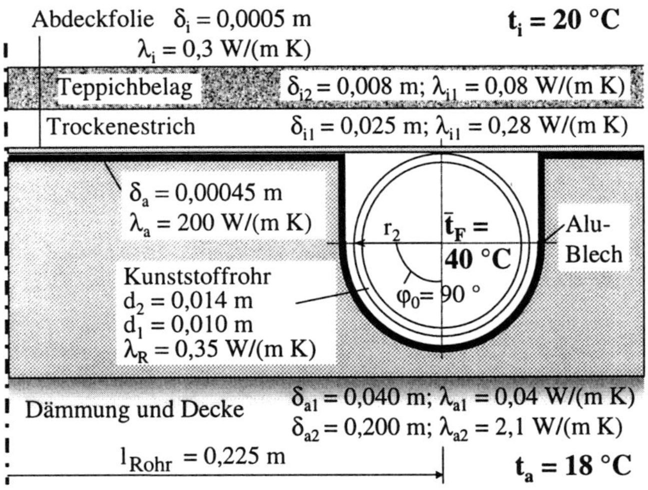

Bild 9.5 Konventioneller Fußbodenaufbau für Trokkenverlegung mit Alu-Wärmeleitlamelle als Verifikationsbeispiel TEST 2

Die Besonderheiten der wärmetechnischen Prüfungen nach DIN 4725 sind bereits im Abschnitt 7.2.3. (TEST 1) ausführlich für Naßverlegesysteme beschrieben worden. Der in Gl. (7.97) dargestellte Potenzansatz gilt in modifizierter Form auch für die Trockenverlegesysteme. Er lautet dann:

$$\dot{q} = B\, a_B a_T^{m_T} a_Ü a_{WL} a_K \Delta t\,. \tag{9.36}$$

Es gelten auszugsweise:

- B = 6,5 W/(m² K) für eine Rohrwanddicke von 2 mm und einen Wärmeleitkoeffizienten von 0,35 W/(m K); eine Umrechnung auf andere Parameter ist möglich
- a_B Belagfaktor
- a_T Teilungsfaktor
- $a_Ü$ Überdeckungsfaktor (Angabe für kleinste Teilung 50 mm)
- a_{WL} Wärmeleitfaktor z. B. für Wärmeleitbleche (Angabe für kleinste Teilung 50 mm)
- a_K Korrekturfaktor für den Kontakt
- m_T Exponent für Teilung (Angabe für kleinste Teilung 50 mm)
- Δt logarithmische Heizwasserübertemperatur.

Damit ist belegt, daß die DIN 4725 generell nicht auf das neue System mit Kapillarrohrmatten anwendbar ist, da viele Bezugsparameter nur für konventionelle Konstruktionen Gültigkeit besitzen. Für die Verifikation des Rechenprogramms mußte deshalb auch eine herkömmliche Konstruktion gewählt werden.

- **Rechnung nach DIN 4725 Teil 2**

Im Sinne der DIN gilt für den Trockenestrich $s_Ü = \delta_{i1}$ und $\lambda_Ü = \lambda_{i1}$; PE-Folie bleibt unbeachtet.

$B = 6{,}5$ W/(m²K)

Teilungsfaktor nach Tab. A7 für $s_Ü / \lambda_Ü = 0{,}09$ m²K/W: $a_T = 1{,}079$

Überdeckungsfaktor nach Tab. A8 für $s_Ü / \lambda_Ü = 0{,}09$ m²K/W: $a_Ü = 0{,}756$

Wärmeleitfaktor nach Tab. A10 für $K_{WL} = 0{,}744$ und $T = 0{,}225$ m: $a_{WL} = 0{,}943$

Hilfsgröße $b_Ü = 0{,}43$ nach Tab. A9

Hilfsgröße $K_{WL} = (s_{WL}\,\lambda_{WL} + b_Ü\, s_Ü\, \lambda_Ü) / 0{,}125$

$$= (0{,}00045 \cdot 200 + 0{,}43 \cdot 0{,}025 \cdot 0{,}28) / 0{,}125 = 0{,}744$$

Korrekturfaktor für den Kontakt nach Tab. A11 für $T = 0{,}225$ m: $a_K = 0{,}9$

$m_T = -2$

Fußbodenbelagfaktor mit $\bar{f}(T) = 1{,}209$ nach der Beziehung:

$$a_B = (1 + B\, a_Ü\, a_T^{m_T}\, a_{WL}\, a_K\, R_{\lambda,B}\, \bar{f}(T))^{-1}$$

$$= (1 + 6{,}5 \cdot 0{,}756 \cdot 1{,}079^{-2} \cdot 0{,}943 \cdot 0{,}9 \cdot 0{,}1 \cdot 1{,}209)^{-1} = 0{,}698$$

Für mittlere Übertemperatur des Heizwassers von 20 K ergibt Gl. (9.36):

$$\dot{q} = 6{,}5 \cdot 0{,}698 \cdot 1{,}079^{-2} \cdot 0{,}756 \cdot 0{,}943 \cdot 0{,}9 \cdot 20 = \mathbf{50{,}0\ W/m^2}.$$

- **Rechnung nach Simulationsmodell** (Programm nach Abschnitt 9.2.2.)

Für die innere Umhüllung des Rohres ist an Stelle des Klebers die PE-Abdeckfolie in Ansatz gebracht. Luftspalte bleiben unberücksichtigt. Der Rechnerausdruck liefert:

```
Geometrie des Fussbodens (Trockenaufbau):
deltaa  = 0.00045 m        deltai  = 0.00050 m
lambdaa = 200.00 W/(m K)   lambdai = 0.30 W/(m K)

Luftspalt zwischen Rippe und Belag sowie um das Rohr:
deltaFSpalt = 0.0000 m     deltaRSpalt = 0.0000 m

Rohrdurchmesser und Waermeleitfaehigkeit:
da = 0.0140 m      di = 0.0100 m      lambdaR =  0.350 W/(m K)

Rohrabstand und Registerlaenge:
lRohr = 0.225 m   LR =  4.0 m

Umschlingungswinkel einer Rohrhaelfte aussen:
phi0 =  90°

Geometrie der inneren Deckschichten:
deli1   = 0.025 m   lami1 = 0.280 W/(m K)
deli2   = 0.008 m   lami2 = 0.080 W/(m K)
deli3   = 0.000 m   lami3 = 1.000 W/(m K)
```

```
Geometrie der aeusseren Deckschichten:
dela1    = 0.040 m    lama1 = 0.040 W/(m K)
dela2    = 0.200 m    lama2 = 2.100 W/(m K)
dela3    = 0.000 m    lama3 = 1.000 W/(m K)
dela4    = 0.000 m    lama4 = 1.000 W/(m K)
dela5    = 0.000 m    lama5 = 1.000 W/(m K)

Wassergeschwindigkeit in den Rohren:
w = 0.60 m/s

Raumtemperaturen:
ti = 20.0 °C    ta = 18.0 °C
```

Teppich

```
Alu-Lamelle: Dicke  0.45 mm  Lambda 200.0 W/(m K)
Abdeckfolie: Dicke  0.50 mm  Lambda   0.3 W/(m K)   lRohr:225 mm
```

tWasser °C	tmi °C	tmax °C	tmin °C	qi W/m²	q W/m²
40.0	24.8	26.5	24.3	**50.1**	63.4

```
Rippenlaenge und Umschlingungswinkel im Bogenmass:
l = 0.2110 m    phii = 1.571    phia = 1.571

Stoffwerte Wasser:
rhoF = 992.1 kg/m³       nyF = 0.658 10^-6 m²/s
lamF = 0.631 W/(m K)     PrF = 4.33

Waermeuebergang in den Rohren:
Re = 9116    Nu = 61.7    alphaF = 3893.6 W/(m²K)

Waermeuebergangskoeffizienten an den Oberflaechen:
alphai = 10.4 W/(m²K)    alphaa =  5.89 W/(m²K)
kappai =  3.5 W/(m²K)    kappaa =  0.79 W/(m²K)

Waermestroeme:
Qi  =   5.17 W    Qa  =   1.33 W    Q      =   6.50 W
QiR =   0.95 W    QaR =   0.32 W    DeltaQ =  -0.00 W

Temperaturen:
t1  = 36.42 °C    tqa = 36.66 °C    tqi = 39.32 °C
```

Vergleich der Ergebnisse

Beim Vergleich der Ergebnisse ist zu beachten, daß bei der DIN-Berechnung der Wärmestrom in den Raum mit $\dot{q}$ bezeichnet wird. Er ist zu vergleichen mit dem Wert $\dot{q}_i$ der Simulationsrechnung. Die Abweichung beträgt vom DIN-Wert 0,2 %.

Damit kann der Algorithmus zur Berechnung von Trockenverlegesystemen auch zur detaillierten Berechnung der Fußbodenaufbauten mit Kapillarrohrmatten eingesetzt werden.

10. Wärmestromdichten von Fußbodenheizungen in Abhängigkeit des Aufbaus und der Rohrregistergeometrie

Je nach Aufbau wird bei den Fußbodenheizungen zwischen dem Naßverlegeverfahren und dem Trockenverlegeverfahren unterschieden. Beide können mit den bisher bereitgestellten Algorithmen unter stationären Bedingungen berechnet werden.

Naßverlegeverfahren: homogene Platten mit Rohrregister unter Ansatz einer zweidimensionalen Wärmeleitung (Abschnitt 7.)

Trockenverlegeverfahren: heterogene Aufbauten mit Rohrregister unter Ansatz einer eindimensionalen Wärmeleitung (Abschnitt 9.)

Für konventionelle Fußbodenaufbauten und Rohrdurchmesser liefert die DIN 4725 Teil 2 Leistungswerte gemäß normierter Berechnung. Auf Systeme mit sehr niedrigen Konstruktionshöhen und kleinen Rohrdurchmessern ist dieses genormte Berechnungsverfahren nicht anwendbar. In den Abschnitten 7.2.3. und 9.2.3. konnte gezeigt werden, daß die nunmehr vorgestellten Algorithmen (Abschnitte 7. und 9.) umfassend gelten und den Berechnungsbereich der DIN 4725 Teil 2 einschließen. Damit ist eine Untersuchung innovativer Fußbodenheizungen auch unter Einsatz von Kunststoff-Kapillarrohrmatten möglich.

Die Unterschiede der Verlegesysteme seien kurz charakterisiert:

Konventionelle Fußbodenheizsysteme werden als Naßsysteme, Rohre sind im Estrich eingebettet, oder als Trockensysteme, Rohre sind in Verlegeplatten mit Sicken eingelegt, ausgeführt. Die Mindestkonstruktionshöhen betragen beispielsweise bei Naßsystemen 62 mm bis 70 mm, in Sonderfällen auch 42 mm, und bei Trockensystemen 50 mm. Die Rohrdurchmesser streuen, häufig eingesetzte Größen sind 17×2 mm, 14×2 mm und 12×2 mm. Die Verlegeabstände (Rohrabstände) betragen in der Regel 150 mm, 225 mm und 300 mm.

Fußbodenheizsysteme mit Kapillarrohrmatten zeichnen sich durch sehr geringe Konstruktionshöhen aus, wodurch sich der Einbau vorzugsweise auch für die Sanierung eignet. Die Kapillarrohre werden beispielsweise direkt im Fliesenkleber eingespachtelt und darauf die Bodenfliesen in bekannter Weise verlegt. Dieses System werde im weiteren in Analogie zu den bisherigen Konstruktionen als Naßsystem bezeichnet. Erfolgt die Verlegung der Kapillarrohre in einer speziell entworfenen Profilfolie mit oder ohne Spachtelmasse, so werde diese Konstruktion als Trockensystem bezeichnet. Diese Einteilung nimmt auf die verwendeten Berechnungsalgorithmen Bezug. Konstruktive Einzelheiten beziehen sich auf die Angaben des Systementwicklers und Herstellers der Kapillarrohrmatten, die Fa. Clina, Berlin. Danach betragen: Dicke der rohrführenden Schicht 5 mm bis 9 mm, Rohrabmessungen 3,4×0,55 mm, Verlegeabstand (Rohrabstand) 10 mm bis 30 mm. Fußbodenheizungen der neuen Konstruktion werden bereits erfolgreich betrieben. Die Einsatzmöglichkeiten werden nicht nur in der reinen Fußbodenheizung mit allen üblichen Belägen, sondern allumfassend als Flächenheizung gesehen.

Die *Hauptzielstellungen* sind sehr *geringe Konstruktionshöhen* und *hohe Wärmestromdichten bei niedrigen Vorlauftemperaturen.* Man möchte über lange Zeiträume des Jahres mit Umweltenergie, z. B. aus einfachen Solarkollektoren, arbeiten und die restliche Zeit Wärmepumpen mit hohen Leistungszahlen einsetzen. Damit sind natürlich auch beste Voraussetzungen für den Einsatz in Anlagen mit Abwärme- oder Brennwertnutzung gegeben.

10.1. Beispielrechnungen

Die Einflüsse auf die Wärmestromdichte (Leistung) sind wegen der zahlreichen Konstruktionsparameter beider Verlegesysteme sehr vielfältig. So wurden die Dicke der Rohrschicht (z. B. Fliesenkleber), die Wärmeleitfähigkeit der Rohrschicht und der Profilfolie, der Rohrabstand, die Wassergeschwindigkeit in den Rohren, das Vorhandensein möglicher Luftspalte und natürlich die unterschiedlichen Fußbodenbeläge untersucht.

Aus der Vielzahl der Variantenrechnungen werden *je zwei Beispiele für ein Naß- und ein Trockenverlegeverfahren mit Kunststoff-Kapillarrohrmatten* wiedergegeben, wobei nur der Einfluß des Fußbodenbelages gezeigt wird. Als Basisannahmen gelten:

- Kleber: Naßverlegesystem 9 mm; Trockenverlegesystem 4 mm
  Wärmeleitfähigkeit 1,0 W/(m K)
- Belag: Fliesen der Dicke 10 mm, Wärmeleitfähigkeit 1,0 W/(m K)
  Teppich der Dicke 10 mm, Wärmeleitfähigkeit 0,067 W/(m K)
- Rohrregister: wasserdurchflossen
  Rohrdurchmesser × Wanddicken: 3,4×0,55 mm (Kapillarrohre)
  Wärmeleitfähigkeit 0,21 W/(m K), Rohrabstand: 15 mm
- Wassertemperatur: 25 ... 40 °C
- Raumtemperaturen: t_i = 20 °C; t_a = 18 °C.

Die Berechnung der Temperaturen und Leistungen erfolgt mit den Rechenprogrammen nach Abschnitt 7.2.4. und 9.2.2.

- **Berechnungsbeispiel 1**

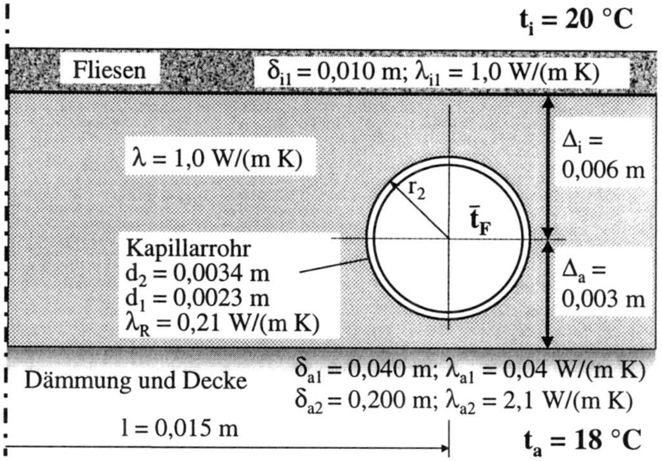

Bild 10.1 Fußbodenaufbau für Berechnungsbeispiel 1 (Variante: Naßverlegeverfahren; Kapillarrohrmatte in Fliesenkleber eingebettet; Fliesenbelag)

```
Geometrie der Massivrippe mit Rohren:
Deltai = 0.006 m  Deltaa = 0.003 m  lambda  =  1.000 W/(m K)

Rohrdurchmesser:
da = 0.0034 m     di = 0.0023 m     lambdaR =  0.210 W/(m K)

Rohrabstand und Registerlaenge:
l = 0.015 m       LR =  4.0 m

Luftspalt um das Rohr:
Luftspalt = 0.0000 m

Lamelle:
delL = 0.0000 m         lamL = 200.0 W/(m K)

Geometrie der inneren Deckschichten:
deli1   = 0.010 m   lami1 = 1.000 W/(m K)
deli2   = 0.000 m   lami2 = 1.000 W/(m K)
deli3   = 0.000 m   lami3 = 1.000 W/(m K)

Geometrie der aeusseren Deckschichten:
dela1   = 0.040 m   lama1 = 0.040 W/(m K)
dela2   = 0.200 m   lama2 = 2.100 W/(m K)
dela3   = 0.000 m   lama3 = 1.000 W/(m K)
dela4   = 0.000 m   lama4 = 1.000 W/(m K)
dela5   = 0.000 m   lama5 = 1.000 W/(m K)

Wassergeschwindigkeit in den Rohren:
w = 0.10 m/s

Temperaturen:
ti = 20.0 °C    ta = 18.0 °C
```

FLIESEN

```
Estrich: Dicke    9 mm    Lambda   1.0 W/(m K)    l =  15 mm
```

---

tWasser °C	tmi °C	tmax °C	tmin °C	qi W/m²	q W/m²
25.0	24.0	24.0	24.0	41.0	46.2
26.0	24.8	24.8	24.8	49.9	55.8
27.0	25.6	25.6	25.5	58.9	65.6
28.0	26.3	26.4	26.3	68.1	75.5
29.0	27.1	27.2	27.1	77.3	85.4
30.0	27.9	27.9	27.9	86.6	95.5
31.0	28.7	28.7	28.6	96.0	105.6
32.0	29.4	29.5	29.4	105.4	115.8
33.0	30.2	30.3	30.2	114.9	126.0
34.0	31.0	31.0	30.9	124.5	136.3
35.0	31.8	31.8	31.7	134.1	146.6
36.0	32.5	32.6	32.5	143.8	157.1
37.0	33.3	33.3	33.2	153.6	167.6
38.0	34.1	34.1	34.0	163.3	178.0
39.0	34.8	34.9	34.8	173.1	188.5
40.0	35.6	35.7	35.5	182.9	199.1

- **Berechnungsbeispiel 2**

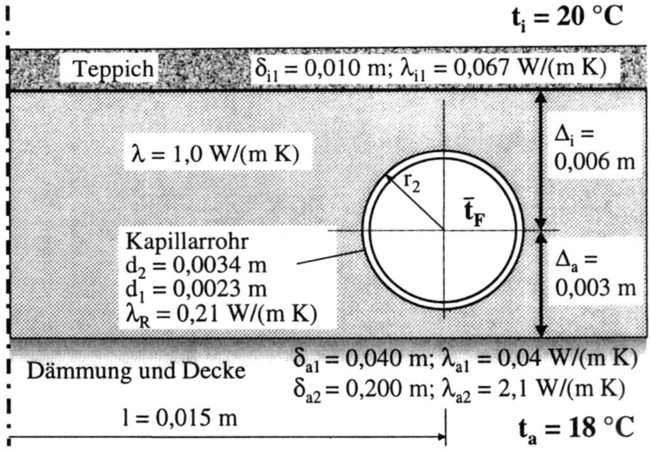

Bild 10.2 Fußbodenaufbau für Berechnungsbeispiel 2 (Variante: Naßverlegeverfahren; Kapillarrohrmatte in Fliesenkleber eingebettet; Teppichbelag)

```
Geometrie der Massivrippe mit Rohren:
Deltai = 0.006 m  Deltaa = 0.003 m  lambda  =  1.000 W/(m K)

Rohrdurchmesser:
da = 0.0034 m     di = 0.0023 m     lambdaR =  0.210 W/(m K)

Rohrabstand und Registerlaenge:
l = 0.015 m       LR =  4.0 m

Luftspalt um das Rohr:    Luftspalt = 0.0000 m
Lamelle:                  delL = 0.0000 m     lamL = 200.0 W/(m K)

Geometrie der inneren Deckschichten:
deli1   = 0.010 m   lami1 = 0.067 W/(m K)
deli2   = 0.000 m   lami2 = 1.000 W/(m K)
deli3   = 0.000 m   lami3 = 1.000 W/(m K)
```

```
Geometrie der aeusseren Deckschichten:
dela1   = 0.040 m   lama1 = 0.040 W/(m K)
dela2   = 0.200 m   lama2 = 2.100 W/(m K)
dela3   = 0.000 m   lama3 = 1.000 W/(m K)
dela4   = 0.000 m   lama4 = 1.000 W/(m K)
dela5   = 0.000 m   lama5 = 1.000 W/(m K)

Wassergeschwindigkeit in den Rohren:    w = 0.10 m/s

Temperaturen:  ti = 20.0 °C    ta = 18.0 °C
```

TEPPICH

Estrich: Dicke 9 mm Lambda 1.0 W/(m K) l = 15 mm

tWasser °C	tmi °C	tmax °C	tmin °C	qi W/m²	q W/m²
25.0	21.9	21.9	21.9	18.5	23.9
26.0	22.3	22.3	22.3	22.4	28.5
27.0	22.7	22.7	22.7	26.3	33.2
28.0	23.0	23.0	23.0	30.2	37.8
29.0	23.4	23.4	23.4	34.1	42.5
30.0	23.7	23.7	23.7	38.0	47.2
31.0	24.1	24.1	24.1	42.0	51.9
32.0	24.4	24.4	24.4	46.0	56.7
33.0	24.8	24.8	24.8	49.9	61.4
34.0	25.1	25.1	25.1	53.9	66.1
35.0	25.5	25.5	25.5	57.9	70.9
36.0	25.8	25.8	25.8	61.9	75.7
37.0	26.2	26.2	26.1	65.9	80.4
38.0	26.5	26.5	26.5	69.9	85.2
39.0	26.8	26.9	26.8	74.0	90.0
40.0	27.2	27.2	27.2	78.0	94.8

- **Berechnungsbeispiel 3**

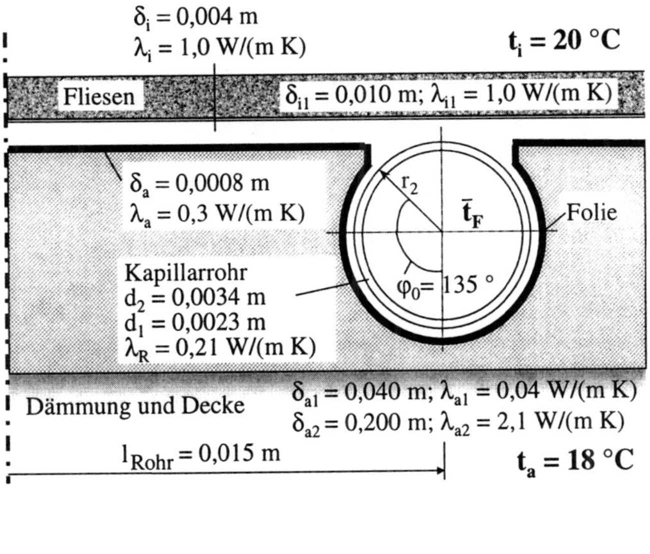

Bild 10.3 Fußbodenaufbau für Berechnungsbeispiel 3 (Variante: Trockenverlegeverfahren; Kapillarrohrmatte in Fliesenkleber eingebettet; Fliesenbelag)

```
Geometrie des Fussbodens (Trockenaufbau):
deltaa  = 0.0008 m          deltai  = 0.0040 m
lambdaa =   0.30 W/(m K)    lambdai =   1.00 W/(m K)

Luftspalt zwischen Rippe und Belag sowie um das Rohr:
deltaFSpalt = 0.0000 m       deltaRSpalt = 0.0000 m

Rohrdurchmesser und Waermeleitfaehigkeit:
da = 0.0034 m      di = 0.0023 m      lambdaR =  0.210 W/(m K)

Rohrabstand und Registerlaenge:
lRohr = 0.015 m    LR =  4.0 m

Umschlingungswinkel einer Rohrhaelfte aussen:
phi0 = 135°

Geometrie der inneren Deckschichten:
deli1   = 0.010 m   lami1 = 1.000 W/(m K)
deli2   = 0.000 m   lami2 = 1.000 W/(m K)
deli3   = 0.000 m   lami3 = 1.000 W/(m K)

Geometrie der aeusseren Deckschichten:
dela1   = 0.040 m   lama1 = 0.040 W/(m K)
dela2   = 0.200 m   lama2 = 2.100 W/(m K)
dela3   = 0.000 m   lama3 = 1.000 W/(m K)
dela4   = 0.000 m   lama4 = 1.000 W/(m K)
dela5   = 0.000 m   lama5 = 1.000 W/(m K)

Wassergeschwindigkeit in den Rohren:    w = 0.10 m/s

Raumtemperaturen:   ti = 20.0 °C    ta = 18.0 °C
```

FLIESEN

```
Folie:    Dicke   0.8 mm   Lambda   0.3 W/(m K)
Estrich:  Dicke   4.0 mm   Lambda   1.0 W/(m K)   lRohr:   15 mm
```

tWasser °C	tmi °C	tmax °C	tmin °C	qi W/m²	q W/m²
25.0	23.9	24.0	23.8	40.1	47.2
26.0	24.7	24.8	24.6	48.9	56.9
27.0	25.5	25.6	25.3	57.8	66.8
28.0	26.2	26.4	26.1	66.7	76.7
29.0	27.0	27.2	26.8	75.8	86.8
30.0	27.8	28.0	27.6	85.0	96.9
31.0	28.5	28.8	28.3	94.2	107.1
32.0	29.3	29.6	29.1	103.4	117.3
33.0	30.0	30.4	29.8	112.8	127.6
34.0	30.8	31.1	30.6	122.2	138.0
35.0	31.6	31.9	31.3	131.6	148.4
36.0	32.3	32.7	32.0	141.1	158.9
37.0	33.1	33.5	32.8	150.6	169.4
38.0	33.8	34.3	33.5	160.2	179.9
39.0	34.6	35.0	34.2	169.8	190.5
40.0	35.3	35.8	35.0	179.5	201.1

- **Berechnungsbeispiel 4**

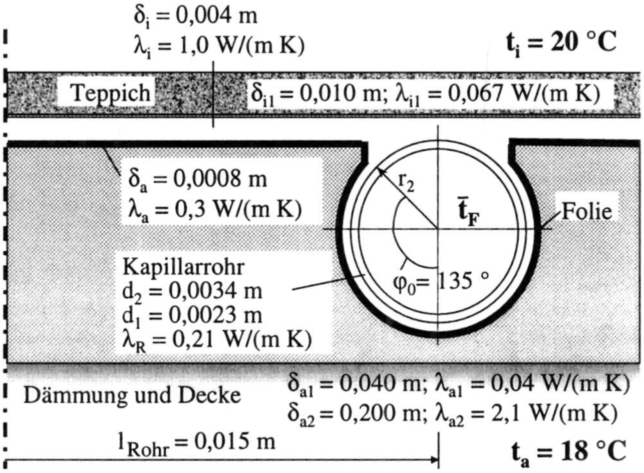

Bild 10.4 Fußbodenaufbau für Berechnungsbeispiel 4 (Variante: Trockenverlegeverfahren; Kapillarrohrmatte in Fliesenkleber eingebettet; Teppichbelag)

```
Geometrie des Fussbodens (Trockenaufbau):
deltaa  = 0.0008 m           deltai  = 0.0040 m
lambdaa =    0.30 W/(m K)    lambdai =    1.00 W/(m K)

Luftspalt zwischen Rippe und Belag sowie um das Rohr:
deltaFSpalt = 0.0000 m         deltaRSpalt = 0.0000 m

Rohrdurchmesser und Waermeleitfaehigkeit:
da = 0.0034 m     di = 0.0023 m      lambdaR =  0.210 W/(m K)

Rohrabstand und Registerlaenge:
lRohr = 0.015 m    LR =  4.0 m

Umschlingungswinkel einer Rohrhaelfte aussen:
phi0 = 135°

Geometrie der inneren Deckschichten:
deli1   = 0.010 m   lami1 = 0.067 W/(m K)
deli2   = 0.000 m   lami2 = 1.000 W/(m K)
deli3   = 0.000 m   lami3 = 1.000 W/(m K)

Geometrie der aeusseren Deckschichten:
dela1   = 0.040 m   lama1 = 0.040 W/(m K)
dela2   = 0.200 m   lama2 = 2.100 W/(m K)
dela3   = 0.000 m   lama3 = 1.000 W/(m K)
dela4   = 0.000 m   lama4 = 1.000 W/(m K)
dela5   = 0.000 m   lama5 = 1.000 W/(m K)

Wassergeschwindigkeit in den Rohren:   w = 0.10 m/s

Raumtemperaturen:   ti = 20.0 °C    ta = 18.0 °C
```

TEPPICH

```
Folie:   Dicke   0.8 mm   Lambda   0.3 W/(m K)
Estrich: Dicke   4.0 mm   Lambda   1.0 W/(m K)    lRohr:    15 mm
```

---

tWasser °C	tmi °C	tmax °C	tmin °C	qi W/m²	q W/m²
25.0	21.9	21.9	21.9	18.3	25.6
26.0	22.3	22.3	22.3	22.1	30.5
27.0	22.6	22.7	22.6	26.0	35.3
28.0	23.0	23.0	23.0	29.8	40.2
29.0	23.3	23.4	23.3	33.7	45.1
30.0	23.7	23.8	23.7	37.6	50.1
31.0	24.0	24.1	24.0	41.5	55.0
32.0	24.4	24.5	24.3	45.5	60.0
33.0	24.7	24.8	24.7	49.4	65.0
34.0	25.1	25.2	25.0	53.3	69.9
35.0	25.4	25.5	25.4	57.3	74.9
36.0	25.8	25.8	25.7	61.2	79.9
37.0	26.1	26.2	26.0	65.2	84.9
38.0	26.4	26.5	26.4	69.2	89.9
39.0	26.8	26.9	26.7	73.2	95.0
40.0	27.1	27.2	27.0	77.2	100.0

10.2. Auswertung der relevanten Ergebnisse aller Beispiele und Ermittlung von Trends

Die Ergebnisse der sehr zahlreichen Rechnungen werden getrennt nach Verlegevariante ausgewertet. Ergänzende Untersuchungen erfolgen im Abschnitt 13. (vgl. auch Bild 13.5).

10.2.1. Kapillarrohrmatte in der Kleberschicht

Es wurden zahlreiche Einsatzvariationen gemäß dem in den Bildern 10.1 und 10.2 gezeigten Grundaufbau berechnet. Als *Basisdaten* galten: $\delta = 9$ mm ($\Delta_i = 0{,}006$ m; $\Delta_a = 0{,}003$ m); $\lambda = 1$ W/(m K); $d_2 / d_1 = 3{,}4$ mm / 2,3 mm; $\lambda_R = 0{,}21$ W/(m K); $\overline{w} = 0{,}1$ m/s; $l = 15$ mm; $\delta_{RSpalt} = 0$ (kein Luftspalt); $\delta_L = 0$ (kein Wärmeleitblech); $\delta_{a1} = 40$ mm, $\lambda_{a1} = 0{,}04$ W/(m K), $\delta_{a2} = 200$ mm, $\lambda_{a2} = 2{,}1$ W/(m K) (Dämmschicht und Decke); $t_i = 20$ °C; $t_a = 18$ °C. Variationen dieser Parameter werden speziell angegeben.

Als *Beläge* wurden vorgesehen:

- Fliesen ($R_\lambda = 0{,}01$ m²K/W)
- Kunststoffbelag ($R_\lambda = 0{,}022$ m²K/W)
- Parkett ($R_\lambda = 0{,}05$ m²K/W)
- Teppichboden ($R_\lambda = 0{,}15$ m²K/W).

Die berechneten *Wärmeleistungen in Abhängigkeit der Übertemperaturen* (Heizwassertemperatur - Raumtemperatur) und die mittleren Übertemperaturen sind im Bild 10.5 aufgezeichnet.

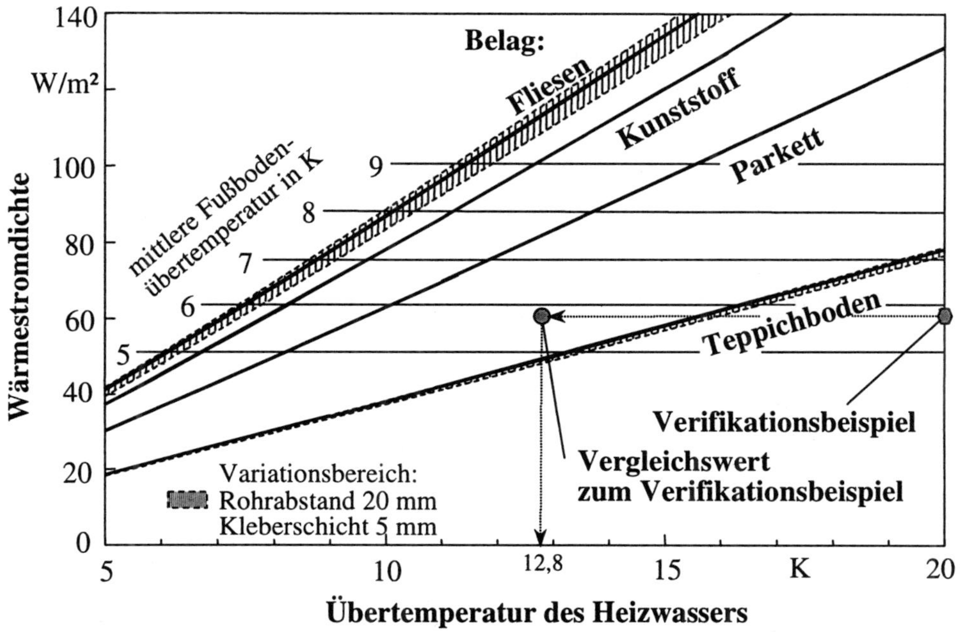

Bild 10.5 Wärmestromdichte (Heizleistung) und mittlere Fußbodenübertemperatur in Abhängigkeit der Heizwasserübertemperatur einer Fußbodenheizung berechnet nach dem Algorithmus für Naßverlegeverfahren für Kapillarrohrmatten mit einem Rohrabstand von 15 mm in einer 9 mm dicken Kleberschicht
Das Verifikationsbeispiel (siehe Seite 52) entspricht einem konventionellen Naßsystem, der zugehörige Vergleichswert gilt für Kapillarrohrmatten mit 20 mm Rohrabstand, die in einer 5 mm dicken Kleberschicht integriert sind.

Der bei den Kapillarrohrmatten übliche kleine Rohrabstand führt zu einem völlig veränderten wärmetechnischen Verhalten als bei konventionellen Fußbodenheizungen üblich. So haben z. B. die Kleberparameter (Dicke und Wärmeleitfähigkeit) nicht mehr die große Bedeutung auf die Leistung wie dies die Estricheigenschaften darstellten.

Eine *Sensitivitätsbetrachtung* liefert für eine Wassertemperatur $\bar{t}_F$ = 30 °C folgende Ergebnisse:

- Die Vergrößerung des Rohrabstandes von 15 mm auf 20 mm bewirkt nur geringe Leistungseinbußen. Diese sind logischerweise kleiner bei größeren Kleberdicken und Wärmeleitwiderständen des Belages. Erst bei sehr kleiner Wärmeleitfähigkeit des Klebers wächst der Einfluß.

Kleberdicke	*9 mm*	*5 mm*
Fliesen	-3,7 %	-4,5 %
Kunststoff	-3,3 %	-4,0 %
Parkett	-2,7 %	-3,3 %
Teppich	-1,6 %	-2,1 %

Kleberdicke 5 mm; λ = 0,3 W/(m K) *Kunststoffbelag*	
l = 10 mm	+6,6 %
l = 15 mm	Bezugswert
l = 20 mm	-7,7 %

- Die Wärmeleistung ändert sich bei Variation der Wärmeleitfähigkeit des Klebers im üblichen Bereich $\lambda \approx 1,0 \pm 0,2$ W/(m K) nur geringfügig. Für Kunststoffbelag gelten:

Kleberdicke	*9 mm*	*5 mm*
λ = 1,2 W/(m K)	+1,0 %	0,8 %
λ = 1,0 W/(m K)	Bezugswert	Bezugswert
λ = 0,8 W/(m K)	-1,4 %	-1,0 %
λ = 0,3 W/(m K)	-12,2 %	-8,5 %

- Die Verringerung der Kleberdicke von 9 mm auf 5 mm führt zu einer Erhöhung der Wärmeleistung um 1 ... 2 %, d. h., trotz $\lambda = 1$ W/(m K) wirkt die Kleberschicht "dämmend".
- Die Reduzierung der Wassergeschwindigkeit von $\overline{w} = 0,1$ m/s auf 0,05 m/s in den Rohren ergab keine Veränderung der Wärmeleistung. Bei Kapillarrohrmatten liegen stets laminare Strömungsverhältnisse vor.
- Eine zusätzliche, unter den Rohren liegende Folie als Wärmeleitschicht bewirkt nur eine geringe Leistungssteigerung. Selbst eine Alulamelle kann nicht empfohlen werden, da es zur Leistungssteigerung bessere Möglichkeiten gibt. Es gelten für Kunststoffbelag, Kleberdicke 5 mm und Rohrabstand 20 mm:

Wärmeleitfähigkeit des Klebers	*λ = 1 W/(m K)*	*λ = 0,3 W/(m K)*
Folie ($\delta_L = 0,8$ mm; $\lambda_L = 0,3$ W/(m K))	+0,1 %	+1,5 %
Alufolie ($\delta_L = 0,8$ mm; $\lambda_L = 200$ W/(m K))	+2,5 %	+7,4 %

10.2.2. Kapillarrohrmatte in Profilfolie

Die Variantenrechnungen bauten auf den Konstruktionen der Bilder 10.3 und 10.4 auf. Die **Basisdaten** lauten: $\delta_a = 0,8$ mm; $\lambda_a = 0,3$ W/(m K); $\delta_i = 4$ mm; $\lambda_i = 1$ W/(m K); $d_2 / d_1 = 3,4$ mm / 2,3 mm; $\lambda_R = 0,21$ W/(m K); $\overline{w} = 0,1$ m/s; $l_{Rohr} = 15$ mm; $\varphi_0 = 135°$; $\delta_{RSpalt} = \delta_{FSpalt} = 0$ (keine Luftspalte); $\delta_{a1} = 40$ mm, $\lambda_{a1} = 0,04$

W/(m K), δ_{a2} = 200 mm, λ_{a2} = 2,1 W/(m K) (Dämmschicht und Decke); t_i = 20 °C; t_a = 18 °C.

Als *Beläge* wurden wiederum vorgesehen: Fliesen (R_λ = 0,01 m²K/W)

Kunststoffbelag (R_λ = 0,022 m²K/W)

Parkett (R_λ = 0,05 m²K/W)

Teppichboden (R_λ = 0,15 m²K/W).

Die berechneten *Wärmeleistungen* sind im Bild 10.6 aufgezeichnet.

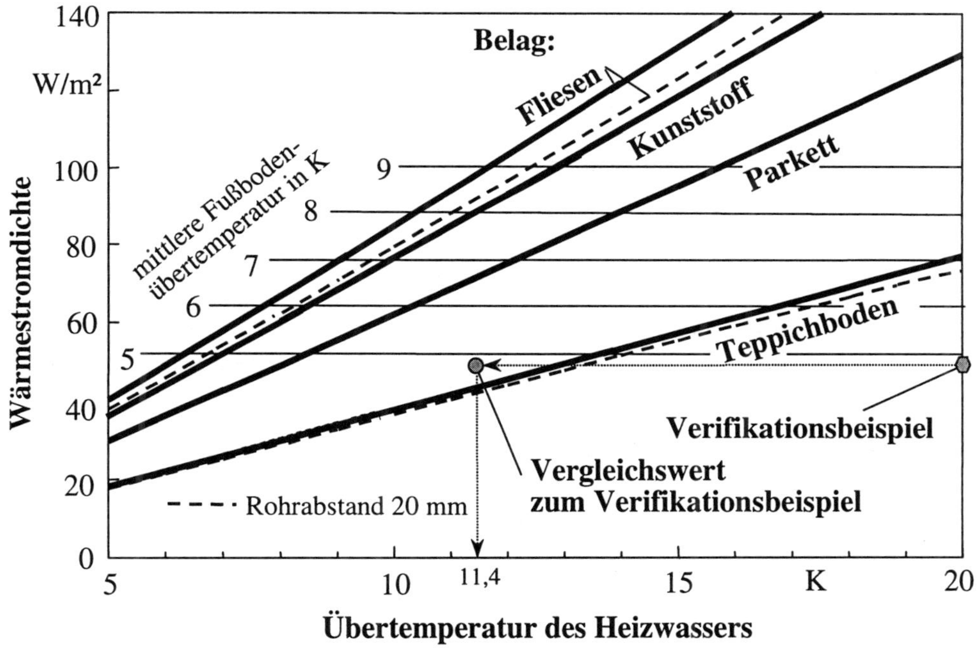

Bild 10.6 Wärmestromdichte (Heizleistung) und mittlere Fußbodenübertemperatur in Abhängigkeit der Heizwasserübertemperatur einer Fußbodenheizung berechnet nach dem Algorithmus für Trockenverlegeverfahren für Kapillarrohrmatten mit einem Rohrabstand von 15 mm in einer 0,8 mm dicken Trägerfolie mit einer 4 mm dicken Kleberschicht
Das Verifikationsbeispiel (siehe Seite 99) entspricht einem konventionellen Trockensystem, der zugehörige Vergleichswert gilt für Kapillarrohrmatten mit 20 mm Rohrabstand und eine 2 mm dicke Kleberschicht.

Parametervariationen für eine Wassertemperatur $\bar{t}_F$ = 30 °C ergeben nachfolgende Abhängigkeiten:

- Die Vergrößerung des Rohrabstandes von 15 mm auf 20 mm bewirkt größere Leistungseinbußen als bei der Verlegung der Kapillarrohre in einer reinen Kleberschicht.

Kleberdicke	*4 mm*	*2 mm*
Fliesen	-6,5 %	-8,2 %
Kunststoff	-5,9 %	-7,6 %
Parkett	-4,8 %	-6,4 %
Teppich	-3,2 %	-4,3 %

Kleberdicke 2 mm; λ = 0,3 W/(m K) *Kunststoffbelag*	
l = 10 mm	+11,9 %
l = 15 mm	Bezugswert
l = 20 mm	-12,3 %

- Die Wärmeleistung ändert sich bei Variation der Wärmeleitfähigkeit des Klebers im üblichen Bereich $\lambda \approx 1{,}0 \pm 0{,}2$ W/(m K) nur geringfügig. Für Kunststoffbelag gelten:

Kleberdicke	*4 mm*	*2 mm*
λ = 1,2 W/(m K)	+0,4 %	+0,7 %
λ = 1,0 W/(m K)	Bezugswert	Bezugswert
λ = 0,8 W/(m K)	-0,7 %	-0,9 %
λ = 0,3 W/(m K)	-4,7 %	-6,9 %

- Die Verringerung der Kleberdicke von 4 mm auf 2 mm führt zu einer Reduzierung der Wärmeleistung um 1 ... 3 % bei l_{Rohr} = 15 mm und um 2 ... 4 % bei l_{Rohr} = 20 mm.
- Die Reduzierung der Wassergeschwindigkeit von $\overline{w}$ = 0,1 m/s auf 0,05 m/s in den Rohren ergab wiederum keine Veränderung der Wärmeleistung.
- Die Veränderung der Wärmeleitfähigkeit der Profilfolie ergab bei Kunststoffen keine relevanten Leistungsunterschiede. Der Einsatz einer Alufolie kann wegen des großen Herstellungsaufwandes nicht empfohlen werden. Für Kunststoffbelag gelten:

Wärmeleitfähigkeit der Folie	*λ_a = 0,2 W/(m K)*	*λ_a = 0,3 W/(m K)*	*λ_a = 200 W/(m K)*
l_{Rohr} = 15 mm	-0,9 %	Bezugswert	+9,4 %
l_{Rohr} = 20 mm	-1,2 %	Bezugswert	+14,1 %

- Eine Verkleinerung des Umschlingungswinkels von φ_0 = 135° auf 90° ergab für Kunststoffbelag eine Leistungszunahme um 3,8 %. Dieses Ergebnis ist durch die höhere Wärmeleitfähigkeit des Klebers als die der Folie und der Erhöhung des Anteils der Kleberumhüllung begründet.
- Luftspalte wirken sich stark reduzierend auf die Heizleistung aus und sollten durch gutes Verspachteln unbedingt vermieden werden. Die Untersuchungen für Kunststoffbelag ergeben:

	$\delta_{RSpalt} = 0$	$\delta_{RSpalt} = 0{,}1$ mm	$\delta_{RSpalt} = 0{,}5$ mm
$\delta_{FSpalt} = 0$	Bezugswert	-7,7 %	-25,6 %
$\delta_{FSpalt} = 0{,}1$ mm	-3,1 %	-10,3 %	
$\delta_{FSpalt} = 0{,}5$ mm	-13,6 %		-33,6 %

10.2.3. Zusammenfassung der Auswertung

- Für *Fußbodenheizflächen mit Kapillarrohrmatten* konnten *zwei Algorithmen zur Ermittlung der Heizleistung* gefunden werden. Diese wurden an Hand der DIN 4725 Teil 2 für konventionelle Systeme *verifiziert.* Die Übereinstimmung der Werte ist sehr gut. Damit sind alle derzeit bekannten konventionellen und neuzeitlichen Flächenheiz- und Flächenkühlsysteme bezüglich ihres wärmetechnischen Verhaltens berechenbar.

- Die *Fußbodenheizfläche mit Kapillarrohrmatten* ist *sehr leistungsfähig*. Somit können hohe Wärmeströme bei relativ niedrigen Übertemperaturen des Heizwassers erreicht werden (Bilder 10.5 und 10.6).

- Den Verifikationsbeispielen liegen reale, konventionelle Konstruktionen gemäß Naß- und Trockenverlegeverfahren zugrunde. Die Leistungen wurden für Übertemperaturen von 20 K berechnet. Sie stimmen mit den Herstellerangaben überein. Für die gleichen Heizleistungen ergeben sich unter Annahme von Kapillarrohrlösungen erforderliche Übertemperaturen von:

  - Naßverlegeverfahren nach Bild 10.5 (Kleberdicke 5 mm; Rohrabstand 20 mm)
    $\Rightarrow$ 12,8 K

  - Trockenverlegeverfahren nach Bild 10.6 (Kleberdicke 2 mm; Rohrabstand 20 mm)
    $\Rightarrow$ 11,4 K.

  Die vorgestellten Berechnungspunkte sind in den Bildern 10.5 und 10.6 eingetragen. Bei heute üblicher Wärmedämmung sind *mittlere Heizwassertemperaturen unter 27 °C im Auslegungsfall möglich.*

- Eine *Senkung der mittleren Heizmedientemperatur* eröffnet ganz *neue Perspektiven* beim Einsatz von *Wärmepumpen* und der *direkten Umweltenergienutzung* über lange Zeiträume des Jahres.

- Der sehr einfache Aufbau des Systems gestattet es, dieses auch kostengünstig z. B. als *zusätzliche Brüstungs-* und sogar als *Fensterbankheizflächen* auszubilden. Dadurch können die Nachteile der Fußbodenheizung (Kaltluftabfall und Strahlungstemperatur-Asymmetrie durch die Fenster) vermieden und infolge der

Heizflächenvergrößerung die mittleren Heizwassertemperaturen sogar noch weiter abgesenkt werden.

- Die *Temperaturwelligkeit* an der Oberfläche ist beim Kapillarrohrsystem *außerordentlich klein.* Gegenüber den Verifikationsbeispielen ergab sich eine Reduzierung beim:

  - Naßverlegeverfahren von 0,9 K auf 0,2 K
  - Trockenverlegeverfahren von 2,2 K auf 0,5 K.

- Für die Wärmeleistung von Heizflächen gilt generell die Näherungsbeziehung $\dot{q}=K\Delta t^{n}$, mit Δt logarithmische Temperaturdifferenz und n Heizflächenexponent. Dieser schwankt nach DIN 4725 bei konventionellen Fußbodenheizungen im Bereich $1{,}0 < n < 1{,}05$. Nach Auswertungen in [3] ergab sich jedoch ein Streubereich: $1{,}0 < n < 1{,}15$. Die für die Kapillarrohrmatten beider Verlegesysteme durchgeführten Berechnungen ergaben in Abhängigkeit des Belages für den *Heizflächenexponent* die Mittelwerte:

Fliesen	$n = 1{,}08$
Kunststoff	$n = 1{,}07$
Parkett	$n = 1{,}06$
Teppich	$n = 1{,}04$.

- Die *Konstruktionshöhen* bei Kapillarrohrsystemen können aus wärmetechnischer Sicht *sehr klein* gehalten werden. Die Kapillarrohre werden beispielsweise direkt im Klebemörtel für die Fliesen eingebettet oder in eine Profilfolie eingeklipst und mit Klebemörtel verspachtelt und beschichtet.

- Lufteinschlüsse bei der Rohreinbettung im Estrich sind - wie bei jedem konventionellen System auch - unbedingt durch *sorgfältige Verlegung* zu vermeiden. Durch das Auftragen mit der Spachtel dürfte dies gesichert sein.

- Wegen der sehr kleinen Rohrabstände (z. B. 15 mm) hat die Wärmeleitfähigkeit des Klebers nicht die sonst übliche, große Bedeutung wie beim Einsatz von Estrich, was sehr vorteilhaft ist.

- Die berechneten Systeme sind auch sehr gut zur *Altbausanierung* geeignet.

- Diesen Konstruktionen kann zusätzlich eine *sommerliche Kühlfunktion* mit "Kälte" aus Erdreichkollektoren oder Kellerfußböden übertragen werden (Berechnung im Abschnitt 17.).

- *Ergänzende Untersuchungen* zum Leistungsvergleich und vor allem zur Dynamik von Fußbodenheizungen werden im *Abschnitt 13.* durchgeführt.

11. Zweidimensionale, instationäre Wärmeleitung in homogenen Bauteilen mit integrierten Rohrregistern

Zur Berechnung der zweidimensionalen, instationären Temperaturverteilung in homogenen, isotropen Körpern ist die FOURIERsche Differentialgleichung in zweidimensionaler Form

$$\frac{\partial t}{\partial \tau} = a \left(\frac{\partial^2 t}{\partial x^2} + \frac{\partial^2 t}{\partial y^2} \right) \tag{11.1}$$

mit der Temperaturleitfähigkeit

$$a = \frac{\lambda}{\rho\, c} \tag{11.2}$$

zu lösen. Weiterhin bedeuten: λ Wärmeleitfähigkeit, ρ Dichte und c spezifische Wärmekapazität der homogenen Schicht.

Selbstverständlich kann der betrachtete Körper aus mehreren homogenen Schichten bestehen. Zunächst wird nur eine einzelne Platte betrachtet.

11.1. Algorithmus

Viele instationäre Wärmeleitprobleme sind einer geschlossenen mathematischen Lösung nicht zugängig, da komplizierte, heterogene Rand- und Anfangsbedingungen sowie komplizierte Körperformen vorliegen.

In der Vergangenheit wurden in vielen Fällen grafische Lösungsverfahren eingesetzt, so beispielsweise für eindimensionale, instationäre Wärmeleitprobleme das bekannte BINDER-SCHMIDT-Verfahren. Zahlreiche spezielle grafische Konstruktionen sind entwickelt worden, um zu praxisgerechten, relativ genauen Lösungen zu gelangen. Dies betraf vor allem die Bauteilberandungen zu einem angrenzenden Fluid (Randbedingung dritter Art), die Berührung von zwei Schichten mit unterschiedlichen Wärmeleitfähigkeiten (Randbedingung zweiter Art) usw.

Im Zeitalter der Rechentechnik werden nunmehr in großem Umfang *numerische Lösungsverfahren* verwendet. Ausgefeilte Methoden gestatten rationelle Lösungen hinsichtlich Speicherplatz und Rechengeschwindigkeit. Wichtig ist hierbei stets das Konvergenzverhalten.

Ziel der vorliegenden Untersuchung ist es, ein Verfahren vorzustellen, das quasi von jedermann an die spezielle Problematik angepaßt werden kann. Aus diesem Grund wird im weiteren ein sehr einfaches, sofort verständliches Verfahren benutzt. Die besonderen Approximationen, die für das grafische Verfahren an den Bauteilrändern entwickelt wurden, können dabei in anschaulicher Weise in den numerischen Algorithmus integriert werden.

Die Differentialgleichung (11.1), die das instationäre Temperaturfeld allgemeingültig beschreibt, wird in Vorbereitung auf eine numerische Lösung als *Differenzengleichung* geschrieben:

$$\frac{\Delta t}{\Delta \tau} = a \left[\frac{\Delta}{\Delta x}\left(\frac{\Delta t}{\Delta x}\right) + \frac{\Delta}{\Delta y}\left(\frac{\Delta t}{\Delta y}\right) \right] \tag{11.3}$$

Der Differenzenquotient $\Delta t/\Delta\tau$ ist bei gleicher Ortskoordinate und die Differenzenquotienten $\Delta t/\Delta x$ bzw. $\Delta t/\Delta y$ sind bei gleicher Zeitkoordinate zu bilden.

Dem Algorithmus liegt dabei eine fest definierte Gittergestaltung mit den Abständen Δx und Δy sowie eine bestimmte Zeitschrittweite $\Delta\tau$ zugrunde. Weiterhin bedeuten: i Laufvariable in x-Richtung und j Laufvariable in y-Richtung. Schließlich stellt Zeit den Zeitschrittzähler dar. Für die Temperatur gilt somit:

$t_{i,j,Zeit}$ °C Temperatur des Bauteils an der Stelle i (x_i) ; j (y_j) zum Zeitpunkt Zeit (τ_{Zeit}).

Die Gittergestaltung und die Zuordnung der Größen sind aus Bild 11.1 ersichtlich.

$$\frac{t_{i,j,Zeit+1} - t_{i,j,Zeit}}{\Delta\tau} = a\,\frac{t_{i+1,j,Zeit} - 2t_{i,j,Zeit} + t_{i-1,j,Zeit}}{\Delta x^2} + a\,\frac{t_{i,j+1,Zeit} - 2t_{i,j,Zeit} + t_{i,j-1,Zeit}}{\Delta y^2}\,. \tag{11.4}$$

Das Verfahren arbeitet rein explizit im Zeitschritt, weshalb aus Stabilitätsgründen eine Beschränkung für den Zeitschritt

$$\Delta\tau < \frac{1}{2a\left(\frac{1}{\Delta x^2} + \frac{1}{\Delta y^2}\right)} \tag{11.5}$$

gilt. D.h., die geometrischen Diskretisierungen Δx und Δy nehmen direkt Einfluß auf den Zeitschritt $\Delta\tau$.

Ausgehend von einer bekannten Temperaturverteilung zum Zeitpunkt "Zeit", folgt die explizite Darstellung der Temperaturen an jedem Punkt i,j am Ende des Zeitintervalls $\Delta\tau$ - also zum Zeitpunkt "Zeit+1" - sofort aus Gl. (11.4) zu:

$$t_{i,j,Zeit+1} = t_{i,j,Zeit} + \frac{a\,\Delta\tau}{\Delta x^2}\left(t_{i+1,j,Zeit} - 2t_{i,j,Zeit} + t_{i-1,j,Zeit}\right) + \frac{a\,\Delta\tau}{\Delta y^2}\left(t_{i,j+1,Zeit} - 2t_{i,j,Zeit} + t_{i,j-1,Zeit}\right). \tag{11.6}$$

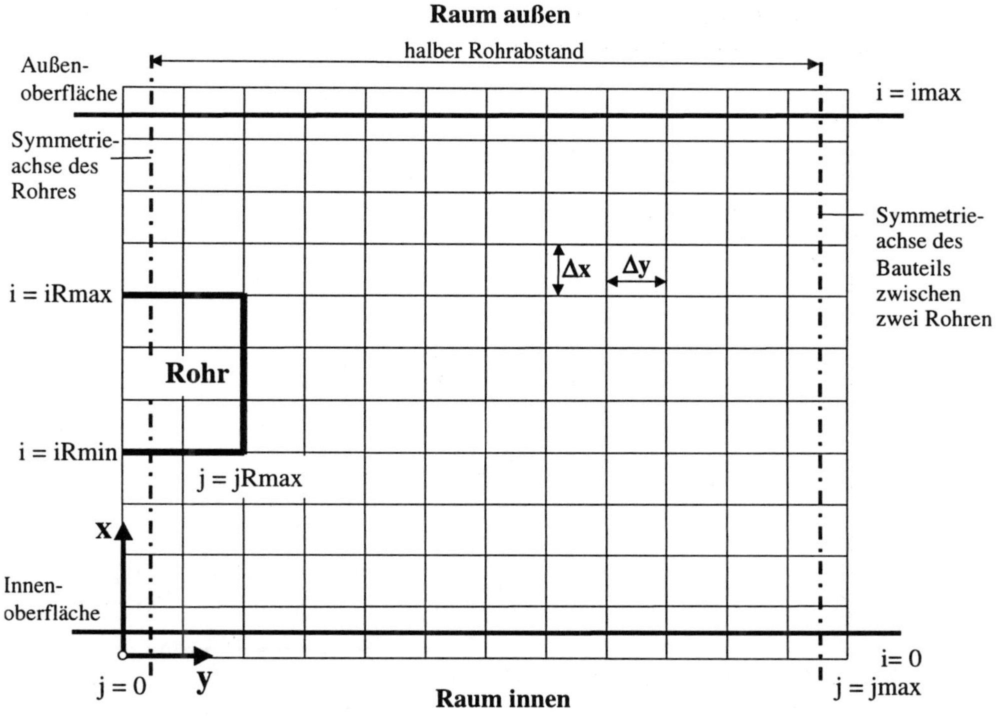

Bild 11.1 Gitter für die dynamische, zweidimensionale Berechnung des Temperaturfeldes im Bauteil nach einem numerischen Verfahren mit Darstellung der verwendeten Approximationen für die Rohre und Bauteilbegrenzungen

Als Besonderheiten werden bei der Algorithmusgestaltung berücksichtigt (vgl. Bild 11.1):

- Es wird stets ein Bauteilabschnitt von Rohrmitte bis zur Symmetrieachse zwischen zwei Rohren betrachtet. Damit gelten für die Temperaturen, abgeleitet aus den Symmetriebedingungen, die Zusammenhänge:

$$t_{i,j=0,Zeit} = t_{i,j=1,Zeit} \; ; \qquad t_{i,jmax,Zeit} = t_{i,jmax-1,Zeit} \; . \tag{11.7}$$

- Das Rohr wird als Rechteck - vorzugsweise als Quadrat - approximiert und von einer Symmetrielinie zwischen zwei j-Gitterlinien geschnitten.
- Das Rohr besteht aus minimal vier Gitterpunkten. In der Regel werden jedoch 12 bis 32 Gitterpunkte verwendet.
- Die äußere und die innere Bauteiloberfläche liegen jeweils auf einer Symmetrielinie zwischen zwei i-Gitterlinien, d. h., die begrenzenden Gitterlinien i = 0 und i = imax liegen um eine halbe Schichtdicke außerhalb des Bauteils. Da-

durch wird die Genauigkeit bei Randbedingungen 3. Art (Wärmeübergangsbedingung) erhöht (Einzelheiten siehe Bild 11.2).

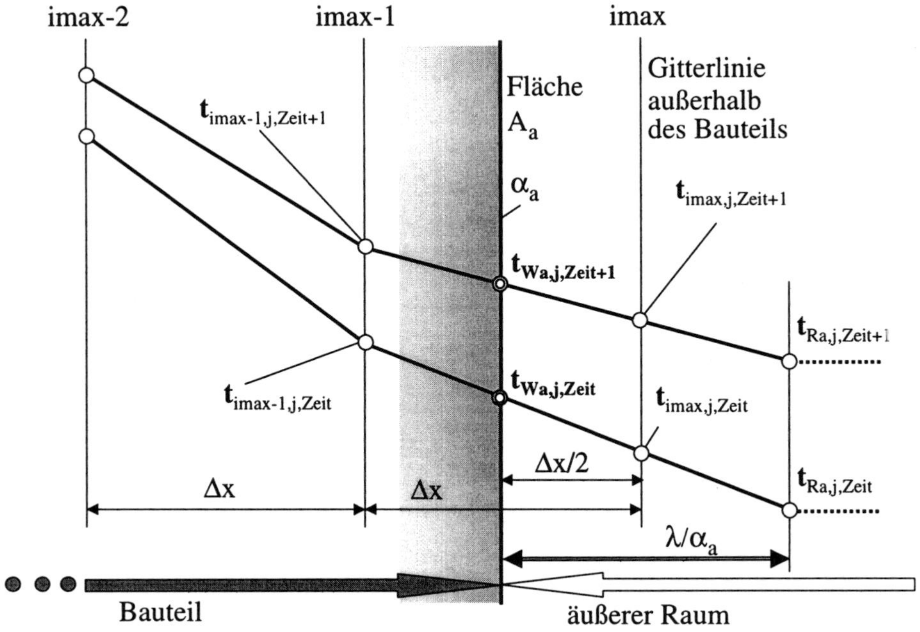

Bild 11.2 Temperaturverhältnisse in einem außenliegenden Element eines Festkörpers, der an ein Fluid - hier an einen Raum - (Randbedingung dritter Art) grenzt

Der Wärmestrom, der durch die Bauteilbegrenzung (z. B. durch eine Wand) mit der Oberflächentemperatur t_{Wa} nach außen tritt, lautet unter der Bedingung gleicher Temperatur in y-Richtung auf der Raumseite t_{Ra} für jeden Zeitpunkt

$$\dot{Q}_a = -\lambda \frac{dt}{dx} A_a = \alpha_a (t_{Wa} - t_{Ra}). \qquad (11.8)$$

Da der Anstieg der Tangente an die Temperaturkurve in Elementmitte gut mit der Sekante - aufgespannt durch die Temperaturen an den Elementgrenzen - übereinstimmt, wird bei Randbedingungen dritter Art die Wandoberfläche auf die Elementmitte gelegt. Damit kann die obige Gleichung allgemeingültig für die äußere Wandbegrenzung

$$\lambda \frac{t_{i\,max-1,j,Zeit} - t_{i\,max,j,Zeit}}{\Delta x} = \alpha_a (t_{Wa,j,Zeit} - t_{Ra,j,Zeit}) \qquad (11.9)$$

geschrieben werden, woraus nach Umformung

$$\frac{t_{i\,max-1,j,Zeit} - t_{i\,max,j,Zeit}}{t_{Wa,j,Zeit} - t_{Ra,j,Zeit}} = \frac{\Delta x}{\frac{\lambda}{\alpha_a}} \tag{11.10}$$

folgt. Diese Beziehung ist im Bild 11.2 grafisch veranschaulicht. Da sie zeitunabhängig gilt, kann die Oberflächentemperatur auch für jeden neuen Zeitschritt sofort bestimmt werden:

$$t_{Wa,j,Zeit+1} = 0{,}5\,(t_{imax-1,j,Zeit+1} + t_{imax,j,Zeit+1}). \tag{11.11}$$

Daraus folgt dann die Temperatur auf der außenliegenden Elementgrenze zum neuen Zeitpunkt:

$$\frac{t_{i\,max-1,j,Zeit+1} - t_{i\,max,j,Zeit+1}}{t_{i\,max-1,j,Zeit+1} - t_{Ra,j,Zeit+1}} = \frac{\Delta x}{0{,}5\,\Delta x + \frac{\lambda}{\alpha_a}} \tag{11.12}$$

$$t_{i\,max,j,Zeit+1} = t_{i\,max-1,j,Zeit+1} - (t_{i\,max-1,j,Zeit+1} - t_{Ra,j,Zeit+1})\,\frac{\Delta x}{0{,}5\,\Delta x + \frac{\lambda}{\alpha_a}}. \tag{11.13}$$

Liegt auf der Bauteilinnenseite auch eine Randbedingung dritter Art vor, so ergeben sich analog die innere Oberflächentemperatur und die Temperatur auf der innenliegenden Elementgrenze:

$$t_{Wi,j,Zeit+1} = 0{,}5\,(t_{0,j,Zeit+1} + t_{1,j,Zeit+1}) \tag{11.14}$$

$$t_{0,j,Zeit+1} = t_{1,j,Zeit+1} - (t_{1,j,Zeit+1} - t_{Ri,j,Zeit+1})\,\frac{\Delta x}{0{,}5\,\Delta x + \frac{\lambda}{\alpha_i}}. \tag{11.15}$$

Ähnlich wie bei einer Randbedingung erster Art ist das Verfahren bei sprunghafter Temperaturänderung anfangs ungenau. Bei einer Verfeinerung des Verfahrens wäre dann aber zwischen den verschiedenen Arten der Temperaturänderungen zu unterscheiden. Am einfachsten ist es, die Zeitschrittweite klein zu gestalten.

- Die Rohroberflächentemperatur wird als Randbedingung 1. Art angesetzt. Ihre Größe wird den realen Verhältnissen angepaßt, indem der Wärmestrom vom Rohr an das Bauteil $\dot{q}_R$ im vorhergehenden Zeitschritt "Zeit-1" berechnet und dann die Oberflächentemperatur für das reale Rohr (d_1; d_2; λ_R) aus der gegebenen Fluidtemperatur (Wassertemperatur) $\bar{t}_F$ bestimmt wird. Es gelten:

  - approximierte Rohraußenfläche

$$A_i = 4\,(jRmax - 0{,}5)\,\Delta y + 2\,(iRmax - iRmin)\,\Delta x \tag{11.16}$$

- Hüllfläche des Rohres in einem Gitterabstand

$$A_a = 4\,(jRmax + 0{,}5)\,\Delta y + 2\,(iRmax - iRmin + 2)\,\Delta x \tag{11.17}$$

- logarithmisches Flächenmittel

$$A_{Rm} = \frac{A_a - A_i}{\ln \dfrac{A_a}{A_i}} \tag{11.18}$$

- Rohrwärmestrom

Es werden zunächst die Gradienten zwischen dem Rohrgitter und dem Gitter der Hüllfläche in der Form

$(t_{iRmin,j,Zeit-1} - t_{iRmin-1,j,Zeit-1})/\Delta x$ für alle j = 1 bis jRmax

$(t_{iRmax,j,Zeit-1} - t_{iRmax+1,j,Zeit-1})/\Delta x$ für alle j = 1 bis jRmax

$(t_{i,jRmax,Zeit-1} - t_{i,jRmax+1,Zeit-1})/\Delta y$ für alle i = iRmin bis iRmax

gebildet und arithmetisch zu Δt_m gemittelt, woraus folgt:

$$\dot{q}_R = \lambda\ \Delta t_m\, A_{Rm}\,. \tag{11.19}$$

- Rohrtemperatur zum Zeitpunkt Zeit

$$t_{Rohr,Zeit} = \bar{t}_{F,Zeit} - \frac{\dot{q}_R}{\pi\, d_1\, \kappa_R} \tag{11.20}$$

- Teilwärmedurchgangskoeffizient

Dieser wird sehr einfach gebildet, indem mit einem vorgegebenen Wärmeübergangskoeffizienten α_F gearbeitet wird. Es gilt dann, bezogen auf die Rohrinnenfläche

$$\kappa_R = \left(\frac{1}{\alpha_F} + \frac{d_1}{2\lambda_R}\ln\frac{d_2}{d_1}\right)^{-1}. \tag{11.21}$$

Selbstverständlich wären hierbei weitere Verfeinerungen, wie z. B. eine genaue Berechnung der Wärmeübergangskoeffizienten mit Hilfe von Nußeltgleichungen, eine Berücksichtigung eines eventuellen Luftspaltes um das Rohr usw. möglich. Es müßten dann die Gln. (7.82) bis (7.87) in Ansatz kommen. Im Endeffekt lieferte eine nach t_2 aufgelöste Gleichung (7.90) die äußere Rohrwandtemperatur.

Eine Dämpfung bei Temperatursprüngen ist eingebaut, da entsprechend der Eigenart von Differenzenverfahren zunächst sehr große Wärmestromdichten entstehen können.

- Die Wassertemperatur $\bar{t}_F$ und die Temperaturen des inneren sowie des äußeren Raumes t_{Ri} bzw. t_{Ra} können als Zeitfunktionen vorgegeben werden.

- Die Wärmeübergangskoeffizienten (Konvektion und Strahlung) vom Bauteil zum inneren Raum α_i bzw. zum äußeren Raum α_a können nahezu beliebig formuliert werden. Es gelten auch für den vorliegenden Fall die Empfehlungen der Gln. (7.91) bis (7.96).

- Wärmedämmungen - bzw. schlecht wärmeleitende Schichten auf der/den Bauteilaußenseiten werden nur stationär, eindimensional wärmeleitend betrachtet. Es erfolgt deshalb in bereits mehrfach praktizierter Weise z. B. eine Zusammenfassung des Wärmeleitwiderstandes eines äußeren Belages (δ_a/λ_a) mit α_a zu einem Teilwärmedurchgangskoeffizienten

$$\kappa_a = \left(\frac{1}{\alpha_a} + \frac{\delta_a}{\lambda_a} \right)^{-1} . \qquad (11.22)$$

  Er wird im Algorithmus wie ein Wärmeübergangskoeffizient behandelt. Im allgemeinsten Fall würden für κ die Gln. (7.37) und (7.38) in Ansatz zu bringen sein.

- Die Wärmeströme in die angrenzenden Räume (innen und außen) ergeben sich aus der Beziehung für den Wärmetransport durch Leitung im Festkörper

$$\dot{q} = -\lambda \frac{dt}{dx} \qquad (11.23)$$

  für den Randbereich unter Beachten, daß die Bauteilberandungen innerhalb des Gitters liegen, zu:

$$\dot{q}_i = \lambda \frac{t_{1,j,Zeit} - t_{0,j,Zeit}}{\Delta x} \qquad (11.24)$$

$$\dot{q}_a = \lambda \frac{t_{i\,max-1,j,Zeit} - t_{i\,max,j,Zeit}}{\Delta x} . \qquad (11.25)$$

  Entsprechend der getroffenen Definitionen sind die vom Bauteil in die Räume gerichteten Wärmeströme positiv.

- Werden die Rohre zeitweise nicht durchflossen (passiv), dann wird das Bauteil als homogen betrachtet.

- Die im Bauteil gespeicherte Wärme wird für die Temperatur eines jeden Gitterpunktes berechnet, wobei auf $t_{RBezug,Zeit}$ - in der Regel ist dies die Temperatur des inneren Raumes $t_{Ri}(\tau)$ - bezogen wird. Es gilt für die Speicherwärme in einem Element der Länge 1 m:

$$q_S = \rho\, c\, \Delta x\, \Delta y\, (t_{i,j,Zeit} - t_{RBezug,Zeit}). \qquad (11.26)$$

  Sinnvoll ist die Angabe der Speicherwärme in Wh/m². Entsprechende Umrechnungen sind dann vorzunehmen.

- Es werden Bilanzrechnungen über die vom Rohr ins Bauteil eingetragene Wärme, die vom Bauteil an den inneren Raum und an den äußeren Raum abgegebene Wärme sowie über die gespeicherte Wärme vorgenommen. Hierbei ist die Genauigkeit allerdings begrenzt, da die Wärmeströme über mittlere Temperaturgradienten bestimmt werden.

11.2. Rechenprogramm

Das Rechenprogramm basiert auf dem Algorithmus des vorangegangenen Abschnittes 11.1. Es ist damit sofort geeignet beispielsweise das dynamische Verhalten von Decken zu untersuchen und bildet eine inhaltliche Ergänzung zu den Abschnitten 7. und 8.

- **Abarbeitung des Programms**

Die Berechnung wird für einen vorgegebenen Zeitraum vorgenommen. Für diesen Bereich sind die zeitlichen Verläufe der Raumtemperaturen und der Wassertemperatur gegeben. Der Einfachheit halber ist der wasserseitige Wärmeübergangskoeffizient α_F determiniert. Die raumseitigen Wärmeübergangskoeffizienten werden für die Temperaturen des jeweils vorhergehenden Zeitschrittes bestimmt. Die markanten Berechnungsschritte sind nachfolgend zusammengestellt.

1. Vorgabe der Anfangstemperaturverteilung (Temperaturen an allen Gitterpunkten); sie kann auch mit Hilfe eines speziellen Algorithmus aus einem stationären Fall entwickelt werden
2. Berechnung des Teilwärmedurchgangskoeffizienten κ_R für das reale Rohr (d_1, d_2, λ_R) und das vorgegebene α_F
   Ein eventueller Luftspalt um das Rohr könnte bei einer entsprechenden Programmergänzung berücksichtigt werden.
3. Berechnung der Flächenverhältnisse um das Rohr (Gln. (11.16) bis (11.18)
4. Berechnung der Temperaturleitfähigkeit a sowie der wiederkehrenden Abkürzungen Kx und Ky
5. Vorgabe von raumseitigen Wärmeübergangskoeffizienten α_i und α_a für die erste Rechnung
6. Überprüfung der vorgegebenen Zeitschrittweite auf Einhaltung der Konvergenzbedingung gemäß Gl. (11.5) $\Rightarrow$ Bei Nichterfüllung Programmstopp!
7. *Beginn der Zeitschleife* zur schrittweisen, instationären Temperaturberechnung im Bauteil zum Zeitpunkt τ
8. Vorgabe der mittleren Fluidtemperatur $\bar{t}_F$ (Wassertemperatur) für den Zeitpunkt τ

Berechnung der neuen Rohraußentemperatur t_{Rn} und Berücksichtigung einer starken Dämpfung bei plötzlichen Temperaturänderungen mit dem Ergebnis t_R

Füllen des gesamten Rohrbereiches mit t_R

Falls die Rohre nicht betrieben werden (passive Phase), entfällt dieser Punkt.

9. Berechnung der Temperatur t_n für den neuen Zeitpunkt nach Gl. (11.6) ohne Randbereich

10. Wiederherstellung der Rohrtemperatur im Rohrbereich
Falls die Rohre nicht betrieben werden (passive Phase), entfällt dieser Punkt.

11. Ergänzung der neuen Temperaturen t_n außerhalb der Symmetrieachsen (j = 0 und j = jmax)

12. Berechnung der Temperaturen in den fiktiven, raumseitigen Gitterschichten (i = 0 und i = imax) gemäß der Gln. (11.13) und (11.15)

13. Ermittlung der maximalen und der minimalen Temperaturen auf der Bauteiloberfläche zum Raum innen

14. Berechnung der Oberflächentemperaturen der Bauteile t_{mi} und t_{ma} als Mittelwerte über alle j

    Falls Dämmschichten, Fußbodenbeläge usw. vorhanden sind, erfolgt die zusätzliche Berechnung der realen Oberflächentemperaturen.

15. Ermittlung der Wärmeübergangskoeffizienten an den Oberflächen auf der Grundlage der realen Oberflächentemperaturen und in Abhängigkeit der Wärmestromrichtung

16. Umspeichern des Temperaturfeldes, so daß die "neuen" Temperaturen t_n zu "alten" Temperaturen t werden

17. Berechnung der Rohrwärmeabgabe $\dot{q}_R$ durch Mittelung aller Temperaturgradienten Δt_m am Rohr angrenzenden Gitterbereich

18. Ermittlung der mittleren Wärmestromdichten zum inneren und äußeren Raum

19. Bilanzierung der über das Rohr ins Bauteil eingebrachten Wärme und der über die Oberflächen abgegebenen Wärme

20. Berechnung der im Bauteil gespeicherten Wärme Q_S

21. Ausgabe relevanter Ergebnisse - z. B. auch die Temperaturverteilung - des Zeitschrittes

Ende des betrachteten Zeitschrittes!

22. Die zeitlich veränderbaren Temperaturen - Wassertemperatur in den Rohren, innere und äußere Raumtemperaturen - sind zweckmäßig als Zeitfunktionen in Unterprogrammen zu formulieren.

Beachte:

- Die Schreibweise der Variablen im nachfolgenden Programmlisting (Abschnitt 11.2.2.) weicht vom Formelsatz des Abschnittes 11.1. und den im Abschnitt 11.2.1. dargestellten Ein- und Ausgaben ab, da die griechischen Buchstaben ausgeschrieben dargestellt und die Indizes auf Zeilenhöhe gesetzt werden.
- Die Gestaltung der Ein- und Ausgaben kann individuell erfolgen. Die im nachfolgenden Listing (Abschnitt 11.2.2.) enthaltenen Formen gelten nur für Testrechnungen. Die einprogrammierten Definitionen der Eingabedaten entsprechen dem Verifikationsbeispiel (Abschnitt 11.2.3.).
- Die Algorithmenteile des Listings (Abschnitt 11.2.2.) sind durch detaillierte Zwischenüberschriften genau erklärt und somit leicht nachvollziehbar.
- Die speziellen, bauteilbezogenen Programmteile orientieren auf eine Massivdecke mit einem einfachen Bodenbelag gemäß der Bilder 8.1 bis 8.3.

11.2.1. Ein- und Ausgabedaten des Rechenprogramms

Die nachfolgende Zusammenstellung stellt nur ein Beispiel dar und kann beliebig verändert werden. Die Gittergrößen sind an Hand des Bildes 11.1 erklärt.

- **Eingabedaten**

Stoffdaten der Schicht mit zweidimensionaler Wärmeleitung

λ	W/(m K)	Wärmeleitfähigkeit des Bauteils
ρ	kg/m³	Dichte des Bauteils
c	J/(kg K)	spezifische Wärmekapazität des Bauteils

Rohrdaten

d_1	m	Rohrinnendurchmesser ($d_i \equiv d_1$)
d_2	m	Rohraußendurchmesser ($d_a \equiv d_2$)
λ_R	W/(m K)	Wärmeleitfähigkeit des Rohrmaterials

Konstruktions- und zugehörige Stoffdaten der Deckschicht

δ_a	m	Dicke der äußeren Deckschicht
λ_a	W/(m K)	Wärmeleitfähigkeit der äußeren Deckschicht

Thermodynamische und hydraulische Größen

$\bar{t}_F$	°C	mittlere Fluidtemperatur im Rohr (Wassertemperatur) als Zeitfunktion
t_{Ra}	°C	äußere Raumtemperatur als Zeitfunktion
t_{Ri}	°C	innere Raumtemperatur als Zeitfunktion
α_F	W/(m²K)	Wärmeübergangskoeffizient Wasser - Rohrwand

Gitterdaten

Δx	m	Gitterabstand in x-Richtung nach Bild 11.1
Δy	m	Gitterabstand in y-Richtung nach Bild 11.1
imax		maximale Gitterzahl in x-Richtung nach Bild 11.1
jmax		maximale Gitterzahl in y-Richtung nach Bild 11.1
iRmin		untere Rohrbegrenzung (Gitterzahl) in x-Richtung nach Bild 11.1
iRmax		obere Rohrbegrenzung (Gitterzahl) in x-Richtung nach Bild 11.1
jRmax		rechte Rohrbegrenzung (Gitterzahl) in y-Richtung nach Bild 11.1

Schrittweiten bei der Temperaturberechnung

$\Delta\tau$	s	Zeitschrittweite
mmax		maximale Anzahl der Zeitschritte (Untersuchungszeitraum: $\Delta\tau \times$ mmax)

Temperaturfüllung zum Start

$t_{i,j}$	°C	Temperatur an jedem Gitterpunkt i,j zum Berechnungsbeginn (Anfangstemperaturverteilung)

- **Ausgabedaten**

$\bar{t}_F$	°C	mittlere Fluidtemperatur im Rohr (Wassertemperatur) zur Zeit τ
t_{Ra}	°C	äußere Raumtemperatur zur Zeit τ
t_{Ri}	°C	innere Raumtemperatur zur Zeit τ
t_{ma}	°C	mittlere Oberflächentemperatur an der äußeren Bauteilfläche
t_{mi}	°C	mittlere Oberflächentemperatur an der inneren Bauteilfläche
t_{mFBo}	°C	mittlere Oberflächentemperatur des Fußbodens (äußerer Raum)
t_{max}	°C	Temperatur an der inneren Bauteiloberfläche über dem Rohr (im Heizfall ist dies die höchste Oberflächentemperatur)
t_{min}	°C	Temperatur an der inneren Bauteiloberfläche in der Mitte zwischen zwei Rohren (im Heizfall ist dies die niedrigste Oberflächentemperatur)
$\dot{q}_a$	W/m²	Wärmestromdichte am äußeren Bauteilrand (zum Raum positiv)
$\dot{q}_i$	W/m²	Wärmestromdichte am inneren Bauteilrand (zum Raum positiv)
$\dot{q}_R$	W/m	Wärmestrom vom Rohr
Q_S	Wh/m²	Speicherwärme in der Rohrschicht
Bilein	Wh/m²	Wärme ins Bauteil (Wert dient der Kontrolle)
Bilaus	Wh/m²	Wärme aus dem Bauteil (Wert dient der Kontrolle)

t_{ij} °C Temperatur im Bauteil (Platte) an der Stelle i,j

11.2.2. Programmlisting

```
DECLARE FUNCTION tqF (tau!)
DECLARE FUNCTION tRa (tau)
DECLARE FUNCTION tRi (tau)
DIM t(80, 40)
DIM tn(80, 40)
pi = 3.14159

'EINGABE                    Daten entsprechen dem Verifikationsbeispiel (Abschnitt 11.2.3.)
'Stoffdaten der Schicht mit zweidimensionaler Waermeleitung
lam = 1.4
rho = 2400
c = 1050
'Rohrdaten
d1 = .016
d2 = .02
lamR = .41
'Konstruktions- und zugehoerige Stoffdaten der Deckschicht
deltaa = .01
lama = .07
'Thermodynamische und hydraulische Groessen
'(Vorgabe der zeitlichen Temperaturverlaeufe siehe Unterprogramme)
alphaF = 2400
'Gitterdaten
Dx = .015
Dy = .015
imax = 21
jmax = 11
iRmin = 10
iRmax = 11
jRmin = 0
jRmax = 1
'Schrittweiten bei der Temperaturberechnung
Dtau = 100
mmax = 1800
'Temperaturfuellung zum Start (Anfangstemperaturverteilung)
FOR i = 0 TO imax
    FOR j = 0 TO jmax
        t(i, j) = 24
    NEXT j
NEXT i

'BERECHNUNG DER FESTSTEHENDEN GROESSEN
'Teilwaermedurchgangskoeffizient Rohr
kappaR = (1 / alphaF + d1 / 2 / lamR * LOG(d2 / d1)) ^ -1
'Flaechenverhaeltnisse um das Rohr
Ai = (jRmax - .5) * Dy * 4 + (iRmax - iRmin) * Dx * 2
```

```
Aa = (jRmax + .5) * Dy * 4 + (iRmax - iRmin + 2) * Dx * 2
ARm = (Aa - Ai) / LOG(Aa / Ai)
'Berechnung des Temperaturleitkoeffizienten und von Abkuerzungen
a = lam / rho / c
Kx = a * Dtau / Dx ^ 2
Ky = a * Dtau / Dy ^ 2

'AUSGABE I
LPRINT "
_____________________________________________________________________"
LPRINT "    Zweidimensionale instationaere Waermeleitung in Decken"
LPRINT "
_____________________________________________________________________"
LPRINT
LPRINT USING "   lam = ##.## W/(m K)  roh = #### kg/m^3   c = #### J/(kg K)"; lam; rho; c
LPRINT USING "   Dx  = ##.#### m      Dy  = ##.#### m      imax = ####     jmax = ####";
                 Dx; Dy; imax; jmax
LPRINT USING "   da  = ##.#### m      di  = ##.#### m      lamR = ##.## W/(m K)";
                 d2; d1; lamR

LPRINT USING "   iRmin = ####    iRmax = ####   jRmax = ####"; iRmin; iRmax; jRmax
LPRINT USING "   deltaa = ##.#### m    lama  = ##.#### W/(m K)"; deltaa; lama
LPRINT
LPRINT USING "    Dtau = ###.# s        mmax = #####"; Dtau; mmax
LPRINT

'ALGORITHMUS
'Waermeuebergangskoeffizienten zum Start
alphai = 6
alphaa = 6
kappaa = (1 / alphaa + deltaa / lama) ^ -1
'Ueberpruefung der Schrittweite
Dtaustern = (2 * a * (1 / Dx ^ 2 + 1 / Dy ^ 2)) ^ -1
IF Dtaustern < Dtau THEN
  PRINT "Bitte Dtau verkleinern !"
  STOP
END IF
'Berechnung fuer die Zeitschritte
Zahl = 0
qR = 0: tR = tqF(tau)
FOR m = 1 TO mmax
      PRINT m '(Kontrollausgabe am Bildschirm)
      Zahl = Zahl + 1
      tau = m * Dtau
'Temperatur im Rohrbereich mit Abfall in der Rohrwand mit qR(alt)
      tRn = tqF(tau) - qR / pi / d1 / kappaR
      'Daempfung des Temperatursprungs und Fuellen des Rohrbereiches
      tR = .1 * tRn + .9 * tR
      FOR i = iRmin TO iRmax
            FOR j = 0 TO jRmax
```

```
            t(i, j) = tR
        NEXT j
    NEXT i
'Berechnung der neuen Temperaturen im Gitter ohne Randbereich
    FOR i = 1 TO (imax - 1)
        FOR j = 1 TO (jmax - 1)
            dtx = Kx * (t(i + 1, j) - 2 * t(i, j) + t(i - 1, j))
            dty = Ky * (t(i, j + 1) - 2 * t(i, j) + t(i, j - 1))
            tn(i, j) = t(i, j) + dtx + dty
        NEXT j
    NEXT i
'Wiederherstellung der neuen Temperatur im Rohrbereich
    FOR i = iRmin TO iRmax
        FOR j = 0 TO jRmax
            tn(i, j) = tR
        NEXT j
    NEXT i
'Berechnung der neuen Temperaturen auf der Symmetrieachse Rohrmitte
    j = 0
    FOR i = 1 TO imax - 1
        tn(i, j) = tn(i, j + 1)
    NEXT i
'Berechnung der neuen Temperaturen auf der Symmetrieachse Bauteilmitte
    j = jmax
    FOR i = 1 TO imax - 1
        tn(i, j) = tn(i, j - 1)
    NEXT i
'Berechnung der Temperatur in der fiktiven Gitterschicht i = imax (Raum aussen)
    i = imax
    FOR j = 0 TO jmax
        tn(i, j) = tn(i - 1, j) - (tn(i - 1, j) - tRa(tau)) * Dx / (.5 * Dx + lam / kappaa)
    NEXT j
'Berechnung der Temperatur in der fiktiven Gitterschicht i = 0 (Raum innen)
    i = 0
    FOR j = 0 TO jmax
        tn(i, j) = tn(1, j) - (tn(1, j) - tRi(tau)) * Dx / (.5 * Dx + lam / alphai)
    NEXT j
'Berechnung der maximalen und minimalen Temperatur auf der Bauteiloberflaeche zum
'Raum innen
    tmax = (tn(0, 1) + tn(1, 1)) / 2
    tmin = (tn(0, jmax) + tn(1, jmax)) / 2
'Berechnung der mittleren Temperatur auf der Bauteiloberflaeche zum
'Raum innen
    tmi = 0
    FOR j = 1 TO jmax - 1
        tmi = tmi + (tn(0, j) + tn(1, j)) / 2
    NEXT j
    tmi = tmi / (jmax - 1)
```

```
'Berechnung der mittleren Temperatur auf der Bauteiloberflaeche zum
Raum aussen
    tma = 0
    FOR j = 1 TO jmax - 1
        tma = tma + (tn(imax, j) + tn(imax - 1, j)) / 2
    NEXT j
    tma = tma / (jmax - 1)
    tmFBo = tma - (tma - tRa(tau)) * kappaa * deltaa / lama
'Berechnung des Waermeuebergangskoeffizienten an der Deckenunterseite fuer den naechsten
Zeitschritt
    IF tmi < tRi(tau) THEN
        'Variante Kuehldecke
        alphai = 8.92 * (tRi(tau) - tmi) ^ .1
    END IF
    IF tmi >= tRi(tau) THEN
        'Variante Heizdecke
        alphai = 6.7
    END IF
'Berechnung des Waermeuebergangskoeffizienten an der Deckenoberseite fuer den naechsten
Zeitschritt
    IF tma > tRa(tau) THEN
        'Variante Heizboden
        alphaa = 8.92 * (tmFBo - tRa(tau)) ^ .1
    END IF
    IF tma <= tRa(tau) THEN
        'Variante Kuehlboden
        alphaa = 6.7
    END IF
    kappaa = (1 / alphaa + deltaa / lama) ^ -1
'Umspeichern des Temperaturfeldes
    FOR i = 0 TO imax
        FOR j = 0 TO jmax
            t(i, j) = tn(i, j)
        NEXT j
    NEXT i
'Berechnung der Rohraussentemperatur
Δtm = 0: Anzahl = 0
FOR j = 1 TO jRmax
    Δtm = Δtm + (t(iRmin, j) - t(iRmin - 1, j)) / Dx
    Δtm = Δtm + (t(iRmax, j) - t(iRmax + 1, j)) / Dx
    Anzahl = Anzahl + 2
NEXT j
FOR i = iRmin TO iRmax
    Δtm = Δtm + (t(i, jRmax) - t(i, jRmax + 1)) / Dy
    Anzahl = Anzahl + 1
NEXT i
Δtm = Δtm / Anzahl
qR = lam * Δtm * ARm
```

```
'Berechnung der Waermestromdichte in den Raum innen
    qi = 0
    Ki = lam / Dx
    FOR j = 1 TO jmax - 1
        qi = qi + (t(1, j) - t(0, j)) * Ki
    NEXT j
    qi = qi / (jmax - 1)
'Berechnung der Waermestromdichte in den Raum aussen
    qa = 0
    Ka = lam / Dx
    FOR j = 1 TO jmax - 1
        qa = qa + (t(imax - 1, j) - t(imax, j)) * Ka
    NEXT j
    qa = qa / (jmax - 1)
'Bilanz
Bilein = Bilein + qR * Dtau / 3600 / (jmax - 1) / Dy / 2
Bilaus = Bilaus + (qi + qa) * Dtau / 3600
'Speicherwaerme ohne Beruecksichtigung der Rohrbelegung
        QS = 0
        KS = rho * c * Dx * Dy / 3600 / (jmax - 1) / Dy
        tRBezug = tRi(tau)
        FOR i = 1 TO imax - 1
            FOR j = 1 TO jmax - 1
                QS = QS + KS * (t(i, j) - tRBezug)
            NEXT j
        NEXT i

'AUSGABE II
    IF Zahl = 72 THEN
        Zahl = 0
        Druck = Druck + 1
LPRINT : LPRINT
LPRINT USING "    Temperaturfeld in °C zur Zeit tau = ###.## h"; m * Dtau / 3600
LPRINT "    ---------------------------------------------------------------------"
LPRINT "    I                    j                    I"
LPRINT "    i I 1  I 2  I 3  I 4  I 5 I 6 I 7 I 8 I 9 I 10 I 11  I"
LPRINT "    ---------------------------------------------------------------------"
        FOR i = 20 TO 1 STEP -2
LPRINT USING "    ##I ##.# ##.# ##.# ##.# ##.# ##.# ##.# ##.# ##.# ##.# ##.# I";
            i; t(i, 1); t(i, 2); t(i, 3); t(i, 4); t(i, 5); t(i, 6); t(i, 7); t(i, 8); t(i, 9); t(i, 10); t(i, 11)
        NEXT i
        i = 1
LPRINT USING "    ##I ##.# ##.# ##.# ##.# ##.# ##.# ##.# ##.# ##.# ##.# ##.# I";
            i; t(i, 1); t(i, 2); t(i, 3); t(i, 4); t(i, 5); t(i, 6); t(i, 7); t(i, 8); t(i, 9); t(i, 10); t(i, 11)

LPRINT "    ---------------------------------------------------------------------"
LPRINT USING "    Fluidtemperatur zur Zeit tau:                   ##.# °C"; tqF(tau)
LPRINT USING "    aeussere Raumtemperatur zur Zeit tau:           ##.# °C"; tRa(tau)
LPRINT USING "    innere Raumtemperatur zur Zeit tau:             ##.# °C"; tRi(tau)
LPRINT USING "    mittlere Oberflaechentemperatur aeusserer Raum: ##.# °C"; tma
```

```
LPRINT USING "   mittlere Oberflaechentemperatur innerer Raum:    ##.# °C"; tmi
LPRINT USING "   Fussbodentemperatur im aeusseren Raum:           ##.# °C"; tmFBo
LPRINT USING "   Extremtemperaturen an der Deckenunterseite:      ##.# °C/ ##.# °C";
                 tmax; tmin
LPRINT USING "   Waermestromdichte in den inneren Raum:           ####.# W/m²"; qi
LPRINT USING "   Waermestromdichte in den aeusseren Raum:         ####.# W/m²"; qa
LPRINT USING "   Speicherwaerme im Bauteil Bezugstemperatur tRi ######### Wh/m²";
                 QS
LPRINT USING "   Rohrwaermestrom  ###.# W/m   Rohrtemperatur ###.# °C"; qR; tR
LPRINT USING "   Bilein ##### Wh/m²  Bilaus ###### Wh/m²"; Bilein; Bilaus

    END IF

END

FUNCTION tqF (tau)
tqF = 18
END FUNCTION

FUNCTION tRa (tau)
tRa = 24
END FUNCTION

FUNCTION tRi (tau)
tRi = 24
END FUNCTION
```

11.2.3. Verifikation des vorhergehenden Programm

Zur Überprüfung des Rechenprogramms wird auf das Berechnungsbeispiel 1 des Abschnittes 8.1. zurückgegriffen. Hierbei wurde die im Bild 8.1 gezeigte Deckenkonstruktion unter stationären Temperaturbedingungen betrachtet. Ergebnisse waren die Wärmestromdichten an die Räume, die Oberflächentemperaturen, die Temperaturverteilung im Körperinneren und die gespeicherte Wärme.

Diese Konstruktion wird nunmehr mit dem neuen Rechenprogramm untersucht. Dabei werde von einer homogenen Deckentemperatur von 24 °C und gleichbleibenden, beiderseitigen Raumtemperaturen von ebenfalls 24 °C ausgegangen. Zur Zeit $\tau = 0$ beginnt eine Wasserdurchströmung des Rohrregisters mit einer mittleren Wassertemperatur von 18 °C. Diese Temperatur bleibt konstant. Nach entsprechend langer Zeit muß sich die Decke mit ihrem wärmetechnischen Verhalten asymptotisch dem bekannten, stationären Zustand annähern.

Das Bild 11.3 zeigt die Geometrie des Ausgangsbeispiels und die Approximation der Geometrie mit einem sehr groben Gitter von $\Delta x = \Delta y = 15$ mm. Damit kann das Rohr ausnahmsweise nur mit 4 Gitterpunkten dargestellt werden. Das reale Rohr hat einen äußeren Umfang von $U_R = 20\,\pi = 62{,}8$ mm. Die quadratische Approximation liefert $U_{R,App} = 4 \cdot 15 = 60$ mm.

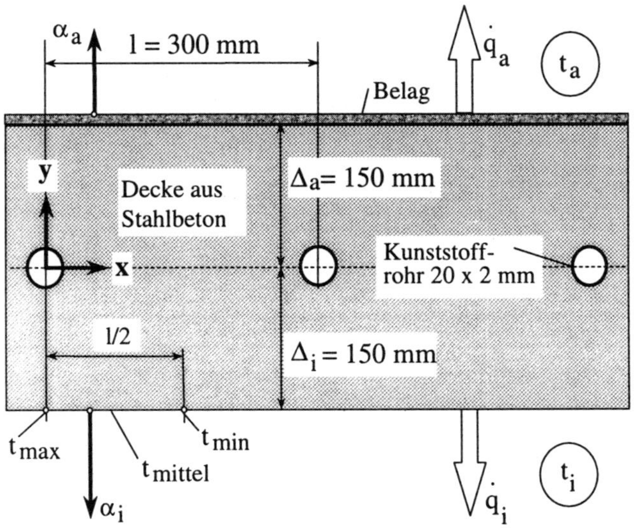

Bild 11.3 Darstellung der Decke, die als Verifikationsbeispiel benutzt wird Die Konstruktion (oberes Bild) entspricht dem Berechnungsbeispiel 1 des Abschnittes 8.1. (Bild 8.1). Dabei handelt es sich um eine Betondecke mit einem einfachen Bodenbelag und einem integrierten Rohrregister mit konventionellen Rohren. Das untere Bild zeigt ein Gitter für einen symmetrischen Deckenausschnitt für welches die instationäre Rechnung durchgeführt wird.

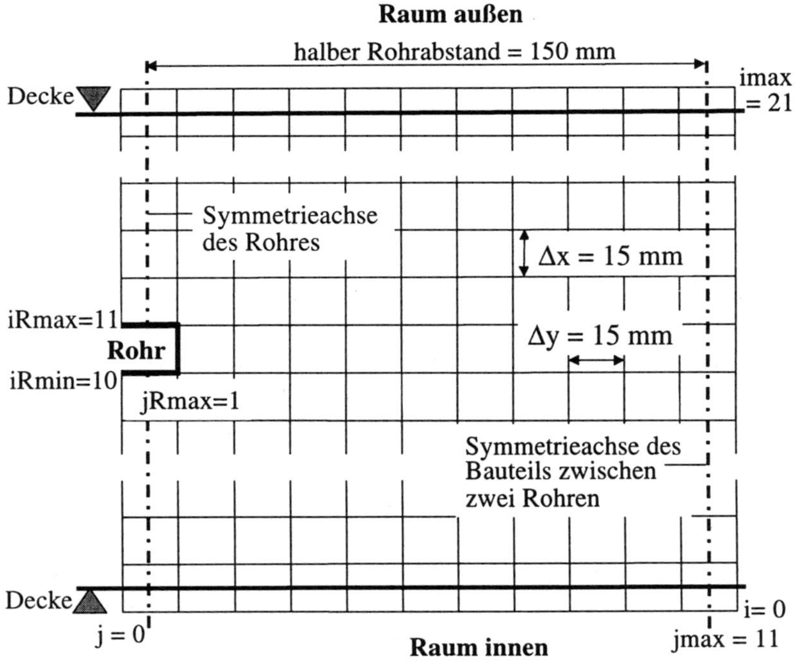

Die Ergebnisse der stationären Rechnung sind auf den Seiten 67 bis 70 vermerkt. Die Ergebnisse der instationären Berechnung werden anschließend wiedergegeben.

Beim Vergleich der Ergebnisse - speziell der Temperaturverteilung im Bauteil - ist zu beachten, daß die Koordinatensysteme der beiden Berechnungsmodelle unterschiedlich orientiert sind.

Die Ergebnisse sind nach jeweils zwei Stunden Echtzeit ausgegeben worden. Ein kleiner Auszug davon wird anschließend wiedergegeben.

```
Zweidimensionale instationaere Waermeleitung in Decken

lam =   1.40 W/(m K)      roh = 2400 kg/m³          c = 1050 J/(kg K)
Dx  =   0.0150 m          Dy  =  0.0150 m    imax =   21   jmax =   11
da  =   0.0200 m          di  =  0.0160 m       lamR =  0.41 W/(m K)
iRmax =    11          iRmin =   10            jRmax =    1
deltaa =  0.0100 m       lama =  0.0700 W/(m K)
Dtau   = 100.0 s         mmax =  1800
```

Temperaturfeld in °C zur Zeit tau = 2.00 h

i \ j	1	2	3	4	5	6	7	8	9	10	11
20	23.7	23.7	23.7	23.7	23.8	23.8	23.8	23.9	23.9	23.9	23.9
18	23.5	23.5	23.6	23.6	23.7	23.7	23.8	23.8	23.8	23.9	23.9
16	23.1	23.2	23.3	23.4	23.5	23.6	23.7	23.7	23.8	23.8	23.8
14	22.4	22.6	22.8	23.0	23.2	23.4	23.5	23.6	23.7	23.7	23.7
12	21.0	21.5	22.1	22.6	22.9	23.2	23.4	23.5	23.6	23.7	23.7
10	19.5	21.0	21.8	22.4	22.8	23.1	23.4	23.5	23.6	23.6	23.6
8	21.8	22.1	22.4	22.8	23.0	23.3	23.4	23.6	23.6	23.7	23.7
6	22.8	22.9	23.1	23.2	23.4	23.5	23.6	23.7	23.7	23.8	23.8
4	23.4	23.4	23.5	23.5	23.6	23.7	23.7	23.8	23.8	23.8	23.8
2	23.6	23.6	23.7	23.7	23.7	23.8	23.8	23.8	23.9	23.9	23.9
1	23.7	23.7	23.7	23.8	23.8	23.8	23.8	23.9	23.9	23.9	23.9

```
Fluidtemperatur zur Zeit tau:                          18.0 °C
aeussere Raumtemperatur zur Zeit tau:                  24.0 °C
innere Raumtemperatur zur Zeit tau:                    24.0 °C
mittlere Oberflaechentemperatur aeusserer Raum:        23.8 °C
mittlere Oberflaechentemperatur innerer Raum:          23.8 °C
Fussbodentemperatur im aeusseren Raum:                 23.9 °C
Extremtemperaturen an der Deckenunterseite:          23.7 °C/ 23.9 °C
Waermestromdichte in den inneren Raum:                 -1.5 W/m²
Waermestromdichte in den aeusseren Raum:               -0.7 W/m²
Speicherwaerme im Bauteil Bezugstemperatur tRi         -145 Wh/m²
Rohrwaermestrom    -15.1 W/m    Rohrtemperatur      19.5 °C
Bilein  -122 Wh/m²   Bilaus      -1 Wh/m²
```

Anmerkung:
Der Rohrwärmestrom ist anfangs relativ groß, wodurch ein großer Temperaturabfall in der realen Rohrwand bewirkt wird. Die Abkühlung des Bauteils macht sich am Bauteilrand kaum bemerkbar, wie die hohen Randtemperaturen und die kleinen Wärmestromdichten in das Bauteil zeigen.

Temperaturfeld in °C zur Zeit tau = 20.00 h

i \ j	1	2	3	4	5	6	7	8	9	10	11
20	21.5	21.5	21.5	21.5	21.5	21.6	21.6	21.6	21.6	21.6	21.6
18	21.2	21.3	21.3	21.3	21.4	21.4	21.4	21.5	21.5	21.5	21.5
16	20.9	21.0	21.0	21.1	21.1	21.2	21.3	21.3	21.3	21.3	21.3
14	20.5	20.6	20.7	20.8	20.9	21.0	21.1	21.2	21.2	21.2	21.2
12	19.7	20.0	20.3	20.6	20.8	20.9	21.0	21.1	21.2	21.2	21.2
10	18.8	19.7	20.2	20.5	20.8	20.9	21.1	21.2	21.2	21.3	21.3
8	20.3	20.5	20.7	20.8	21.0	21.1	21.2	21.3	21.4	21.4	21.4
6	21.0	21.1	21.2	21.3	21.3	21.4	21.5	21.5	21.6	21.6	21.6
4	21.6	21.6	21.6	21.7	21.7	21.8	21.8	21.8	21.9	21.9	21.9
2	22.0	22.0	22.0	22.0	22.1	22.1	22.1	22.1	22.2	22.2	22.2
1	22.2	22.2	22.2	22.2	22.2	22.3	22.3	22.3	22.3	22.3	22.3

Fluidtemperatur zur Zeit tau:	18.0 °C
aeussere Raumtemperatur zur Zeit tau:	24.0 °C
innere Raumtemperatur zur Zeit tau:	24.0 °C
mittlere Oberflaechentemperatur aeusserer Raum:	21.6 °C
mittlere Oberflaechentemperatur innerer Raum:	**22.3 °C**
Fussbodentemperatur im aeusseren Raum:	**22.8 °C**
Extremtemperaturen an der Deckenunterseite:	22.3 °C/ 22.4 °C
Waermestromdichte in den inneren Raum:	**-15.7 W/m²**
Waermestromdichte in den aeusseren Raum:	**-8.2 W/m²**
Speicherwaerme im Bauteil Bezugstemperatur tRi	**-576 Wh/m²**
Rohrwaermestrom -8.7 W/m Rohrtemperatur	18.8 °C
Bilein -776 Wh/m² Bilaus -293 Wh/m²	

Anmerkung:

Der Rohrwärmestrom ist deutlich zurückgegangen, was auch Auswirkung auf den Temperaturabfall in der realen Rohrwand hat. Die Abkühlung des Bauteils macht sich am Bauteilrand jetzt sehr markant bemerkbar. Die Oberflächentemperaturen liegen zwischen 22 °C und 23 °C, die Wärmestromdichten in das Bauteil sind beachtlich. Die Speicherwärme - hier Speicherkälte - erreicht mit -576 Wh/m² bereits 89 % des stationären Endwertes von -645 Wh/m².

Temperaturfeld in °C zur Zeit tau = 40.00 h

i \ j	1	2	3	4	5	6	7	8	9	10	11
20	21.1	21.1	21.1	21.1	21.2	21.2	21.2	21.2	21.2	21.3	21.3
18	20.9	20.9	20.9	20.9	21.0	21.0	21.0	21.1	21.1	21.1	21.1
16	20.6	20.6	20.6	20.7	20.8	20.8	20.9	20.9	20.9	20.9	20.9
14	20.2	20.2	20.3	20.5	20.6	20.7	20.7	20.8	20.8	20.8	20.8
12	19.4	19.7	20.0	20.2	20.4	20.6	20.7	20.7	20.8	20.8	20.8
10	18.7	19.5	20.0	20.2	20.5	20.6	20.7	20.8	20.9	20.9	20.9
8	20.1	20.2	20.4	20.6	20.7	20.8	20.9	21.0	21.0	21.0	21.0
6	20.8	20.8	20.9	21.0	21.0	21.1	21.2	21.2	21.3	21.3	21.3

i	1	2	3	4	5	6	7	8	9	10	11
4	21.3	21.3	21.3	21.4	21.4	21.5	21.5	21.5	21.6	21.6	21.6
2	21.7	21.8	21.8	21.8	21.8	21.8	21.9	21.9	21.9	21.9	21.9
1	22.0	22.0	22.0	22.0	22.0	22.0	22.1	22.1	22.1	22.1	22.1

```
Fluidtemperatur zur Zeit tau:                          18.0 °C
aeussere Raumtemperatur zur Zeit tau:                  24.0 °C
innere Raumtemperatur zur Zeit tau:                    24.0 °C
mittlere Oberflaechentemperatur aeusserer Raum:        21.2 °C
mittlere Oberflaechentemperatur innerer Raum:          22.1 °C
Fussbodentemperatur im aeusseren Raum:                 22.6 °C
Extremtemperaturen an der Deckenunterseite:         22.1 °C/ 22.2 °C
Waermestromdichte in den inneren Raum:               -17.9 W/m²
Waermestromdichte in den aeusseren Raum:              -9.5 W/m²
Speicherwaerme im Bauteil Bezugstemperatur tRi        -644 Wh/m²
Rohrwaermestrom      -7.7 W/m    Rohrtemperatur     18.7 °C
Bilein -1315 Wh/m²   Bilaus    -817 Wh/m²
```

Anmerkung:

Damit sind eigentlich die stationären Endwerte erreicht. Es soll nachfolgend lediglich überprüft werden, inwieweit sich die jetzigen Werte in den nächsten zehn Betriebsstunden noch ändern.

Temperaturfeld in °C zur Zeit tau = 50.00 h

i	1	2	3	4	5	6	7	8	9	10	11
20	21.1	21.1	21.1	21.1	21.1	21.2	21.2	21.2	21.2	21.2	21.2
18	20.8	20.8	20.9	20.9	20.9	21.0	21.0	21.0	21.0	21.0	21.0
16	20.5	20.6	20.6	20.7	20.7	20.8	20.8	20.9	20.9	20.9	20.9
14	20.1	20.2	20.3	20.4	20.5	20.6	20.7	20.7	20.8	20.8	20.8
12	19.4	19.7	20.0	20.2	20.4	20.5	20.6	20.7	20.8	20.8	20.8
10	18.7	19.5	19.9	20.2	20.4	20.6	20.7	20.8	20.8	20.8	20.8
8	20.1	20.2	20.4	20.5	20.7	20.8	20.9	20.9	21.0	21.0	21.0
6	20.8	20.8	20.9	20.9	21.0	21.1	21.2	21.2	21.2	21.2	21.2
4	21.3	21.3	21.3	21.4	21.4	21.4	21.5	21.5	21.5	21.5	21.5
2	21.7	21.7	21.7	21.8	21.8	21.8	21.8	21.9	21.9	21.9	21.9
1	21.9	21.9	22.0	22.0	22.0	22.0	22.0	22.0	22.1	22.1	22.1

```
Fluidtemperatur zur Zeit tau:                          18.0 °C
aeussere Raumtemperatur zur Zeit tau:                  24.0 °C
innere Raumtemperatur zur Zeit tau:                    24.0 °C
mittlere Oberflaechentemperatur aeusserer Raum:        21.2 °C
mittlere Oberflaechentemperatur innerer Raum:          22.1 °C
Fussbodentemperatur im aeusseren Raum:                 22.6 °C
Extremtemperaturen an der Deckenunterseite:         22.0 °C/ 22.2 °C
Waermestromdichte in den inneren Raum:               -18.1 W/m²
```

```
Waermestromdichte in den aeusseren Raum:            -9.6 W/m²
Speicherwaerme im Bauteil Bezugstemperatur tRi      -650 Wh/m²
Rohrwaermestrom    -7.7 W/m   Rohrtemperatur    18.7 °C
Bilein -1571 Wh/m²   Bilaus   -1092 Wh/m²
```

Anmerkung:

Die mittleren Oberflächentemperaturen haben sich im angegebenen Genauigkeitsbereich nicht mehr verändert. Die Wärmestromdichten sind noch geringfügig angestiegen. Man kann nunmehr vom "Endzustand" sprechen.

- **Gegenüberstellung der globalen Ergebnisse**

Tabelle 11.1 Zusammenstellung der wichtigsten thermischen Größen im Vergleich (Die Klammerwerte beziehen sich auf eine feinere Gittervariante, die auf Seite 139 beschrieben ist.)

Größe	Berechnung		Abweichung
	stationär	instationär nach 50 h	
Rohrwandtemperatur in °C	18,8	18,7 (18,8)	0,1 (0,0) K
Oberflächentemperatur auf der Deckenunterseite in °C			
mittel	22,1	22,1 (22,2)	0,0 (0,1) K
minimal	22,06	22,0 (22,1)	0,1 (0,0) K
maximal	22,18	22,2 (22,2)	0,0 (0,0) K
Wärmestromdichten in W/m²			
innen	-17,9	-18,1 (-17,5)	1,1 (-2,2) %
außen	-9,2	-9,6 (-9,3)	4,3 (1,1) %
gesamt	-27,0	-27,7 (-26,8)	2,6 (-0,7) %
Rohrwärmestrom in W/m	-8,1	-7,7 (-8,0)	-4,9 (-1,2) %
Speicherwärme im Bauteil in Wh/m²	-645	-650 (-630)	0,8 (-2,3) %
Wärmegesamtbilanz der instationären Berechnung in Wh/m²	1571 ↔ 650 + 1092 (1634 ↔ 630 + 1045)		-9,8 % (-2,4 %)

Die Übereinstimmung der Werte ist sehr gut, wenn man in Betracht zieht, daß

- die Berechnungen völlig unterschiedlich aufgebaut sind (stationäres Verfahren nach einer analytischen Lösung, instationäres Verfahren nach einem numerischen Verfahren),
- beim numerisch arbeitenden Algorithmus zahlreiche Näherungen modelliert wurden,
- die Anzahl der Berechnungsschritte beim numerischen Verfahren außerordentlich groß ist, wodurch sich eine Fehleraddition ergeben kann,
- im Programm nach Abschnitt 7. ein geringfügig kleinerer Wärmeübergangskoeffizient auf der Deckenaußenseite angesetzt wurde.

- **Gegenüberstellung der Temperaturverteilung im Bauteil**

Hierbei sind die Werte der Tabellen auf den Seiten 68 bis 70 mit denen der Seite 137 zu vergleichen. Dies ist etwas kompliziert, da die kongruenten Geometrien vorher aufzusuchen sind. Am Beispiel der Rohrebene wird die Gegenüberstellung vorgenommen. Die Werte aus der instationären Berechnung sind nötigenfalls Interpolationswerte.

	horizontaler Abstand von der Rohrachse in mm							
	20	40	60	80	100	120	140	150
stationäre Variante	19,5	20,0	20,3	20,6	20,7	20,8	20,9	20,9
instationäre Variante	19,5	20,0	20,3	20,6	20,7	20,8	20,8	20,8

Die Übereinstimmung ist ebenfalls sehr gut, denn die Abweichungen übersteigen $|0{,}1|$ K nicht.

- **Einfluß des Gitters**

Die Feinheit des Gitters beeinflußt - wie bei jeder derartigen numerischen Berechnung - das Ergebnis. Der Nachweis kann stets nur an speziellen Konstruktionen geführt werden. Generell ist bei vorliegenden Approximationen aber festzustellen, daß man mit relativ groben Gittern arbeiten kann. Deshalb ist bewußt auch eine solche Variante für die Verifikation gewählt worden.

Zusätzlich wurde eine Berechnung mit einem feineren Gitter vorgenommen:

$\Delta x = \Delta y = 5$ mm; Darstellung des quadratischen Rohres mit 12 Gitterpunkten.

Tabelle 11.1 zeigt Verbesserungen in fast allen Parametern. Daß dies auf die Speicherwärme nicht zutrifft, kann an der Begrenzung der Ladezeit von 50 Stunden liegen.

Im anschließenden Abschnitt werden bei den Ergebnisdarstellungen mehrfach auf unterschiedliche Gittergestaltungen hingewiesen. Die durchgeführten Parallelrechnungen zeigen den relativ geringen Einfluß für die praxisrelevanten Aussagen.

12. Leistungen und dynamisches Verhalten von Decken zur Bauteilkühlung

Decken eignen sich vorzugsweise zur Bauteilkühlung mit Umweltenergie, da sie üblicherweise massiv ausgebildet sind und im direkten, großflächigen Kontakt mit dem Raum stehen. Selbstverständlich dürfen keine, den Wärmeaustausch behindernden Unterkonstruktionen vorhanden sein. Das Wärmespeichervermögen der Decke wird stark von der Gestaltung des Rohrregisters beeinflußt. Das Bild 8.4 verdeutlicht dies.

Im weiteren ist zu untersuchen, wie sich diese Decken im instationären Betrieb verhalten, welchen Einfluß unter diesen Bedingungen die Form des Rohrregisters ausübt usw.

Bild 8.4 zeigt, daß die bereits betrachteten Varianten Normalrohr 20×2 mm und Kapillarrohr 3,4×0,55 mm in einer 300 mm dicken Betondecke unter praktischen Gesichtspunkten *Extremvarianten* darstellen. Sie sollen deshalb zur Gewinnung von verallgemeinerungsfähigen Aussagen dienen. Somit werden in den nachfolgenden Abschnitten die im Bild 12.1 gegenübergestellten Varianten untersucht.

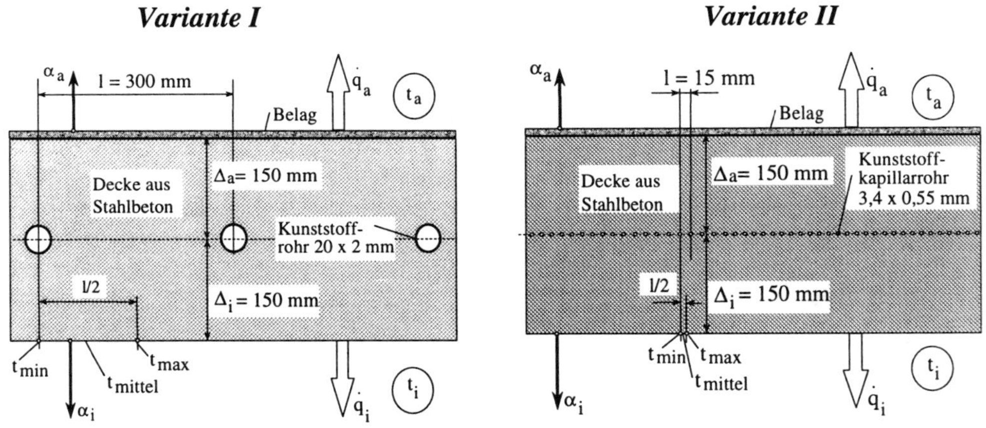

Bild 12.1 Deckenkonstruktionen mit unterschiedlichen Rohrregistern (Variante I und Variante II) bei sonst gleichem Aufbau und Umgebungsbedingungen, die unter verschieden dynamischen Bedingungen in den nachfolgenden Abschnitten untersucht werden

12.1. Dynamik der Abkühlung unter konstanten Bedingungen

Zunächst werden Ausgleichsvorgänge berechnet, indem die Decken zu Beginn eine homogene Temperatur von 24 °C aufweisen und über eine unbegrenzt lange Zeit die Rohre mit Wasser der Temperatur t_W = 18 °C beaufschlagt werden. Die Raumtemperaturen bleiben $t_{Ru} = t_{Ro}$ = 24 °C = const. Hierbei erfolgt ein asymptotischer Temperaturgang, der im stationären Zustand enden muß, welcher den Untersuchungen im Abschnitt 8. entspricht. Die Berechnung umfaßt die Varianten I und

II (Bild 12.1). Des weiteren werden *jeweils zwei unterschiedliche Gitterapproximationen* (*grob* und *fein*) verwendet.

- **Variante I** (Bild 12.1, Normalrohr)

Das *grobe Gitter* hat die Abmessungen $\Delta x = \Delta y = 15$ mm, woraus sich zur Deckennachbildung gemäß Bild 11.1 imax = 21 und jmax = 11 ergeben. Als Zeitschrittweite gilt $\Delta\tau = 100$ s. Die Rohre werden nur durch vier Gitterpunkte approximiert, sie liegen symmetrisch in der Decke (iRmin = 10, iRmax = 11, jRmax = 1). Damit beträgt der äußere Rohrumfang 60 mm, in der Realität 62,8 mm. Dieses Beispiel ist mit dem Verifikationsbeispiel im Abschnitt 11.2.3. identisch.

Für das *feine Gitter* gelten: $\Delta x = \Delta y = 5$ mm, imax = 61 und jmax = 31, Zeitschrittweite $\Delta\tau = 10$ s. Die Rohre bilden ein Quadrat mit 12 Gitterpunkten. Die Lage ist wiederum symmetrisch in der Decke (iRmin = 29, iRmax = 32, jRmax = 2). Damit beträgt der äußere Rohrumfang unverändert 60 mm.

Die Oberflächentemperatur des Rohres wird jeweils den realen Bedingungen des kreisrunden Rohres für die Annahmen $\alpha_F = 2400$ W/(m²K) und $\lambda_R = 0{,}41$ W/(m K) angepaßt.

Aus der Vielzahl der Ergebnisse wird der zeitliche Verlauf der negativen Speicherwärme im Bauteil dargestellt (Bild 12.2). Nach etwa 40 bis 50 Betriebsstunden ist der stationäre Grenzwert erreicht. Die eingetragene Asymptote entspricht dem im Abschnitt 8. berechneten Wert.

- **Variante II** (Bild 12.1, Kapillarrohr)

Das *grobe Gitter* zeichnet sich durch die Parameter $\Delta x = 3$ mm, $\Delta y = 2{,}5$ mm aus, woraus sich zur Deckennachbildung gemäß Bild 11.1 imax = 101 und jmax = 4 ergeben. Als Zeitschrittweite gilt $\Delta\tau = 3$ s. Die Rohre werden nur durch vier Gitterpunkte (Rechteck) approximiert, sie liegen fast symmetrisch in der Decke (iRmin = 49, iRmax = 50, jRmax = 1). Damit beträgt der äußere Rohrumfang 11 mm, in der Realität 10,7 mm.

Für das *feine Gitter* gelten: $\Delta x = 0{,}9$ mm, $\Delta y = 0{,}938$ mm, imax = 334 und jmax = 9, Zeitschrittweite $\Delta\tau = 0{,}333$ s. Die Rohre bilden ein Rechteck mit 12 Gitterpunkten. Die Lage ist wiederum fast symmetrisch in der Decke (iRmin = 167, iRmax = 170, jRmax = 2). Damit beträgt der äußere Rohrumfang 11,03 mm. Das feine Gitter wird nur im Bereich von iGu = 157 bis iGo = 180 zweidimensional untersucht. In den anschließenden Bereichen bis zur Bauteilberandung erfolgt nur eine eindimensionale Verfolgung des Temperaturverlaufs, da zwischen den Rohren kein Temperaturgradient mehr besteht. Das Rechenprogramm des Abschnittes 11.2. ist entsprechend modifiziert worden.

Die Oberflächentemperatur des Rohres wird jeweils den realen Bedingungen des kreisrunden Rohres für die Annahmen $\alpha_F = 1000$ W/(m²K) und $\lambda_R = 0{,}41$ W/(m K) angepaßt.

Die Ergebnisse sind ebenfalls im Bild 12.2 wiedergegeben. Der Grenzwert der stationären Berechnung wird schon nach etwa 15 bis 20 Stunden erreicht.

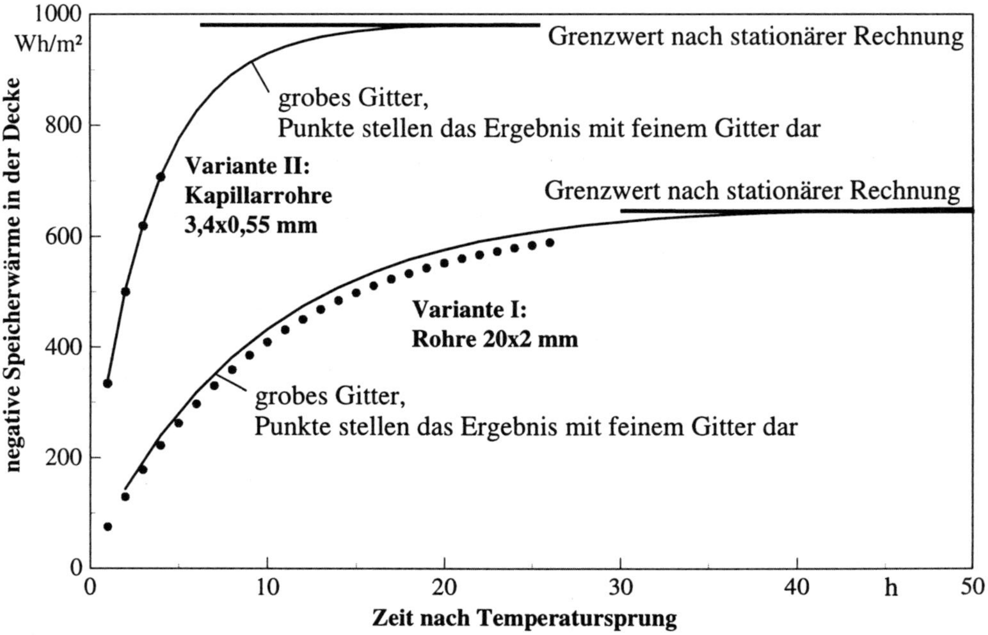

Bild 12.2 Negative Speicherwärme im Bauteil als Zeitfunktion nach einem Temperatursprung
Das Bauteil (Decke) hatte zu Beginn die homogene Temperatur von 24 °C, die Wassertemperatur sprang zur Zeit 0 auf 18 °C und blieb dann konstant.

- **Auswertung**

Generell ist festzustellen, daß mit einem relativ groben Gitter gearbeitet werden kann, woraus kurze Rechenzeiten folgen.

Die asymptotische Annäherung des Ladeverlaufs an den für stationäre Bedingungen mit einem völlig anderen, verifizierten Rechenprogramm (Abschnitt 8.) ermittelten Zustand kann als weitere Bestätigung des neu aufgestellten Algorithmus mit den dort integrierten Näherungen gewertet werden.

Die Auswertung der stationären Temperaturverteilung im Bauteil und der instationär berechneten "Endverteilung" ergab - wie bereits im Verifikationsbeispiel - maximale Unterschiede von ± 0,1 K.

Gleiches gilt für die *mittlere, minimale und maximale Temperatur an der Deckenunterseite*:

- Variante I, 50 Betriebsstunden: 22,1 °C; 22,0 °C; 22,2 °C
- Variante II, 24 Betriebsstunden: 21,2 °C; 21,2 °C; 21,2 °C.

Für die *Kühlleistung* (Wärmeaufnahme vom unteren Raum und insgesamt) gelten die Werte:

- Variante I, 50 Betriebsstunden: 18,1 W/m²; 27,7 W/m²
- Variante II, 24 Betriebsstunden: 28,2 W/m²; 42,6 W/m².

Die Unterschiede zu den stationären Berechnungen betragen 1 bis 3 %. Eine Ursache ist unter anderem in dem etwas unterschiedlichen Wärmeübergangskoeffizienten im oberen Raum begründet.

Es wird deutlich, daß in der gleichen Decke unter gleichen thermischen Bedingungen die Ladezustände und Ladezeiten wesentlich von der Rohrgeometrie abhängen:

- Variante I, nach 50 h ⇒ $q_S = 650$ Wh/m²
- Variante II, nach 24 h ⇒ $q_S = 982$ Wh/m².

Damit ist die *Wärmespeicherfähigkeit* bei Einsatz von *Variante II* (Kunststoff-Kapillarrohrmatten) um ***51 % größer***.

Die *Dynamik* ist ebenfalls *wesentlich verbessert*, da sich die *Ladezeit* auf etwa ***40 % verkürzt***.

12.2. Instationäre Kühlleistung der Decke bei vorgegebenen Temperatur-Tagesgängen

Eine "Normprüfung" zur Bewertung der dynamischen Leistungsfähigkeit von Deckenspeichern unter praxisnahen Bedingungen existiert nicht. Man könnte dafür eine komplexe Simulation eines Raumes mit dem jeweiligen Speicherelement unter definierten Lastverläufen vornehmen. Die Ergebnisse der Parametervariationen für das Speicherelement wären dann von den individuellen Raumeinflüssen (z. B. vom Speicherverhalten der übrigen Umfassungen und des Interieurs) stark überlagert. Deshalb wurde im Abschnitt 6.4. (S. 24) ein vereinfachtes Vorgehen zur vergleichenden Bewertung der Speicherbauteile vorgeschlagen.

Ähnlich dem Verfahren einer Normprüfung werden die Randbedingungen für das Speicherbauteil möglichst realistisch definiert. Der Raum wird dabei nur über die zeitlichen Raumtemperaturverläufe angeschlossen. Für den unteren und oberen Raum gelten bei Geschoßbauten: $t_{Ru}(\tau) = t_{Ro}(\tau)$. Der Temperaturverlauf des Kaltwassers $t_W(\tau)$ und die Betriebszeiten sind für alle Varianten einheitlich definiert.

Für diese "Normbedingungen" werden die Kühlleistungen der unterschiedlichen Systeme während des Einschwingens und im eingeschwungenen Zustand untersucht und miteinander verglichen.

Folgende Festlegungen werden getroffen (τ in Uhrzeitstunden, t in °C):

$\tau \geq 18 \ldots < 24$: $t_{Ru} = t_{Ro} = 26 - (\tau - 18)/3$ (12.1)

$\tau \geq 0 \ldots < 8$: $t_{Ru} = t_{Ro} = 24 - 3\,\tau/8$ (12.2)

$\tau \geq 8 \ldots < 10$: $t_{Ru} = t_{Ro} = 21 + 3\,(\tau - 8)\,/2$ (12.3)

$\tau \geq 10 \ldots < 18$: $t_{Ru} = t_{Ro} = 24 + (\tau - 10)\,/4$ (12.4)

$\tau \geq 18 \ldots < 20$: $t_W = 20$ (12.5)

$\tau \geq 20 \ldots < 24$: $t_W = 19$ (12.6)

$\tau \geq 0 \ldots < 8$: $t_W = 18.$ (12.7)

Von 8 ... 18 Uhr ist der Wasserkreislauf nicht in Betrieb. Bild 12.3 zeigt die Verläufe graphisch.

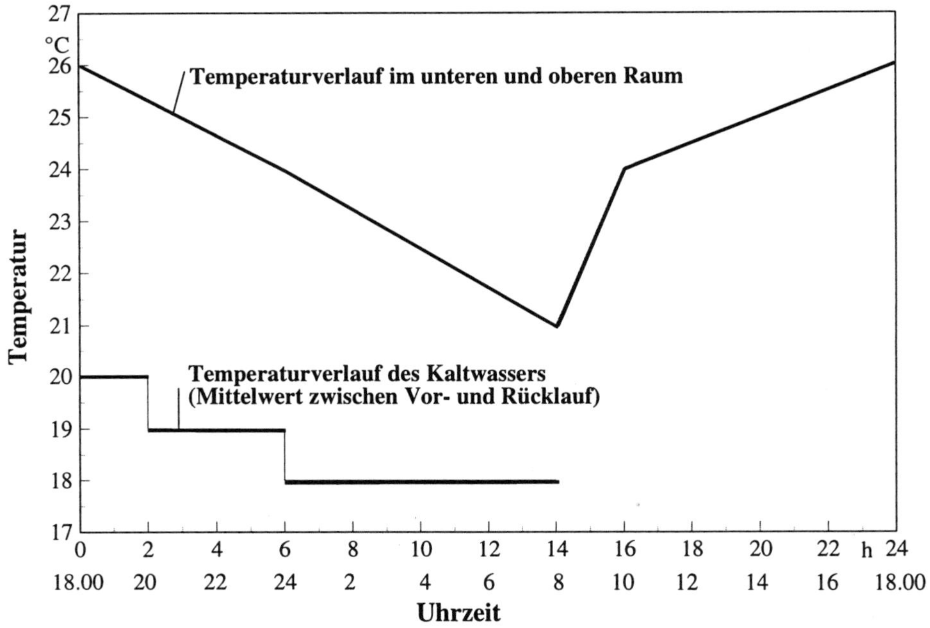

Bild 12.3 Normierte Zeitverläufe der Raum- und Wassertemperaturen zur wirklichkeitsnahen Bewertung der unterschiedlichen Deckenkonstruktionen hinsichtlich der negativen Speicherwärme im Bauteil und der Kühlleistung als Zeitfunktion

Als Startfüllung wird eine homogene Deckentemperatur von 24 °C verwendet. Die Untersuchung (Berechnung) beginnt um 18^{00} Uhr.

Es wurden wiederum die Konstruktionsvarianten I und II des Bildes 12.1 betrachtet, wobei generell mit den jeweiligen groben Gittern gearbeitet wurde. Eine Ausnahme bildete nur die Variante mit dem konventionellen Rohrsystem, welches vergleichsweise in den ersten 23 Betriebsstunden auch mit dem feinen Gitter untersucht wurde, da gemäß Bild 12.2 gitterabhängige Ergebnisse bemerkt wurden. Für alle Berechnungen werden für das Rohrmaterial λ_R = 0,41 W/(m K) und für den wasserseitigen Wärmeübergangskoeffizient α_F = 2400 W/(m²K) angenommen. Abweichende Annahmen haben geringen Einfluß auf das Ergebnis, wie Tabelle 8.1 (Seite 76) ausweist.

Aus der Ergebnisfülle ist für die diagrammatische Darstellung nur eine kleine Auswahl getroffen worden.

Bild 12.4 zeigt den *zeitlichen Verlauf der negativen Speicherwärme* in der Decke q_S (gespeicherte "Kälte") über drei Betriebstage. Dieser Wert ist auf die jeweilige Raumtemperatur t_{Ru} bezogen, er stellt damit ein realistisches Potential dar. Die Vergleichsrechnungen mit dem feinen Gitter für die konventionelle Decke während der ersten 23 h (Verlauf ist im Bild 12.4 gepunktet) ergab keine bemerkenswerten Unterschiede zum Ergebnisverlauf mit dem groben Gitter.

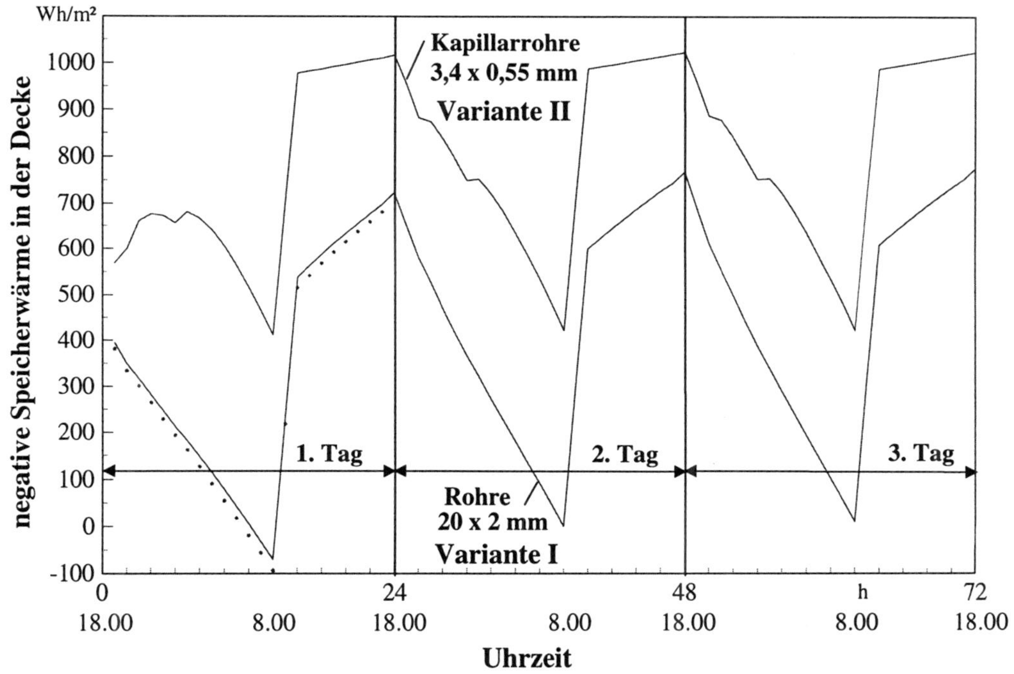

Bild 12.4 Verläufe der negativen Speicherwärme im Bauteil mit unterschiedlichen Rohrregistern als Zeitfunktion über 72 Betriebsstunden gemäß der thermischen Randbedingungen nach Bild 12.3

Der *Vorteil der Variante II* (Speicherkörper mit integrierter Kunststoff-Kapillarrohrmatte) zeigt sich sehr deutlich:

- Die *Aufladung* erfolgt viel *schneller*.
- Die *verfügbare "Kälte"* ist bedeutend *größer*.

Die *negative Speicherwärme in der Decke* beträgt beispielsweise am Ende des 72 h -Betriebes:

- Variante I (Normalrohr) ⇒ q_S = 773 Wh/m²
- Variante II (Kapillarrohr) ⇒ q_S = 1023 Wh/m².

Damit ist bei der Kapillarrohrdecke die abrufbare "Kälte" um ***32 % größer*** als bei der konventionellen Decke.

Im Bild 12.5 ist der *Verlauf der Kühlleistung*, d. h. der Wärmestrom aus dem Raum aufgetragen. Dabei wurden die Anteile, die von der Decke und dem Fußboden aufgenommen werden, zusammengefaßt.

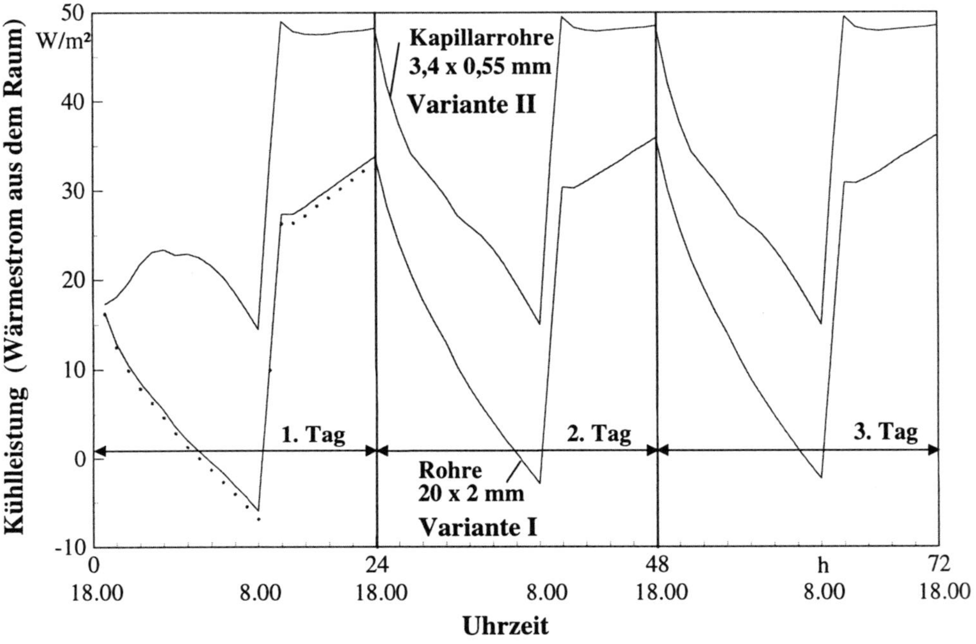

Bild 12.5 Verläufe der Kühlleistung (Decke plus Fußboden) für das Bauteil mit unterschiedlichen Rohrregistern als Zeitfunktion über 72 Betriebsstunden gemäß der thermischen Randbedingungen nach Bild 12.3

Auch bezüglich des Parameters *Kühlleistung* ist *Variante II* (Decke mit Kunststoff-Kapillarrohrmatte) der konventionellen Konstruktion *überlegen*:

- Die *Einschwingphase* ist so *kurz*, daß bereits am ersten Tag praktisch die volle Leistung verfügbar ist.
- Die spezifische *Kühlleistung ist bedeutend höher.*

Im Verlaufe des dritten Tages werden zwischen 8.00 Uhr bis 18.00 Uhr von der Decke insgesamt und als *mittlere Leistung* aufgenommen:

- Variante I (Normalrohr) $\Rightarrow$ $Q_S = 313{,}2$ Wh/(m²d); $\dot{q}_K = 31{,}3$ W/m²

- Variante II (Kapillarrohr) $\Rightarrow$ $Q_S = 468{,}7$ Wh/(m²d); $\dot{q}_K = 46{,}9$ W/m².

Damit ist bei der Kapillarrohrdecke die *Kälteleistung* um *50 % größer* als bei der konventionellen Decke.

Ein ähnliches Ergebnis lieferte bereits die stationäre Betrachtung im Abschnitt 8. Für diesen Betriebsfall ergab sich bekanntlich eine Mehrleistung von 56 %.

Falls man diese große Speicherwärme und Leistung nicht benötigen sollte, ist der Einsatz der Decke mit den Kunststoff-Kapillarrohrmatten dennoch energetisch günstiger, da man mit Wassertemperaturen zur Beladung der Decke auskäme, die näher an der Raumtemperatur lägen. D. h., man könnte verstärkt Umweltenergie direkt einsetzen oder Kältemaschinen mit höherer Leistungszahl betreiben und somit Primärenergie einsparen.

Die errechneten Leistungen zeigen sehr deutlich, daß der bereits auf Seite 15 angesprochene Speicherwert von 600 Wh/m², mit dem oftmals operiert wird, ein theoretischer Wert ist.

12.3. Kompensation von Lastspitzen

Mit den im Bild 12.1 gegebenen Konstruktionen ist das Abfahren von plötzlich auftretenden Lastspitzen durch eine gesteuerte, ergänzende Abkühlung der Decke mittels Kaltwasserdurchfluß nicht möglich. Die Untersuchungen im Abschnitt 12.1. ergaben die im Bild 12.2 dargestellten Ladeverläufe. Parallel dazu entwickelt sich die Kühlleistung (Wärmeaufnahme aus dem Raum) unter Addition der Decken- und Fußbodenleistung nach Tabelle 12.1.

Tabelle 12.1 Kühlleistung (Decke plus Fußboden) und negative Speicherwärme bei Abkühlung einer Decke der homogenen Temperatur von 24 °C mittels Wasserdurchfluß t_W = 18 °C gemäß Abschnitt 12.1. für zwei unterschiedliche Deckenkonstruktionen nach Bild 12.1 (instationäre, zweidimensionale Rechnung mit jeweils feinem Gitter)

Zeit in	Variante I (Rohr 20×2 mm, Teilung 300 mm)		Variante II (Rohr 3,4×0,55 mm, Teilung 15 mm)	
	Kühlleistung	negative Speicherwärme	Kühlleistung	negative Speicherwärme
h	W/m²	Wh/m²	W/m²	Wh/m²
1	0,3	75	1,4	354
2	1,8	129	9,3	521
3	3,9	178	17,5	640

Die dabei auftretenden Leistungswerte sind nicht praxisrelevant. Sie sind viel zu niedrig, um eine wirkungsvolle Spitzenlastkompensation zu ermöglichen. Andererseits würde die Konstruktion in diesem Fall in der Regel mit elektrisch erzeugter Kälte stark heruntergekühlt (siehe Speicherwärme in Tabelle 12.1), wodurch die Nutzung von Umweltenergie in der nachfolgenden Nacht drastisch eingeschränkt würde.

Als vertretbare Alternative wird die Anordnung einer nahe der Deckenunterseite integrierten Kunststoff-Kapillarrohrmatte gesehen (Bild 12.6). Diese Lösung kommt einer Kühldeckenkonstruktion sehr nahe. Sie müßte zusätzlich in die Decke eingegossen oder in den Deckenputz nach bekanntem Prinzip eingebracht werden. Ihr Betrieb erfolgte zur Deckung des Spitzenbedarfs und wäre regelbar zu gestalten. Die thermische Beeinflussung der Speicherdecke ist natürlich auch weiterhin nachteilig, sie ist aber um etwa 40 % niedriger als bei symmetrischer Rohrlage. Leistungen und negative Speicherwärme sind aus Tabelle 12.2 ersichtlich. Der Rohrabstand von 15 mm und eine Überdeckung von 4,5 mm sind für die Anwendung zu bevorzugen. Wie die Werte der Tabelle 12.2 zeigen, bringt eine kleinere Rohrteilung und eine kleinere Überdeckung keinen Vorteil.

Tabelle 12.2 Kühlleistung (Decke) und negative Speicherwärme bei Abkühlung einer Decke der homogenen Temperatur von 24 °C mittels Wasserdurchfluß t_W = 18 °C gemäß Abschnitt 11. bzw. in Analogie zu Abschnitt 12.1. für eine Decke nach Bild 12.6 mit oberflächennaher Kunststoff-Kapillarrohrmatte (instationäre, zweidimensionale Rechnung mit grobem Gitter)

Zeit in	Rohr 3,4×0,55 mm; Teilung 15 mm Überdeckung 4,5 mm		Rohr 3,4×0,55 mm; Teilung 10 mm Überdeckung 1,5 mm	
h	Kühlleistung W/m²	negative Speicherwärme Wh/m²	Kühlleistung W/m²	negative Speicherwärme Wh/m²
0,1	45,5	68	53,5	70
0,2	49,9	96	55,9	97
0,3	51,7	117	56,9	118
0,4	52,8	135	57,6	136
0,5	53,5	151	58,0	151
0,6	54,0	165	58,3	165
0,7	54,3	177	58,5	178
0,8	54,7	189	58,7	190
0,9	54,9	201	58,9	202
1,0	55,1	211	59,0	212

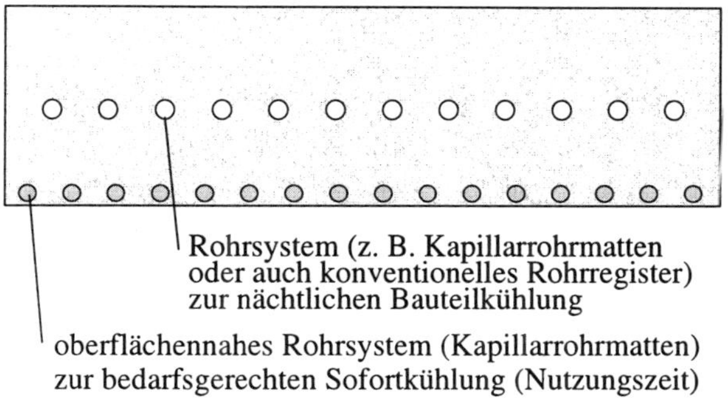

Bild 12.6 Betondecke mit zwei hydraulisch und thermisch trennbaren Rohrsystemen
Das Register in Deckenmitte ist als Hochleistungs-Passivsystem auszuführen.
Das Register nahe der Deckenoberfläche stellt ein Aktivsystem analog einer Kühldecke dar und wird auch wie eine solche geregelt.

Eine Momentanleistung von 50 W/m² nach 15 Minuten Betriebszeit und eine stationäre Leistung von 55 W/m² nach einer Stunde, stellen sehr gute Werte dar, die eine Spitzenlastkompensation ermöglichen. Es sei nochmals darauf verwiesen, daß bei 24 °C Raumtemperatur nur mit 18 °C Wassertemperatur gerechnet wurde. Im praktischen Betrieb werden sich die realen thermischen Verhältnisse auf die Leistung günstiger gestalten.

12.4. Zusammenfassung

Die *Berechnung* eines *instationären, zweidimensionalen Temperaturfeldes* in einer mit wasserdurchflossenen Rohrregistern aktivierten Massivdecke ermöglicht es, die Art der verwendeten Rohrkonstruktionen zu bewerten.

- Sinnvolle Kriterien sind die auf die Raumtemperatur bezogene *Speicherwärme* und die *Kühlleistungen* der Decke und des Fußbodens.
- Zur Beurteilung wurden "*normierte*" *Verläufe* der *Raumtemperatur* und der *Wassertemperatur* vorgegeben.
- Als besonders *vorteilhaft* erwies sich der *Einsatz* von *Kunststoff-Kapillarrohrmatten*. Bezüglich der *Dynamik* und der realisierbaren *Leistungen* sind sie konventionellen Rohrregistern deutlich überlegen:
  - *Ladezeit auf 40 % verkürzt*
  - *gespeicherte "Kälte" um 30 ... 50 % größer*
  - *Kühlleistung um 50 % größer.*
- Zur ausnahmsweisen *Kompensation* von plötzlich auftretenden *Spitzenlasten* sollten zusätzlich oberflächennah Kunststoff-Kapillarrohrmatten eingebaut werden, die dann kurzzeitig mit beachtlichen Kühlleistungen aktivierbar wären.

  Damit besteht die *Kombination* eines *trägen Passivsystems* und eines *trägheitsarmen Aktivsystems*. Ersteres wird prognosegesteuert betrieben, die Regelung des letzteren Systems ist ein integraler Bestandteil der Klimaregelung des Raumes.

13. Dynamisches Verhalten von Fußbodenheizungen (Naßverlegesystem)

Im Abschnitt 10. sind die Leistungen von Fußbodenheizungen bereits untersucht und ausführlich bewertet worden. Mit dem im Abschnitt 11. vorgestellten Algorithmus kann nunmehr auch das dynamische Verhalten analysiert werden.

13.1. Untersuchte Bauarten und Varianten

Um die Dynamik der Heizflächen beim An- und Abheizen vergleichen zu können, werden zwei konventionelle Naßverlegesysteme mit üblichen Rohrschlangen und zwei Kunststoff-Kapillarrohrmatten-Systeme mit Vergußmasse untersucht. Um gleiche Bedingungen zu haben, seinen die Fußbodenheizflächen jeweils ohne Belag und mit einem Fliesenbelag betrachtet. Für einen Sonderfall wird auch ein aufgeklebter Parkettbelag untersucht. In den Bildern 13.1 bis 13.4 sind die Fußboden- und Deckenaufbauten dargestellt und die wärmetechnischen Größen der verwendeten Schichten, die zur stationären Berechnung benötigt werden, vermerkt. Für die Beläge gelten:

Belag	Dicke m	Wärmeleitfähigkeit W/(m K)	Wärmeleitwiderstand m²K/W
Parkett: Parkett Kleber	0,008 0,002	0,2 0,2	0,05
Fliesen	0,010	1,0	0,01

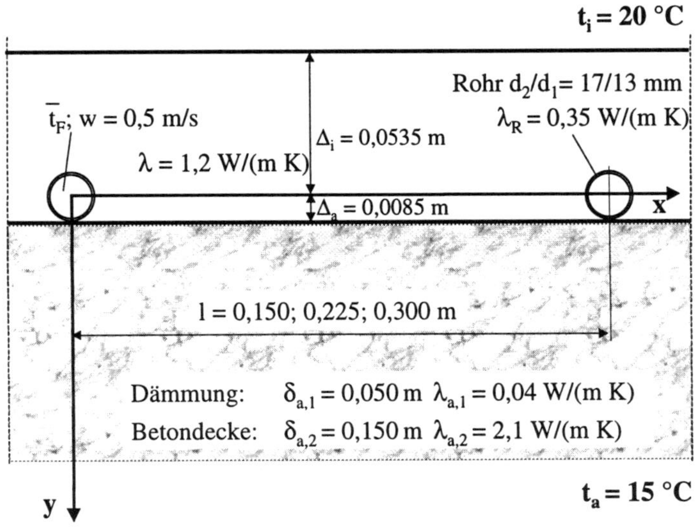

Bild 13.1 Herkömmlicher Fußbodenaufbau eines Naßverlegesystems mit Rohrschlangen, die direkt auf der Dämmung aufgetackert sind

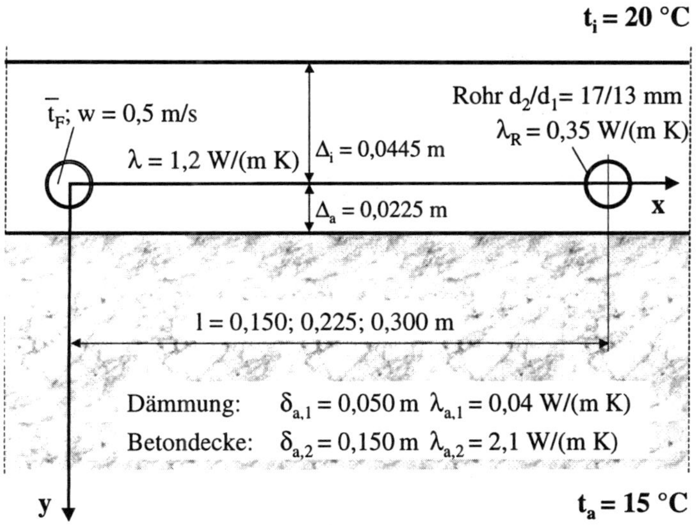

Bild 13.2
Herkömmlicher Fußbodenaufbau eines Naßverlegesystems mit Rohrschlangen, die auf einer Rohrträgermatte geklipst sind

Diese Beläge und die Trockenestrichplatten (Bild 13.4) stellen in der Berechnung nur Wärmeleitwiderstände dar. Sie werden somit nicht in die horizontale, d. h. in die zweidimensionale Wärmeleitung einbezogen. Ihnen wird auch bei den instationären Berechnungen kein Speichervermögen zugewiesen.

Im Sonderfall des Fliesenbelages wird in einigen Varianten eine homogene Schicht aus Fliesen und der rohrführenden Schicht betrachtet, um die Einflüsse auf Leistung und Dynamik der Fußbodenheizung abschätzen zu können. Im Verbund mit Estrich gelten dann die Werte des Estrichs (z. B. λ = 1,2 W/(m K)) und im Verbund mit der Vergußmasse wird ein Mittelwert (λ = 1,1 W/(m K)) angesetzt.

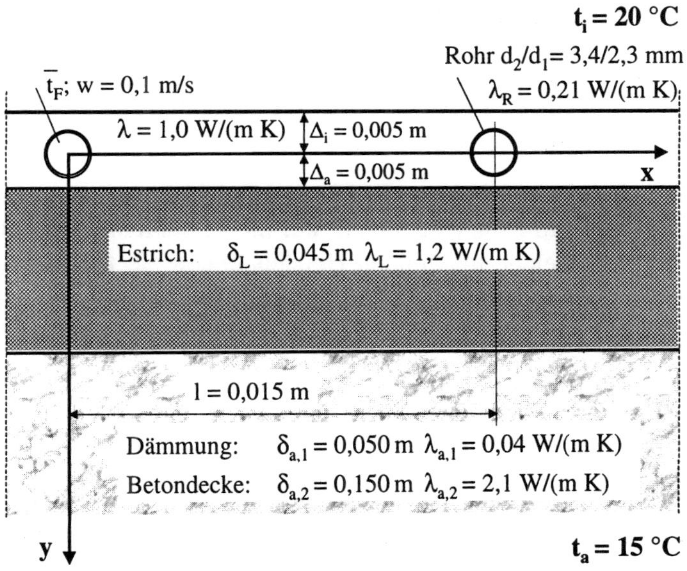

Bild 13.3
Fußbodenaufbau mit Kapillarrohrmatten in einer Vergußmasse auf einem Zementestrich

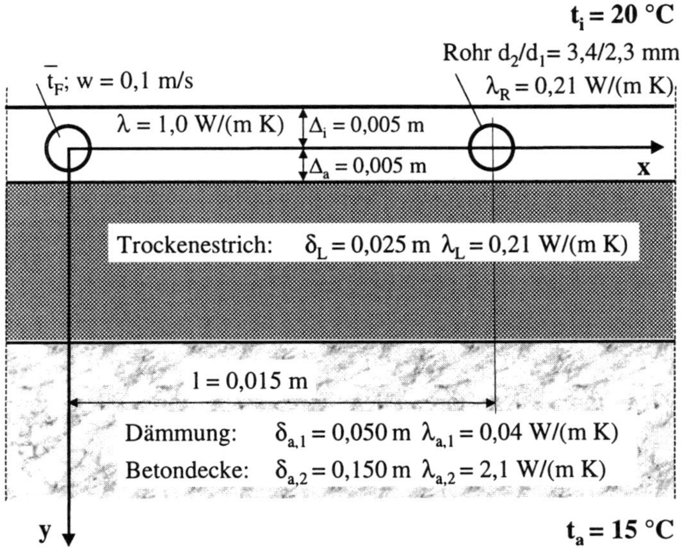

Bild 13.4
Fußbodenaufbau mit Kapillarrohrmatten in einer Vergußmasse auf einer Trockenestrichplatte

Für die instationären Berechnungen gelten weiter folgende Annahmen:

Baustoff	Dichte kg/m³	Wärmeleitfähigkeit W/(m K)	spez. Wärmekapazität J/(kg K)
Estrich	2100	1,2	1000
Vergußmasse	1700	1,0	920

13.2. Leistungen unter stationären Bedingungen

Die zweidimensionale, stationäre Berechnung erfolgt mit dem Algorithmus nach Abschnitt 7.2.4. Die Berechnung des stationären Falls ist notwendig, um eine gleiche Ausgangsbasis für die zu vergleichenden Systeme zu fixieren.

- Nach DIN 4725, Teil 2 sind die maximalen Oberflächentemperaturen, sie treten in der Regel senkrecht über dem Rohrscheitel auf, auf 29 °C begrenzt. Deshalb ist es interessant zu wissen, welche maximalen Heizleistungen die zu betrachtenden Systeme überhaupt erbringen können, wenn diese Begrenzung tangiert wird.

  Die Iterationen im Rechenprogramm werden bezüglich der mittleren Wassertemperatur so geführt, daß die maximale Oberflächentemperatur von 29 °C mit ± 0,03 K eingehalten wird.

- Zweitens werden die ermittelten Maximalleistungen für verschiedene Rohrteilungen der konventionellen Systeme als Berechnungsziele für die Systeme mit

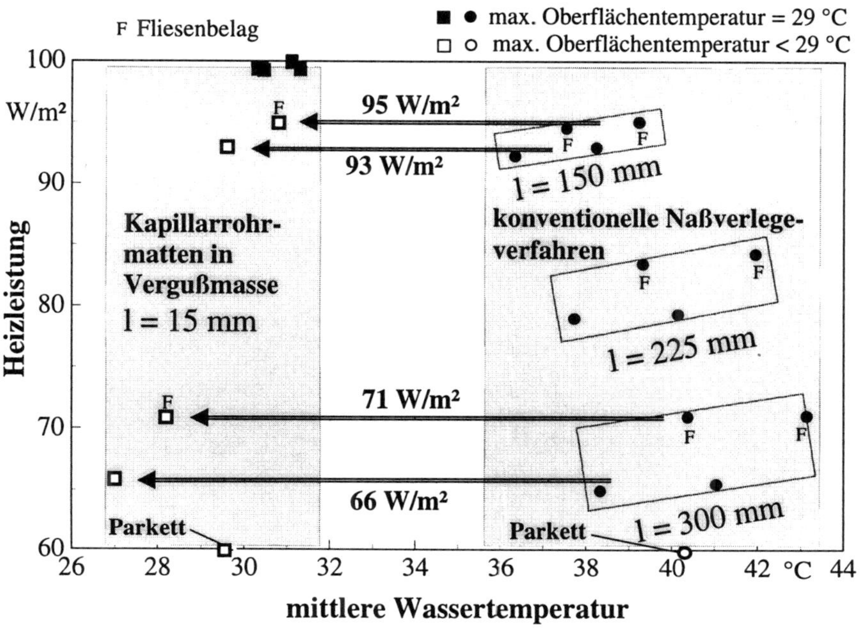

Bild 13.5 Zusammenstellung der für die in den Bildern 1 bis 4 dargestellten Fußbodenkonstruktionen berechneten stationären Wärmestromdichten vom Fußboden in den Raum bei einer Raumtemperatur von 20 °C

Kunststoff-Kapillarrohrmatten vorgegeben. Die für die Systeme mit Kapillarrohrmatten erforderlichen mittleren Heizwassertemperaturen sind dann zu ermitteln.

Die Iterationen im Rechenprogramm werden bezüglich der mittleren Wassertemperatur so geführt, daß eine vorgegebene Leistung mit ± 0,1 W/m² erreicht wird.

- In der rohrführenden Schicht wird stets eine zweidimensionale Wärmeleitung angenommen (keine Luftspalte um die Rohre). Bei Konstruktionen auf der Grundlage von Bild 13.3 gilt auch für den Estrich eine zweidimensionale Wärmeleitung. Diese Schicht wird im Sinne des Algorithmus als Wärmeleitlamelle aufgefaßt.
- Bei Konstruktionen nach Bild 13.1 oder Bild 13.2 mit einer zusätzlichen Fliesenschicht wird diese zusammen mit dem Estrich als homogene Schicht betrachtet. Es gelten die Werte des Estrichs. Diese Betrachtung liefert etwas zu hohe Leistungen für das konventionelle System.
- Bei Konstruktionen nach Bild 13.3 oder Bild 13.4 mit einer zusätzlichen Fliesenschicht wird im Falle einer maximalen Oberflächentemperatur (29 °C) probeweise mit einer "aktiven" und einer "passiven" Fliesenschicht gearbeitet. Bei

der ersten Berechnungsvariante bilden die Vergußmasse (Rohrschicht) und die Fliesenschicht eine homogene Schicht mit zweidimensionaler Wärmeleitung. Die Wärmeleitfähigkeit (Mittelwert) betrage 1,1 W/(m K). Bei allen weiteren Varianten sei die Fliesenschicht als Belag mit nur vertikaler Wärmeleitung angenommen. Diese Betrachtung liefert etwas zu niedrige Leistungen für das System mit Kapillarrohrmatten.

- Abschließend werden ein konventionelles und ein neuartiges System mit einem Parkettbelag untersucht, wobei die Heizleistung mit konstant 60 W/m² vorgegeben ist. Die mittleren Wassertemperaturen werden ermittelt.

Die Hauptergebnisse sind im Bild 13.5 sowie in den Tabellen 13.1 und 13.2 zusammengestellt.

Tabelle 13.1 Leistungen der Fußbodenheizungen für konventionelle Verlegesysteme

Konstruktion	Belag	max. und min. Oberflächentemp. bei l_R = 300 mm °C		Wassertemperatur °C Rohrabstand in mm			Heizleistung W/m² Rohrabstand in mm		
				150	225	300	150	225	300
Bild 13.1	kein	**29,0**	24,1	38,2	40,1	41,0	93,1	79,5	65,6
Bild 13.1	Fliesen	**29,0**	24,8	39,4	41,9	43,1	95,3	84,4	71,1
Bild 13.2	kein	**29,0**	24,2	36,3	37,7	38,3	92,4	79,1	65,1
Bild 13.2	Fliesen	**29,0**	24,9	37,5	39,3	40,3	94,7	83,6	71,0
Bild 13.2	Parkett	27,7	24,3			40,3			**60**

Auswertung der Ergebnisse:

- Die maximale Heizleistung einer *idealen Fußbodenheizung* ist dann erreicht, wenn die maximal zulässige Oberflächentemperatur von *29 °C ganzflächig* erreicht würde. Gemäß der Basiskennlinie für Fußbodenheizungen folgt dann eine Wärmestromdichte von

  $$\dot{q}_i = 8{,}92\,(t_{\text{Oberfläche-Fußboden}} - t_{\text{Raum}})^{1{,}1} = 8{,}92\,(29-20)^{1{,}1} = \mathbf{100\ W/m^2}.$$

  An dieser Heizleistung sind die Ergebnisse der berechneten Systeme zu spiegeln.

Tabelle 13.2 Leistungen der Fußbodenheizungen für Kunststoff-Kapillarrohrmatten-Systeme

Konstruktion	Belag	max. und min. Oberflächentemp. °C		Wassertemperatur °C	Heizleistung W/m²
Bild 13.3	kein	**29,0**	28,9	30,3	99,5
Bild 13.3	Fliesen (passiv)	**29,0**	28,9	31,3	99,5
Bild 13.3	Fliesen (aktiv)	**29,0**	29,0	31,1	100,0
Bild 13.4	kein	**29,0**	28,9	30,2	99,1
Bild 13.4	Fliesen (passiv)	**29,0**	28,9	31,2	99,4
Bild 13.4	Fliesen (aktiv)	**29,0**	29,0	31,1	100,0
Bild 13.3	kein	26,2	26,1	27,0	**66**
Bild 13.3	Fliesen (passiv)	26,6	26,5	28,2	**71**
Bild 13.3	kein	28,5	28,4	29,6	**93**
Bild 13.3	Fliesen (passiv)	28,6	28,5	30,8	**95**
Bild 13.4	kein	26,2	26,1	27,0	**66**
Bild 13.4	Fliesen (passiv)	26,6	26,5	28,2	**71**
Bild 13.4	kein	28,5	28,4	29,6	**93**
Bild 13.4	Fliesen (passiv)	28,6	28,5	30,8	**95**
Bild 13.4	Parkett	25,7	25,6	29,5	**60**

- Die in den Tabellen und im Bild 13.5 ausgewiesenen Ergebnisse für eine maximale Oberflächentemperatur von 29 °C (schwarz gefüllte Symbole) zeigen in erster Näherung keine Unterschiede bezüglich des konstruktiven Aufbaues (Dicke und Art des Estrichs). D. h., die Leistungsunterschiede zwischen den Konstruktionen nach Bild 13.1 und Bild 13.2 beziehungsweise zwischen den Konstruktionen nach Bild 13.3 und Bild 13.4 sind marginal.
- Großen Einfluß nimmt der Rohrabstand bei konventionellen Systemen:

  Rohrabstand l = 150 mm $\Rightarrow$ $\dot{q}_i \approx 93 \dots 95$ W/m²

Rohrabstand l = 225 mm ⇒ $\dot{q}_i \approx 79 \ldots 84$ W/m²

Rohrabstand l = 300 mm ⇒ $\dot{q}_i \approx 66 \ldots 71$ W/m².

Die Unterschiede bei gleichem Rohrabstand werden durch den Belag hervorgerufen. Der Einfluß wirkt leistungserhöhend, wenn der Belag auch in horizontaler Richtung gut wärmeleitend ist. Dies trifft auf Fliesen zu. Der Einfluß wächst mit zunehmendem Rohrabstand.

- Bei Kunststoff-Kapillarrohrmatten ist der Rohrabstand sehr klein (15 mm), wodurch eine nahezu homogene Oberflächentemperatur entsteht. Die Tabelle 13.2 zeigt einen Unterschied zwischen maximaler und minimaler Oberflächentemperatur von ≤ 0,1 K. Damit gilt bei maximal zulässiger Oberflächentemperatur:

  Rohrabstand l = 15 mm ⇒ $\dot{q}_i = 99{,}1 \ldots 100{,}0$ W/m².

  Damit kommt man praktisch an die *Leistung der idealen Fußbodenheizung* heran.

- Die *Temperaturwelligkeit sinkt* von maximal 4,9 K (konventionelles System) auf 0,1 ... 0 K (neues System).

- Die *erforderlichen Wassertemperaturen* liegen bei den neuen Systemen um *7 K bis 14 K* niedriger als bei den konventionellen Varianten:

Leistung	mittlere Wassertemperatur konventionelles System	mittlere Wassertemperatur neuartiges System
95 W/m²	ca. 38 °C	ca. 31 °C
93 W/m²	ca. 37 °C	ca. 30 °C
71 W/m²	ca. 42 °C	ca. 28 °C
66 W/m²	ca. 40 °C	ca. 27 °C
60 W/m² (Parkett)	40,3 °C	29,5 °C

13.3. Dynamisches Verhalten

Die Berechnung erfolgt nach dem im Abschnitt 11. erarbeiteten numerischen Verfahren, das für diesen Anwendungsfall speziell angepaßt wurde.

Aus der Vielfalt der stationären Berechnungsfälle sind für das konventionelle Naßverlegeverfahren und für das System mit integrierten Kunststoff-Kapillarrohrmatten jeweils drei Varianten mit *analoger Konstruktion* und *gleicher stationärer Leistung* mit der jeweils *zugehörigen Wassertemperatur* ausgewählt worden:

Variante 1: Konstruktion nach Bild 13.1, Rohrabstand 150 mm, kein Belag,

$\dot{q}_{i,max}$ = 93,1 W/m², mittlere Wassertemperatur 38,2 °C, max. Oberflächentemperatur 29 °C

⇒ Hochleistungselement einer konventionellen Konstruktion

⇒ relativ geringes Wärmespeichervermögen, da kein Belag

Variante 2: Konstruktion nach Bild 13.2, Rohrabstand 300 mm, Fliesen, $\dot{q}_{i,max}$ = 71,0 W/m², mittlere Wassertemperatur 40,3 °C, max. Oberflächentemperatur 29 °C

⇒ Normalvariante

⇒ großes Wärmespeichervermögen, da zusätzlicher Fliesenbelag

Variante 3: Konstruktion nach Bild 13.2, Rohrabstand 300 mm, Parkett, $\dot{q}_{i,max}$ = 60 W/m², mittlere Wassertemperatur 40,3 °C, max. Oberflächentemperatur 27,7 °C

⇒ Normalvariante

⇒ relativ geringes Wärmespeichervermögen, da Belag als nicht wärmespeichernd betrachtet wird

Variante 4: Konstruktion nach Bild 13.4, Rohrabstand 15 mm, kein Belag, $\dot{q}_{i,max}$ = 93,0 W/m², mittlere Wassertemperatur 29,6 °C, max. Oberflächentemperatur 28,5 °C

⇒ Hochleistungselement der neuartigen Konstruktion

⇒ geringes Wärmespeichervermögen, da kein Belag und der Trockenestrich als nicht wärmespeichernd betrachtet wird

Variante 5: Konstruktion nach Bild 13.3, Rohrabstand 15 mm, Fliesen, $\dot{q}_{i,max}$ = 71,0 W/m², mittlere Wassertemperatur 28,2 °C, max. Oberflächentemperatur 26,6 °C

⇒ sehr großes Wärmespeichervermögen, da Estrichunterlage, Fliesenbelag und Rohrschicht-Vergußmasse als homogene Schicht mit den ungünstigen Stoffwerten des Estrichs angesetzt werden

Variante 6: Konstruktion nach Bild 13.4, Rohrabstand 15 mm, Parkett, $\dot{q}_{i,max}$ = 60 W/m², mittlere Wassertemperatur 29,5 °C, max. Oberflächentemperatur 25,7 °C

⇒ Normalvariante

⇒ relativ geringes Wärmespeichervermögen, da der Belag und der Trockenestrich als nicht wärmespeichernd betrachtet werden.

Die Berechnungen der *Aufheiz-* und der anschließenden *Abkühlphase* werden nach *einheitlichen Randbedingungen* vorgenommen:

- Zur Zeit $\tau = 0$ haben die wärmespeichernden Schichten eine Temperatur von 20

°C. Zur gleichen Zeit springt die Wassertemperatur auf den Wert, der für die stationäre Berechnung ermittelt wurde.

- Die Heizleistung wird als Zeitverlauf ermittelt.
- Wenn die Endleistung erreicht ist, werden die Rohrregister aus dem Rechenmodell "entfernt" und der Abkühlverlauf betrachtet.
- Die Raumtemperaturen betragen im unteren Raum t_{Ru} = 15 °C = const und im oberen Raum t_{Ro} = 20 °C = const während der gesamten Untersuchung.
- Als wärmetechnische Parameter für das konventionelle Rohr gelten:
  $\lambda_R = 0{,}35$ W/(m K), $\alpha_F = 3200$ W/(m²K).

  Für das Kapillarrohr wird angenommen: $\lambda_R = 0{,}21$ W/(m K), $\alpha_F = 1000$ W/(m²K).
- Zur Berechnung wird ein relativ feines Gitter verwendet. Die Parameter Δx, Δy für das konventionelle System liegen variantenabhängig zwischen 2,2 mm bis 4,5 mm. Für das Kapillarrohrsystem gilt $\Delta x = \Delta y = 0{,}9$ mm.
- Die Zeitsschrittweiten betragen für das konventionelle System $\Delta\tau = 2{,}5$ s bzw. 6 s und für das Kapillarrohrsystem $\Delta\tau = 0{,}3$ s.

Die Hauptergebnisse des dynamischen Verhaltens - Verläufe der Wärmestromdichten des Fußbodens in den oberen Raum - sind komplett in den Bildern 13.6 bis 13.9 zusammengefaßt. Die Aufheizzeiten und Abkühlzeiten finden sich in der Tabelle 13.3.

Tabelle 13.3 Zusammenstellung der Aufheizzeiten und Abkühlzeiten

Variante	$\dot{q}_{i,max}$ W/m²	Aufheizzeit auf $\dot{q}_{i,max}$ Stunden	Abkühlzeit auf $\dot{q}_{i,max}/3$ Stunden	max. Speicherwärme bei $\dot{q}_{i,max}$ Wh/m²	Speicherwärme bei $\dot{q}_{i,max}/3$ Wh/m²	Speicherwärme bei $\dot{q}_{i,max}/3$ %
1	**93**	8	3,8	386	129	33
2	**71**	9,5	4,8	381	131	34
3	**60**	11	5,8	392	135	34
4	**93**	0,33	0,4	37	13	35
5	**71**	1,67	3,3	264	108	41
6	**60**	0,25	0,6	38	14	37

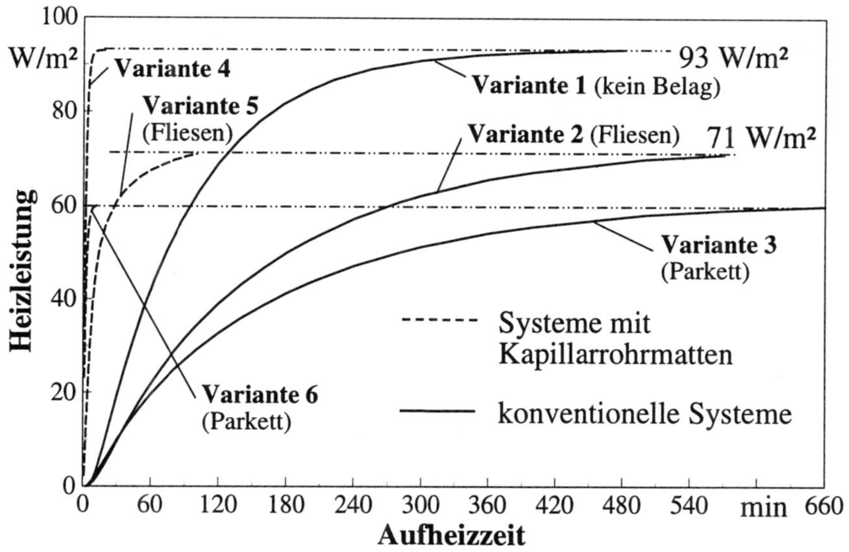

Bild 13.6 Heizleistungen während des Aufheizvorganges der verschiedenen Fußbodenheizungen (konventionelle Systeme und Systeme mit integrierten Kapillarrohrmatten)

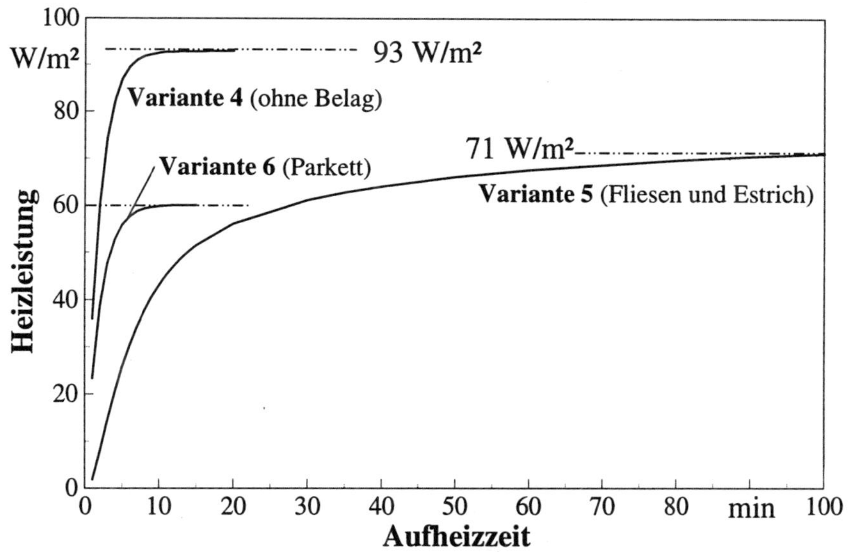

Bild 13.7 Heizleistungen während des Aufheizvorganges der Systeme mit integrierten Kapillarrohrmatten (Detaildarstellung aus Bild 13.6)

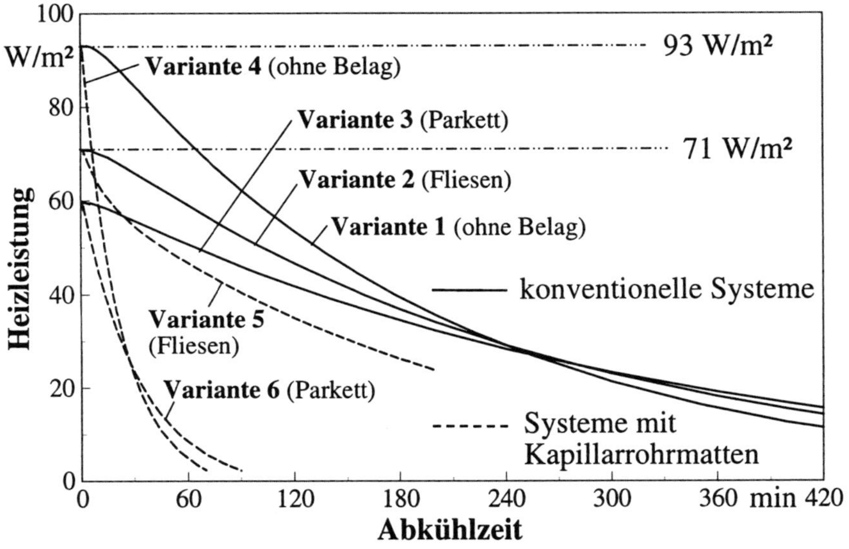

Bild 13.8 Heizleistungen während des Abkühlvorganges der verschiedenen Fußbodenheizungen (konventionelle Systeme und Systeme mit integrierten Kapillarrohrmatten) im Anschluß an die jeweiligen Vollastleistungen

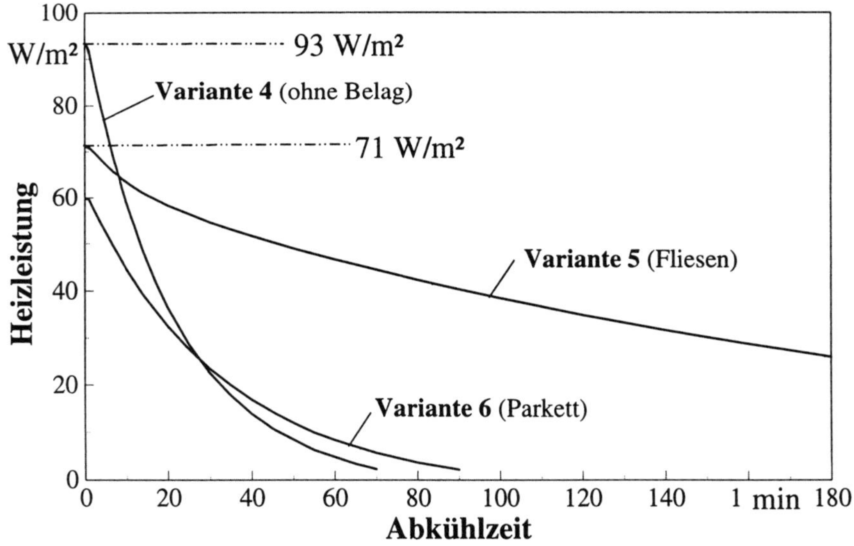

Bild 13.9 Heizleistungen während des Abkühlvorganges der Systeme mit integrierten Kapillarrohrmatten im Anschluß an die jeweiligen Vollastleistungen (Detaildarstellung aus Bild 13.7)

Auswertung der Ergebnisse:

- Auch bezüglich des dynamischen Verhaltens haben die Systeme mit Kunststoff-Kapillarrohrmatten gegenüber den konventionellen Systemen wesentliche Vorteile, wie der Variantenvergleich zeigt.

  Vergleichbare Varianten sind: Variante 1 ⇔ Variante 4

  Variante 2 ⇔ Variante 5

  Variante 3 ⇔ Variante 6.

- Die Aufheizzeiten betragen bei den neuartigen Systemen nur 2 % bis 18 % gegenüber denen konventioneller Systeme.
- Die Abkühlzeiten der neuartigen Konstruktionen sind ebenfalls kürzer als bei den herkömmlichen Naßverlegesystemen. Als markanter Vergleich wird der Zeitraum herangezogen, der ausgehend vom Vollastzustand nach Abschalten des Wasserdurchflusses vergeht, bis die Heizleistung auf ein Drittel des Maximalwertes abgesunken ist. Er beträgt bei den Systemen mit integrierten Kunststoff-Kapillarrohrmatten 10 % bis 69 % von denen konventioneller Systeme.
- Die längste Aufheizzeit und die größte Abkühlzeit bei Kapillarrohrmatten-Systemen tritt bei Variante 5 auf. Dies wird durch die Estrichschicht unter der rohrführenden Schicht verursacht, die thermisch direkt gekoppelt sind. Man sollte deshalb - wenn konstruktiv möglich - nach Fußbodenaufbauten suchen, die keinen direkten thermischen Verbund haben.

13.4. Zusammenfassung

Ergänzend zum Abschnitt 10. zeigte sich noch einmal sehr deutlich, wie groß die systemabhängigen Leistungsunterschiede sein können (Bild 13.5). Mit dem im Abschnitt 11. bereitgestellten Algorithmus konnten weiterhin auch die dynamischen Vorgänge beim Aufheizen und beim Abkühlen detailliert untersucht werden.

Die Aufheizzeiten und Abkühlzeiten sind bei Kunststoff-Kapillarrohrmatten-Systemen bedeutend kürzer als bei konventionellen Naßverlegevarianten.

14. Leistungen und dynamisches Verhalten von Wandheizungen

Die Integration von Kapillarrohrmatten in Wänden verschiedener Bauarten liefert interessante Ergebnisse bezüglich der Wärmestromdichten und des dynamischen Verhaltens beim Auf- und Abheizen im Vergleich zu konventionellen Rohrregistersystemen.

In der Literatur wurde in letzter Zeit - z. B. in [20] - darauf hingewiesen, daß die unterschiedlichen Wandsysteme hinsichtlich dieser Eigenschaften versuchstechnisch zu untersuchen sind.

Dies wäre wirtschaftlich aber nicht vertretbar und lieferte in nächster Zeit auch keine Aussagen über den Vergleich der konkurrierenden Systeme, denn eine Vielzahl von Konstruktionen wäre herzustellen und anschließend unter gleichen Prüfstandsbedingungen zu messen.

Deshalb erfolgen vergleichende Rechnungen mit Hilfe von Simulationsprogrammen.

14.1. Untersuchte Bauarten und Varianten

Bild 14.1 zeigt die Grundvariante (Bauart I), die in dieser Form direkt einsetzbar ist. Aus ihr werden dann die weiteren Bauarten durch Kombination mit zusätzlichen Schichten entwickelt. Insgesamt entstehen so drei unterschiedliche Bauarten.

Die Lage der Rohrebene kann in der Rohrschicht variieren. Sie ist durch die Parameter Δ_i und Δ_a fixiert, die in der Summe die Dicke δ ergibt. Die weiteren geometrischen Größen sind die Rohrdurchmesser d_a/d_i (sie entsprechen den Eingaben im Rechenprogramm d_2/d_1) und der Rohrabstand l.

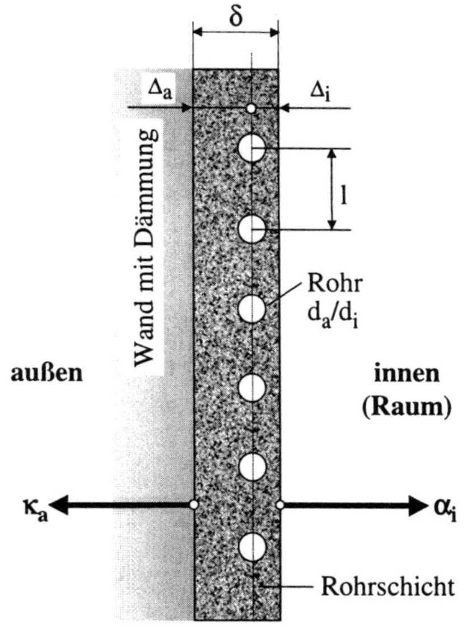

Bild 14.1 Rohrschicht der Dicke δ mit einem Rohrregister bestehend aus Rohren der Abmessung d_a/d_i, die im Abstand l angeordnet sind, vor einer Wandkonstruktion **(Bauart I)**

Als wärmetechnische Parameter werden vorgegeben:

λ	W/(m K)	Wärmeleitfähigkeit der Rohrschicht
ρ	kg/m³	Dichte der Rohrschicht
c	J/(kg K)	spezifische Wärmekapazität der Rohrschicht
λ_R	W/(m K)	Wärmeleitfähigkeit des Rohrmaterials
κ_a	W/(m²K)	Teilwärmedurchgangskoeffizient der Wand von der äußeren Rohrschichtoberfläche bis zum angrenzenden Raum oder bis zur Atmosphäre einschließlich des äußeren Wärmeübergangskoeffizienten
α_i	W/(m²K)	Wärmeübergangskoeffizient von der inneren Rohrschichtoberfläche an den Raum.

Bei den weiteren Untersuchungen wird eine Außenwand betrachtet und deshalb der Wert

$$\kappa_a = 0{,}4 \text{ W/(m}^2\text{K)} = \text{const} \tag{14.1}$$

für alle Varianten gesetzt, d. h. die Wand ist gut gedämmt.

Der innere Wärmeübergangskoeffizient enthält den Strahlungs- und Konvektionsanteil. Nach Gl. (7.94) kann

$$\alpha_i = 5{,}1 + 1{,}6\, |\vartheta_i|^{0,3} \text{ in W/(m}^2\text{K)} \tag{14.2}$$

gesetzt werden, wobei ϑ_i die Differenz zwischen der mittleren, inneren Wandoberflächentemperatur t_{mi} und der Raumtemperatur t_R (Empfindungstemperatur, operative Raumtemperatur) darstellt. Der Zusammenhang in Gl. (14.2) gilt auch für gekühlte Wände, weshalb für ϑ_i der Absolutbetrag verwendet wird.

Die Wärmeleitung in der Rohrschicht wird zweidimensional betrachtet. In der anschließenden Wandkonstruktion sei dagegen nur eine eindimensionale Wärmeleitung senkrecht zur Rohrregisterebene angenommen. Dies ist durch die dort vorhandene Wärmedämmung gerechtfertigt.

Die weiteren untersuchten Bauarten II und III sind in den Bildern 14.2 und 14.3 dargestellt. Die Rohrschicht ist hierbei auf der Außen- oder Innenseite mit einer weiteren Schicht L versehen, in der ebenfalls die Wärmeleitung zweidimensional betrachtet wird

Die geometrischen und wärmetechnischen Parameter dieser Schichten haben die Bezeichnungen:

δ_L	m	Dicke der zusätzlichen Schicht
λ_L	W/(m K)	Wärmeleitfähigkeit der zusätzlichen Schicht
ρ_L	kg/m³	Dichte der zusätzlichen Schicht
c_L	J/(kg K)	spezifische Wärmekapazität der zusätzlichen Schicht.

Auf Basis der *drei Bauarten* sind die in der Tabelle 14.1 zusammengestellten *acht Varianten* mit weiteren Untervarianten konzipiert worden.

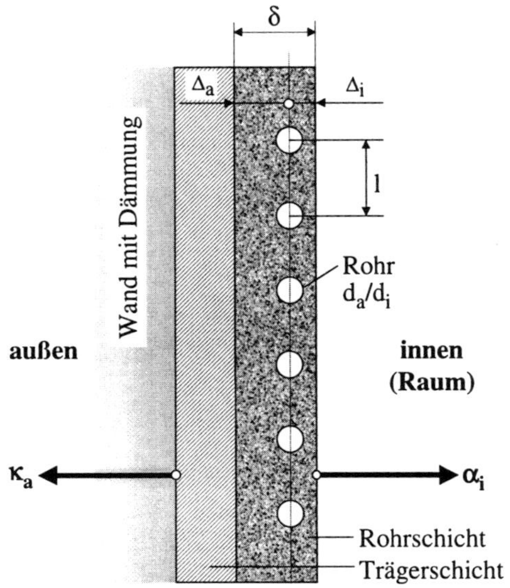

Bild 14.2 Rohrschicht beispielsweise Putz auf einer Trägerschicht vor einer Wandkonstruktion **(Bauart II)**

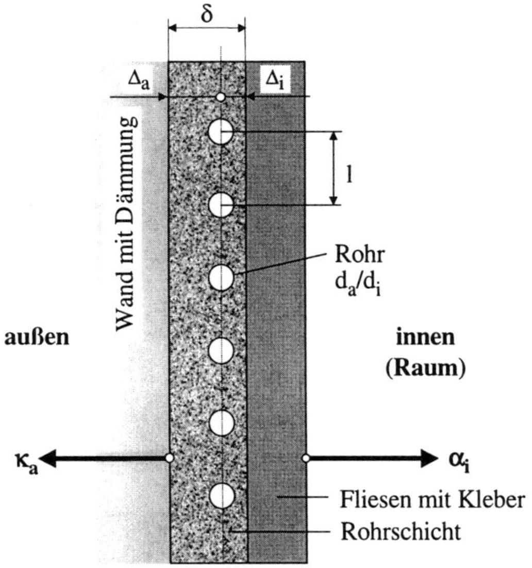

Bild 14.3 Rohrschicht beispielsweise Gipskarton mit Fliesenverkleidung vor einer Wandkonstruktion **(Bauart III)**

Fliesen und Kleber werden der Einfachheit halber als eine homogene Schicht betrachtet. Des weiteren gelten für das Rohrmaterial (Durchmesser, Wärmeleitfähigkeit und Wassergeschwindigkeit bzw. wasserseitiger Wärmeübergangskoeffizient):

- PP-Kunststoff-Kapillarrohrmatten (Kurzbezeichnung KM) $d_a/d_i = 3{,}4/2{,}3$ mm, $\lambda_R = 0{,}21$ W/(m²K), $\overline{w} = 0{,}1$ m/s, $\alpha_F = 1000$ W/(m²K)

- Kupferrohrregister (Kurzbezeichnung Cu) $d_a/d_i = 10/8$ mm, $\lambda_R = 393$ W/(m²K), $\overline{w} = 0{,}6$ m/s, $\alpha_F = 3000$ W/(m²K).

Tabelle 14.1 Untersuchte Varianten und deren charakteristische Parameter

Variante	Bauart	Rohr	Aufbau	l	δ	Δ_i	Δ_a	δ_L	λ	ρ	c	λ_L	ρ_L	c_L
				mm	mm	mm	mm	mm	$\frac{W}{mK}$	$\frac{kg}{m^3}$	$\frac{J}{kg\,K}$	$\frac{W}{mK}$	$\frac{kg}{m^3}$	$\frac{J}{kg\,K}$
1	I	KM	Gipskarton	15	15	7,5	7,5		0,4	1000	1000			
1a	I	KM	Gipskarton	15	12,5	6	6,5		0,4	1000	1000			
2	II	KM	Gipsputz a. Gipskarton	15	12	8	4	12,5	0,5	1000	840	0,4	1000	1000
3	I	KM	Blähglas	15	35	5	30		0,09	500	840			
3a	I	KM	Blähglas	10	35	5	30		0,09	500	840			
4	III	KM	Gipskarton mit Fliesen	15	15	7,5	7,5	9	0,4	1000	1000	0,9	1700	920
5	I	Cu	Gipskarton	200	20	10	10		0,4	1000	1000			
5a	I	Cu	Gipskarton	150	20	10	10		0,4	1000	1000			
6	III	Cu	Gipskarton mit Fliesen	150	20	10	10	9	0,4	1000	1000	0,9	1700	920
7	II	KM	Gipsputz auf Ziegel	15	12	8	4	120	0,5	1000	840	0,7	1600	920
8	II	Cu	Gipsputz auf Ziegel	200	20	10	10	120	0,5	1000	840	0,7	1600	920

Von besonderem Interesse sind die Gegenüberstellungen der Varianten 1 und 5 sowie der Varianten 4 und 6. In beiden Fällen werden Kunststoff-Kapillarrohrmatten mit einem Kupferrohrregister verglichen. Im ersten Fall handelt es sich um die einfachste denkbare Bauweise (Bauart I), die Einbettung in eine Gipskartonplatte ohne Deckschichten, die sich auf einer gut gedämmten Wand befindet. Das Speichervermögen der Konstruktion ist sehr gering. Im zweiten Fall ist ein Fliesenbelag angebracht (Bauart III), d h., es ist ein typischer Fall für Bäder vorgestellt.

Die Variante 2 stellt ein Spezifikum des Einsatzes von Kunststoff-Kapillarrohrmatten (Bauart II) dar. Variante 3 ist eine Neuentwicklung mit oberflächennaher Einbringung einer Kapillarrohrmatte in Blähglas. Die Wärmeleitfähigkeit dieses Stoffes ist so gering, daß nur kleinste Rohrabstände eine brauchbare Wärmeleistung ermöglichen.

Die Varianten 7 und 8 sind nicht empfehlenswert wegen der hohen Speichermasse der Ziegelwand, wobei Variante 8 (eingeputzte Kupferrohrschlangen) aber durchaus angewandt wird.

14.2. Leistung unter stationären Bedingungen

Es wäre zunächst naheliegend, eventuell die Leistungsermittlung für Fußbodenheizsysteme nach DIN 4725 Teil 2 vorbildhaft heranzuziehen. Wegen der Geometrie der Kapillarrohrmatten und des stark unterschiedlichen Aufbaus ist dies aber nicht möglich (vergleiche auch Abschnitt 10.). Es wurde deshalb das Rechenprogramm des Abschnittes 7.2.4. als universell anwendbares Simulationsprogramm zur Ermittlung der Leistungen und Temperaturen sowie von Leistungsdiagrammen verwendet.

Es wird eine zweidimensionale Wärmeleitung in der Rohrschicht (Bauart I) und in den angrenzenden Schichten (Bauarten II und III) angenommen. Eine ausführliche Ableitung für diesen Fall findet sich im Abschnitt 7.1.3. Die Berechnungsschritte sind im Abschnitt 7.2. erläutert, die speziellen Ein- und Ausgabewerte im Abschnitt 7.2.1. aufgelistet. Die Verifikation des Programms ist im Abschnitt 7.2.5. ausführlich vorgenommen worden.

Die Bauart I und die Bauart II mit Lage der Wärmeleitschicht L in Außenrichtung können ohne jegliche Änderung mit dem genannten Programm berechnet werden. Die Berechnung der Bauart III erfordert die Anwendung eines Kunstgriffes. Es ist die Einbausituation bezüglich "innen" und "außen" zu vertauschen, da nach Bild 7.2 die zusätzliche Wärmeleitschicht stets in Außenrichtung von der Rohrschicht liegt.

14.2.1. Ergebnisse der Leistungsberechnung

In den Bildern 14.4 bis 14.7 werden die Ergebnisse in Diagrammform mitgeteilt, wobei die interessierenden Gegenüberstellungen jeweils zusammengefaßt sind. Für alle Rechnungen gelten:

Raumtemperatur t_R = 22 °C, Außentemperatur t_a = 2 °C.

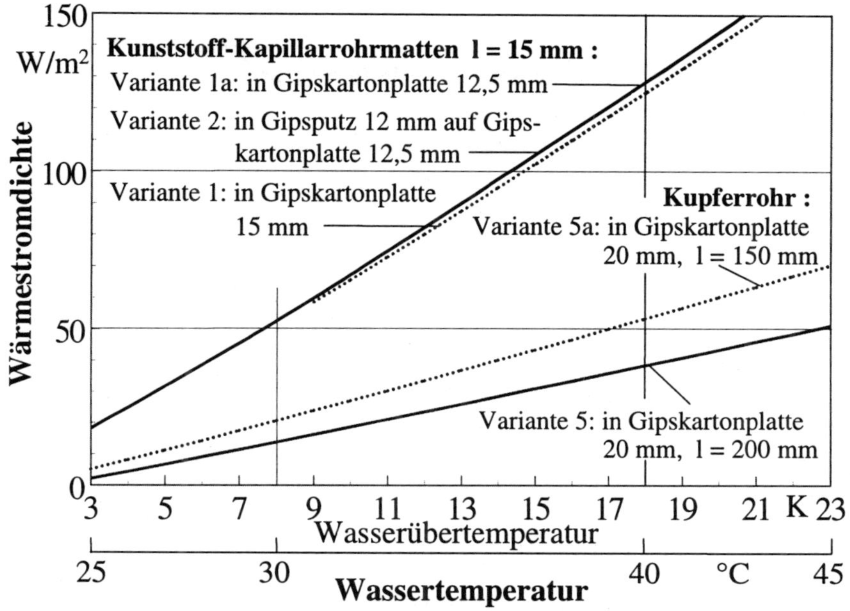

Bild 14.4 Berechnete Wärmeleistungen für Wandheizungen mit Kapillarrohrmatten und Kupferrohrregistern integriert in eine Gipskartonplatte (Bauart I) sowie für Kapillarrohrmatten in Gipsputz auf einer Gipskartonplatte (Bauart II) ohne zusätzlichen Wandbelag

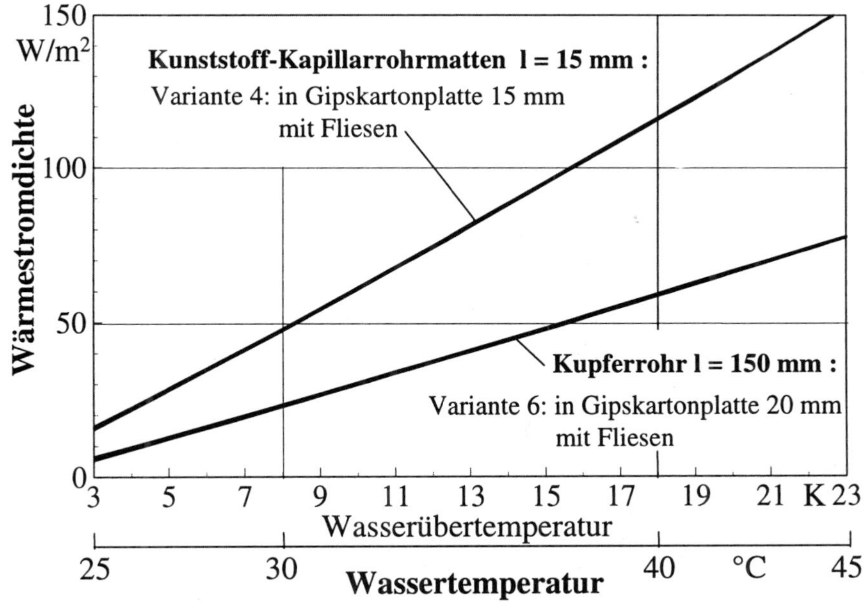

Bild 14.5 Berechnete Wärmeleistungen für Wandheizungen mit Kapillarrohrmatten und Kupferrohrregister integriert in eine Gipskartonplatte mit Fliesenbelag (Bauart III)

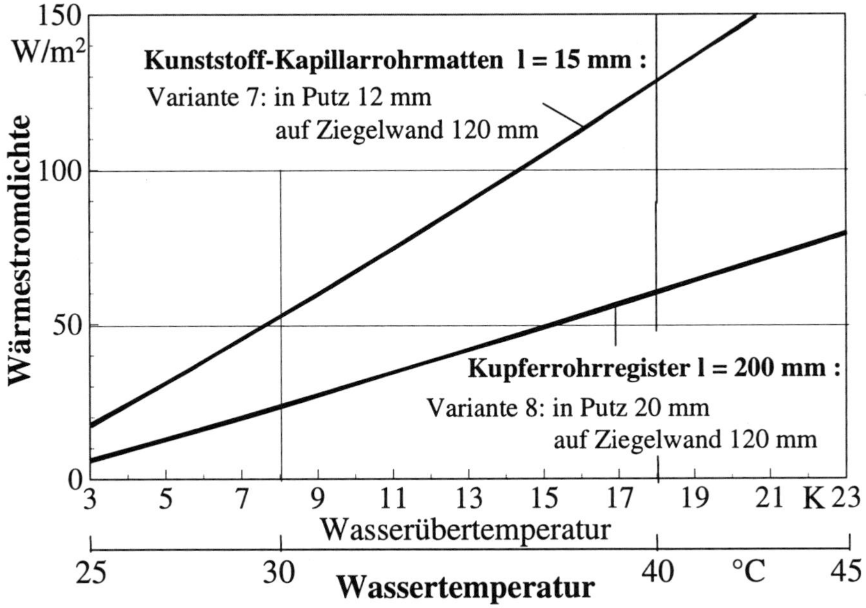

Bild 14.6 Berechnete Wärmeleistungen für Wandheizungen mit Kapillarrohrmatten und Kupferrohrregister integriert in einen Gipsputz auf einer Halbstein-Ziegelwand (Bauart II)

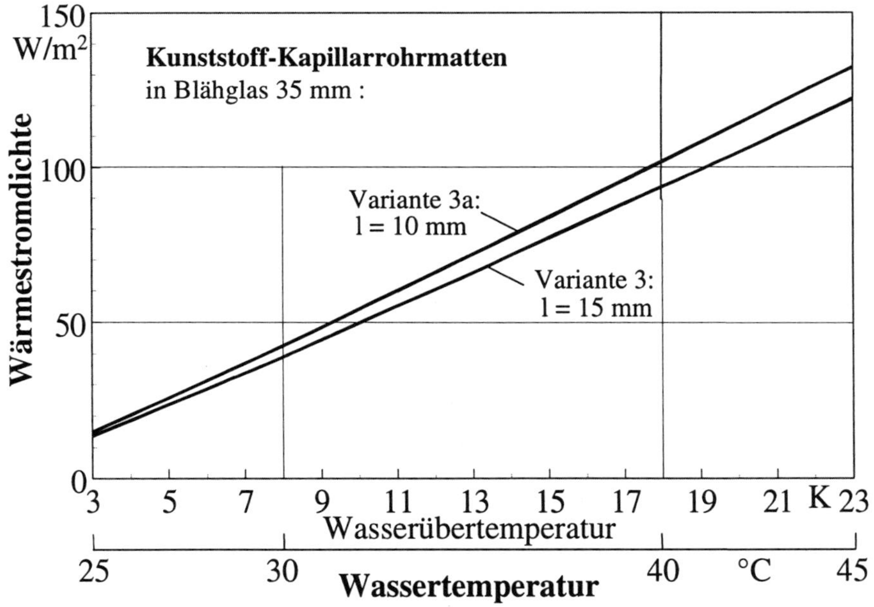

Bild 14.7 Berechnete Wärmeleistungen für Wandheizungen mit Kapillarrohrmatten oberflächennah integriert in Blähglas (Bauart I) ohne zusätzlichen Wandbelag

14.2.2. Diskussion der Ergebnisse

- Sehr bemerkenswert sind die *hohen Leistungen* der *Kunststoff-Kapillarrohrmatten* gegenüber den Kupferrohrregistern. Sie sind bei den gewählten Parametern bei gleicher Übertemperatur *mindestens doppelt so groß*. In einigen Fällen (Bild 14.4) tritt sogar Faktor 3 auf.
- Die großen Leistungen bei Kapillarrohrmatten werden durch die geringen Rohrabstände bewirkt. Infolge dieser kleinen Rohrabstände l bei den Kapillarrohrmatten haben die Wärmeleitfähigkeiten der Rohrschichtmaterialien nur noch eine untergeordnete Bedeutung, wie dies der Einsatz von Blähglas (λ = 0,09 W/(m K)) demonstriert.

  Wärmeleitrippen bringen keine nennenswerten Verbesserungen. Gleiches gilt für eine weitere Herabsetzung der Rohrabstände, wie das Bild 14.7 sogar für das schlecht wärmeleitende Material Blähglas zeigt.
- Die Verringerung der Rohrabstände l bei Kupferrohrregistern bringt zwar eine Leistungserhöhung, wobei jedoch durchmesserabhängige, herstellungsbedingte Grenzen bestehen. Die Variation von l ergab - siehe auch Bild 14.4 - bei einer Übertemperatur von 20 K:

  $l = 200$ mm; $\dot{q}_i = 43{,}4$ W/m² $\Rightarrow$ 100 %

  $l = 150$ mm; $\dot{q}_i = 60{,}2$ W/m² $\Rightarrow$ 139 %

  $l = 100$ mm; $\dot{q}_i = 88{,}3$ W/m² $\Rightarrow$ 203 %

  Im Vergleich liefert die Kapillarrohrmattenvariante $\dot{q}_i = 140{,}8$ W/m² $\Rightarrow$ 324 %.
- Das Belegen der Rohrschicht mit *Fliesen* bewirkt *keine großen Veränderungen* der Leistungen, wie die Bilder 14.4 und 14.5 zeigen. Interessant sind jedoch die gegenläufigen Veränderungen bei Kapillarrohrmatten (Variante 1 zu 4) und Kupferrohrregistern (Variante 5a zu 6) bei einer Übertemperatur von 20 K:

  Kapillarrohrmatte $l = 15$ mm; $\dot{q}_i = 140{,}8$ W/m² $\Rightarrow$ 130,6 W/m² $\Rightarrow$ -7 %

  Kupferrohrregister $l = 150$ mm; $\dot{q}_i = 60{,}2$ W/m² $\Rightarrow$ 66,7 W/m² $\Rightarrow$ 11 %

  Dieses Verhalten ist logisch zu erklären. Bei Kapillarrohrmatten liegt bereits in der Gipskartonplatte wegen des kleinen Rohrabstandes ein sehr homogenes Temperaturfeld vor, die Fliesenschicht wirkt deshalb für den Wärmefluß in den Raum eher dämmend. Bei dem Kupferrohrregister ist die Leitung zwischen den Rohren in der Gipskartonplatte ungenügend, so daß die zusätzliche Fliesenschicht die Wärmeleitung zwischen den Rohren verbessert und die mittlere Temperatur anhebt.

- Interessant ist auch das Betrachten der *Temperaturverteilung* auf der raumseitigen Oberfläche (mittlere Temperatur t_{mi}; Minimaltemperatur t_{min}; Maximaltemperatur t_{max}) bei den verschiedenen Varianten beispielsweise bei einer Raumtemperatur von 22 °C und der Wassertemperatur von 42 °C (Übertemperatur 20 K):

Bauart (Variante)	t_{mi} in °C	t_{min} in °C	t_{max} in °C
Kapillarrohrmatte l = 15 mm in Gipskarton (Variante 1)	38,0	38,0	38,1
Kupferrohrregister l = 200 mm in Gipskarton (Variante 5)	27,6	23,0	38,7
Kupferrohrregister l = 150 mm in Gipskarton (Variante 5a)	29,5	25,0	38,6
Kupferrohrregister l = 100 mm in Gipskarton (Variante 5b)	32,6	29,1	38,6
Kapillarrohrmatte l = 15 mm in Blähglas (Variante 3)	34,3	33,7	35,0

Man sieht bei den *Kapillarrohrmatten* die *Temperaturhomogenität* sehr deutlich. Bei Variante 1 beträgt der Unterschied auf der Wandoberfläche nur 0,1 K, bei dem extrem schlechten Wärmeleiter Blähglas auch nur 1,3 K. Demgegenüber ergeben sich bei Kupferrohrregistern (Varianten 5, 5a, 5b) je nach Abstand 15,7 K, 13,6 K oder 9,5 K.

- Generell ist festzustellen, daß bei den üblichen Einsatzvarianten (Bilder 14.4 bis 14.6) die Leistung von Kapillarrohrmatten bereits bei einer *Wasserübertemperatur von 8 K etwa 50 W/m²* beträgt.

- Die in den Bildern 14.4 bis 14.7 gezeigten Leistungsdiagramme gelten auch für *Wandkühlung*, wenn die Wasserübertemperatur als Wasseruntertemperatur betrachtet wird.

- Der Heizflächenexponent n folgt aus der Näherungsbeziehung für die Wärmeleistung von Heizflächen $\dot{q} = K\,\vartheta_W^n$, wobei ϑ_W die mittlere logarithmische Differenz zwischen Heizmediums- und Raumtemperatur bedeutet und für $\dot{q}$ in diesem Fall $\dot{q}_i$ eingesetzt wird. Für Kapillarrohrmatten gilt $n \approx 1{,}10$, für Kupferrohrregister $n \approx 1{,}15 \ldots 1{,}20$.

14.3. Dynamisches Verhalten

Der Algorithmus und das zugehörige Rechenprogramm, denen eine fest definierte Gittergestaltung mit speziellen Approximationen für die Rohre und Bauteilbegrenzungen zugrunde liegt, ist detailliert im Abschnitt 11. beschrieben. Auf ihn kann für die *Bauart I* (Bild 14.1) direkt zurückgegriffen werden. Die *Programmabarbeitung* ist im *Abschnitt 11.2.* dargelegt.

Für die Untersuchungen zu den *Bauarten I* und *II* macht sich eine *kleine Programmergänzung* notwendig, da zwei aneinandergrenzende Schichten mit unterschiedlichen Stoffwerten - die Rohrschicht und die zusätzliche Wärmeleitschicht L - an der zweidimensionalen, instationären Wärmeleitung beteiligt sind. Bezüglich der Gittergestaltung wird an der y-Teilung mit Δy für beide Schichten festgehalten. Die Teilung in x-Richtung wird schichtabhängig zwischen Δx und ΔxL unterschieden. Die Grenzschicht liegt auf einer Gitterlinie i = iL (Bild 14.8).

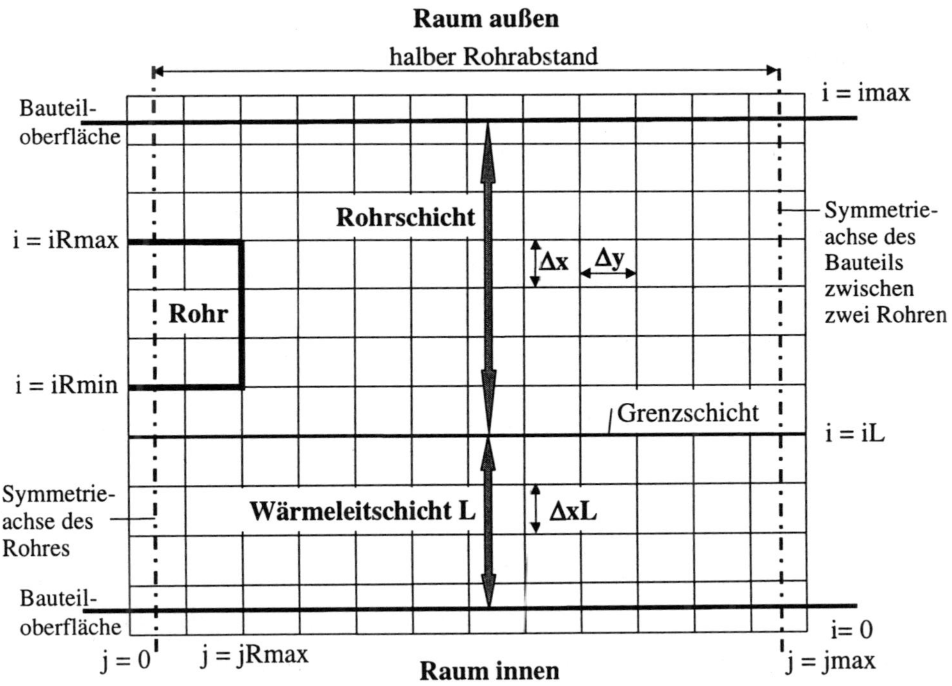

Bild 14.8 Gitter für das ergänzte Modell einer zweischichtigen Platte als Grundlage für die Modifizierung des Rechenprogramms

Es gelten die nachfolgenden Zusammenhänge:

- Temperaturleitfähigkeit der Rohrschicht (λ ; ρ ; c Stoffwerte der Rohrschicht)

$$a = \frac{\lambda}{\rho \, c} \tag{14.3}$$

- Temperaturleitfähigkeit der Schicht L (λ_L ; ρ_L ; c_L Stoffwerte der Schicht L)

$$a_L = \frac{\lambda_L}{\rho_L \; c_L} \tag{14.4}$$

- Überprüfung des Zeitschrittes, der selbstverständlich für beide Schichten in gleicher Größe gilt

$$\Delta\tau < \frac{1}{2a\left(\frac{1}{\Delta x^2} + \frac{1}{\Delta y^2}\right)} \tag{14.5}$$

$$\Delta\tau < \frac{1}{2a_L\left(\frac{1}{\Delta xL^2} + \frac{1}{\Delta y^2}\right)} \tag{14.6}$$

- Temperaturen an jedem Punkt i,j zum Zeitpunkt "Zeit+1" ausgehend von der bekannten Temperaturverteilung zum Zeitpunkt "Zeit" nach Gl. (11.6.) innerhalb der *Rohrschicht*

$$t_{i,j,Zeit+1} = t_{i,j,Zeit} + \frac{a\Delta\tau}{\Delta x^2}\left(t_{i+1,j,Zeit} - 2t_{i,j,Zeit} + t_{i-1,j,Zeit}\right)$$

$$+ \frac{a\Delta\tau}{\Delta y^2}\left(t_{i,j+1,Zeit} - 2t_{i,j,Zeit} + t_{i,j-1,Zeit}\right). \tag{14.7}$$

bzw. innerhalb der *Wärmeleitschicht L*

$$t_{i,j,Zeit+1} = t_{i,j,Zeit} + \frac{a_L\Delta\tau}{\Delta xL^2}\left(t_{i+1,j,Zeit} - 2t_{i,j,Zeit} + t_{i-1,j,Zeit}\right)$$

$$+ \frac{a_L\Delta\tau}{\Delta y^2}\left(t_{i,j+1,Zeit} - 2t_{i,j,Zeit} + t_{i,j-1,Zeit}\right) \tag{14.8}$$

- Temperaturen an jedem Punkt iL,j (*Grenzschicht*) zum Zeitpunkt "Zeit+1" ausgehend von der bekannten Temperaturverteilung zum Zeitpunkt "Zeit" folgen nach einer Ableitung in [14] unter Vernachlässigung der Wärmeleitung in y-Richtung in dieser Schicht zu

$$t_{i,j,Zeit+1} = t_{i,j,Zeit} + \frac{2\;\Delta\tau}{\Delta xL\;\rho_L\;c_L + \Delta x\;\rho\;c}$$

$$\times\left[\frac{\lambda_L}{\Delta xL}\left(t_{iL-1,j,Zeit} - t_{iL,j,Zeit}\right) - \frac{\lambda}{\Delta x}\left(t_{iL,j,Zeit} - t_{iL+1,j,Zeit}\right)\right] \tag{14.9}$$

- Berechnung des Wärmeübergangs am Rand der Schichten an den Raum bzw. an die Atmosphäre und der Speicherwärme haben schichtorientiert zu erfolgen.

14.3.1. Aufheizvorgang

Das jeweils untersuchte Bauteil hat zu Beginn $\tau = 0$ die homogene Temperatur 22 °C (Raumtemperatur). Die mittlere Wassertemperatur springt zur Zeit $\tau = 0$ auf den einheitlichen Wert t_W (übliche Idealvorstellung). Um einen praxisnahen Vergleich zu erhalten, wird angenommen, daß die Wärmeleistungen für alle untersuchten Wandheizungen im stationären, d. h. im aufgeheizten Zustand $\dot{q}_i = 50$ W/m² betragen sollen. Die zu der jeweiligen Variante gehörige, mittlere Wassertemperatur t_W kann prinzipiell aus den Bildern 14.4 bis 14.7 entnommen werden. Um eine hohe Genauigkeit zu erreichen, sind aber separate Berechnungen für den stationären Fall erfolgt, wodurch t_W auf eine Dezimale genau vorgebbar ist.

Der zeitliche Verlauf der Wärmeleistung $\dot{q}_i$ und die asymptotische Annäherung an den Endwert 50 W/m² ist in den Bildern 14.9 und 14.10 für berechnete, ausgewählte Varianten dargestellt. Für die Wassertemperaturen galten die Werte der Tabelle 14.2. Des weiteren sind in Tabelle 14.2 für jede Variante die Aufheizzeit $\tau_{A98\%}$, die bis zum Erreichen von 98 % des Leistungsendwertes, d. h. bis 49 W/m² erforderlich ist, und die Speicherwärme q_S im Bauteil am Ende der Aufheizzeit bezogen auf die Raumtemperatur vermerkt.

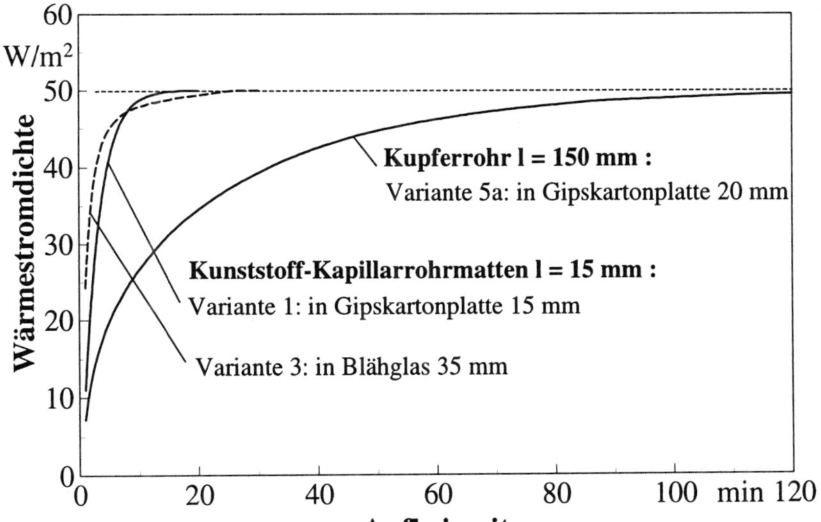

Bild 14.9 Wärmeleistung während des Aufheizvorganges für eine Gipskartonplatte mit Kapillarrohrmatte bzw. Kupferrohrregister sowie für eine Platte aus Blähglas mit Kapillarrohrmatte

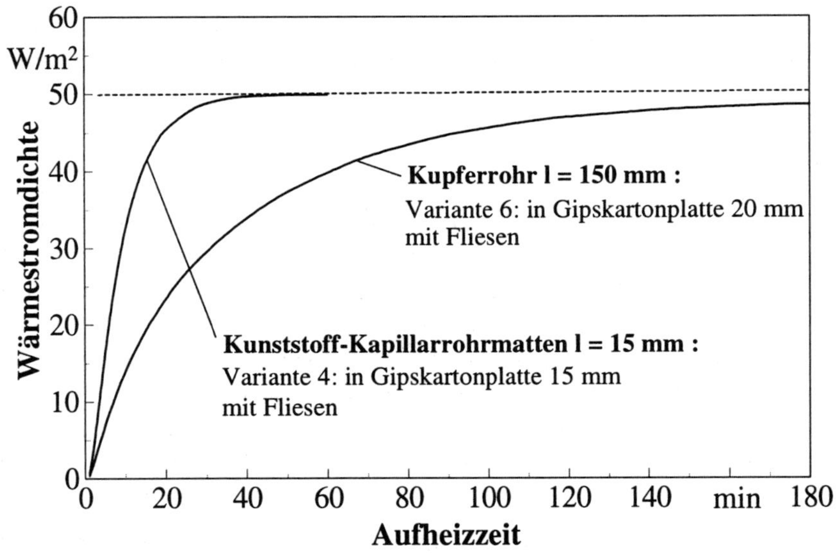

Bild 14.10 Wärmeleistung während des Aufheizvorganges für eine geflieste Gipskartonplatte mit Kapillarrohrmatte bzw. Kupferrohrregister

Tabelle 14.2 Zusammenstellung der mit der dynamischen Berechnung untersuchten Varianten mit Angabe der Wassertemperaturen t_{W50} für die stationäre Leistung von 50 W/m², der Aufheizzeit $\tau_{A98\%}$ bis 98 % des Leistungsendwertes, der Speicherwärme q_S im Bauteil am Ende der Aufheizzeit bezogen auf die Raumtemperatur und der Speicherwärme q_{S60} nach einer Abkühlzeit von 60 min bei gestopptem Wasserdurchfluß

Variante	Bauart	Rohr	Aufbau	l	δ	t_{W50}	$\tau_{A98\%}$	q_S	q_{S60}	$q_{S60}/q_S \times 100$
				mm	mm	°C	min	Wh/m²	Wh/m²	%
1	I	KM	Gipskarton	15	15	29,8	10	29	1	3
3	I	KM	Blähglas	15	35	32,1	16	23	3	13
4	III	KM	Gipskarton mit Fliesen	15	15	30,3	31	57	17	30
5a	I	Cu	Gipskarton	150	20	39,0	98	39	6	15
6	III	Cu	Gipskarton mit Fliesen	150	20	37,4	>180	67	25	37

Diskussion der Ergebnisse des Aufheizvorganges

- Die sehr gute Annäherung des Leistungsverlaufs an den stationären Endwert, der mit dem Rechenprogramm des Abschnittes 7.2.4. ermittelt wurde, kann als Bestätigung des ergänzten Algorithmus mit den dort integrierten Näherungen gewertet werden. Die mittleren Oberflächentemperaturen und deren Extremwerte stimmen ebenfalls mit dem stationären Zustand überein, z. B. gilt bei allen Varianten t_{mi} = 28,3 °C.
- Die *Aufheizzeit* ist bei Einsatz von *Kunststoff-Kapillarrohrmatten bedeutend kürzer* als bei Kupferrohrregistern. Dies gilt für alle untersuchten, miteinander vergleichbaren Bauarten. Die Aufheizzeiten reduzieren sich auf 1/10 ... 1/6.
- Bemerkenswert ist auch die *rasche Aufheizung* der Platte aus *Blähglas*, die nach etwa 30 min beendet ist. Sie erfolgt anfangs sogar schneller als bei Einbettung der Kapillarrohrmatten in Gipskartonplatten, da die Röhrchen näher an der Oberfläche liegen. Erst bei steigender Leistung macht sich die schlechtere Wärmeleitfähigkeit des Blähglases bemerkbar.
- Die in der Rohrschicht und in dem evtl. vorhandenen Fliesenbelag gespeicherte Wärme bei Vollastbetrieb (50 W/m²) ist bei den Kapillarrohrvarianten ebenfalls niedriger (74 ... 85 %) als bei den konventionellen Konstruktionen.

14.3.2. Abkühlvorgang

Das jeweils untersuchte Bauteil hat zu Beginn $\tau = 0$ die Temperaturverteilung, die dem Vollastbetrieb entspricht, d. h., sie ist variantenabhängig. Der Wasserdurchfluß wird gestoppt und das Bauteil vereinfacht aus dem homogenen Rohrschichtwerkstoff bestehend (ohne Rohre) betrachtet. Im Bild 14.11 sind die Verläufe der Wärmeleistungen für alle untersuchten Wandheizungen während der ersten 60 min Abkühlzeit dargestellt.

Weitere Ergebnisse finden sich in Tabelle 14.2. Die Speicherwärme im Bauteil bezogen auf die konstant angenommene Raumtemperatur sinkt mit zunehmender Abkühlzeit. Als markanter Wert ist die Speicherwärme q_{S60} nach einer Abkühlzeit von 60 min eingetragen, und weiterhin wurde das Verhältnis zum Ausgangswert q_S vermerkt.

Diskussion der Ergebnisse des Abkühlvorganges

- Die Abkühlverläufe unterscheiden sich hinsichtlich des Rohreinsatzes nicht so stark wie die Aufheizkurven.
- Bei den nackten Gipskartonplatten verläuft die Abkühlung bei Variante 1 (Kapillarrohrmatten) rascher als bei Variante 5a (Kupferrohrregister). Dies liegt in der unterschiedlichen Wärmespeicherkapazität der Platten und der Materialtemperatur begründet. Nach einer Stunde hat die Gipskartonplatte mit Kapillar-

rohrmatte praktisch wieder Raumtemperatur angenommen. Im anderen Fall sind noch 15 % Speicherwärme enthalten.

- Bei den Gipskartonplatten mit Fliesenbelag dominiert die Speicherwärme in der Fliesenschicht (große Speicherkapazität), so daß die Unterschiede zwischen Variante 4 und 6 relativ gering sind (Restwärme nach einer Stunde 30 % bzw. 37 %).
- Sehr gut kühlt die Variante 3 (Blähglas mit Kapillarrohrmatte) infolge der geringen Wärmespeicherkapazität aus.

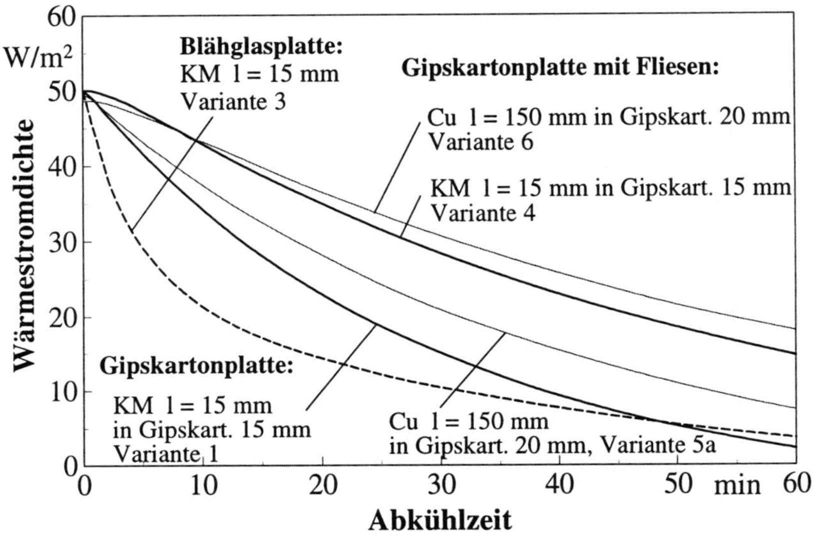

Bild 14.11 Wärmeleistungen während des Abkühlvorganges im Anschluß an eine Vollastleistung von 50 W/m² (bei Variante 6 nur 48,6 W/m²) in den ersten 60 min für alle in Tabelle 14.2 vermerkten Varianten

14.4. Zusammenfassung

Für Wandheizungen bietet sich der Einsatz von Kunststoff-Kapillarrohrmatten gleichermaßen wie bei der Betonkernaktivierung von Decken und wie bei Fußbodenheizungen an. Die vorgestellten Untersuchungen ergaben zusammengefaßt:

- Wandheizungen mit Kunststoff-Kapillarrohrmatten stellen eine beachtenswerte Alternative zu konventionellen Systemen dar. Sie besitzen ein *sehr hohes Leistungsvermögen* bereits *bei niedrigen Wassertemperaturen.*
- Kennzeichnend für diese Systeme ist die große Flexibilität und die sehr geringe Bautiefe, wodurch der Einbau in vielfältiger Weise möglich wird. Sie eignen sich vorzugsweise auch für die *Gebäudesanierung* (Wandheizung, Brüstungsheizung, Beheizung von Badewannenträgern usw.).

- Das *Wandheizungssystem* kann hervorragend mit *Fußbodenheizungen kombiniert* werden (siehe auch Abschnitt 10.2.3.).

  Beispielrechnungen für die Heizlasten gut wärmegedämmter Räume sowie die Annahmen, jeweils die Brüstung und eine Innenwand oder den Fußboden mit einem flächigen Heizungssystem zu belegen, führten zu erforderlichen Wärmestromdichten von < 30 ... 40 W/m². Um diese Leistung zu erreichen, genügen *Wasserübertemperaturen von < 7 K* bei winterlicher Maximallast.

  Durch die Brüstungsheizung (evtl. auch Fensterbankbeheizung) können die Nachteile der Fußbodenheizung (Kaltluftabfall und Strahlungstemperatur-Asymmetrie durch die Fenster) vermieden werden. Die *wärmephysiologische Behaglichkeit* ist nahezu ideal gestaltbar.

  Damit sind die Voraussetzungen gegeben, daß man über lange Zeiträume des Jahres direkt mit *Umweltenergie*, z. B. aus einfachen Solarkollektoren, arbeiten kann. Während der restlichen Heizperiode könnten Wärmepumpen mit hohen Leistungszahlen eingesetzt werden. Damit sind natürlich auch beste Voraussetzungen für den Einsatz in Anlagen mit Abwärme- oder Brennwertnutzung gegeben.

- Die *Temperaturwelligkeit* an der Wandoberfläche ist bei Einsatz von Kapillarrohrmatten vernachlässigbar klein, wodurch Materialspannungen (Rißgefahr) vermieden werden. Weiterhin entstehen durch die homogene Temperatur auch über längere Betriebszeiten keine Farbunterschiede auf der Wand, die optisch stets sehr störend wirken.

- Die Wandheizungen können - wie die Fußbodenheizungen - im Sommer natürlich auch eine *Kühlfunktion* übernehmen, wobei auch wiederum natürliche Ressourcen - z. B. Kollektoren im Erdreich oder im Kellerboden - nutzbar sind (siehe auch Abschnitt 17.).

- Die Dynamik der Wandheizungen mit Kunststoff-Kapillarrohrmatten ist bei allen überprüften Aufbauten denen mit konventionellen Rohrregistern deutlich überlegen. Dies betrifft vor allem die Aufheizzeiten, die bis auf 1/10 verkürzt werden können.

- Bei Einsatz von Kapillarrohrmatten in Flächenheizungen lohnt es sich, auch Baustoffe mit in die Betrachtung einzubeziehen, die bisher für Heizflächen ausschieden. Dies wurde am Beispiel von Blähglas deutlich.

15. Leistungen und dynamisches Verhalten von Decken zur Bauteilheizung

Die Eignung der Decken zur Bauteilkühlung mit Umweltenergie wurde im Abschnitt 12. untersucht. Der "Kältebeladung" in der Nacht folgt eine Entladephase am darauffolgenden Tag.

Beim Einsatz der Decke zum *Heizen mit Umweltenergie* sind die zeitlichen Gegebenheiten total verändert. Die bevorzugte *Entnahme von Umweltenergie aus der Atmosphäre einschließlich der solaren Energie* ist *am Tage* gegeben. In der kalten Jahreszeit ist dies der Zeitraum von 10^{00} Uhr bis 16^{00} Uhr. Der *größte Leistungsbedarf* liegt aber *vor* diesem und *nach diesem Zeitraum.*

Im Folgenden wird untersucht, inwieweit es möglich ist, durch spezielle Lagen des Rohrregisters das Speicherverhalten der Decke so zu beeinflussen, daß auch die morgendliche Anheizphase durch Speicherwärme abgedeckt werden kann.

Bei den Untersuchungen zum dynamischen (instationären) Verhalten wird von folgenden Prämissen und vorausgesetzten Besonderheiten ausgegangen:

- Zum Einsatz gelangen Kapillarrohrmatten mit PP-Röhrchen 3,4×0,55 mm, da es sich bei allen bisherigen Untersuchungen zeigte, daß bei deren Einsatz das Speichervermögen durch die erreichbare gute Temperaturhomogenität im Bauteil am größten war. Die Ladedynamik konnte sehr positiv beurteilt werden.
- Es wird die bereits bei der Bauteilkühlung betrachtete Deckenkonstruktion zugrunde gelegt.
- Als Ladezeitraum gelte: 10^{00} ... 16^{00} Uhr.
- Die mittlere Wassertemperatur mit der die Deckenrohrregister während des Ladezeitraumes beaufschlagt werden, beträgt $t_W = 30$ °C.

  Es wird davon ausgegangen, daß diese Temperatur beispielsweise aus Solarkollektoren oder aus einer Wärmepumpe verfügbar ist.
- Die Raumtemperaturen im unteren und im oberen Raum betragen $t_{Ri} = t_{Ra} = 22$ °C = const.
- Als wärmetechnische Parameter für das Rohr gelten: $\lambda_R = 0{,}21$ W/(m K), $\alpha_F = 1000$ W/(m²K).
- Die Berechnung erfolgt nach dem im Abschnitt 11.1. vorgestellten Algorithmus, wobei das unter 11.2.2. ausgearbeitete Programm Verwendung findet.

  Für mehrlagige Kapillarrohrmatten in der Decke erfolgt notwendigerweise eine Programmergänzung. Alle Programmelemente, die auf das Rohr Bezug nehmen, werden mit veränderten Indizes gedoppelt. Als Kennzeichnung findet Z - wie Zusatzregister - Anwendung. Die Eingabebesonderheit besteht in der Ergänzung der zusätzlichen Schichtlage der Kapillarrohrmatte. Es gelten somit (vgl. Bild 11.1):

iRmin untere Rohrbegrenzung (Gitterzahl) der ersten Kapillarrohrmatte

iRmax obere Rohrbegrenzung (Gitterzahl) der ersten Kapillarrohrmatte

iZRmin untere Rohrbegrenzung (Gitterzahl) der zusätzl. Kapillarrohrmatte

iZRmax obere Rohrbegrenzung (Gitterzahl) der zusätzl. Kapillarrohrmatte.

Die Rohrbegrenzung in y-Richtung jRmax (rechte Rohrbegrenzung) gilt für beide Rohrregister. D. h., sie liegen in vertikaler Richtung stets übereinander.

- Zur Berechnung wird das *grobe Gitter* verwendet. Es zeichnet sich durch die Parameter $\Delta x = 3$ mm, $\Delta y = 2{,}5$ mm aus, woraus sich zur Deckennachbildung bei den folgenden Beispielen (vgl. auch Bild 11.1) imax = 101 und jmax = 4 ergeben. Die Rohre werden nur durch vier Gitterpunkte (Rechteck) approximiert. Damit beträgt der äußere Rohrumfang 11 mm, in der Realität 10,7 mm.
- Als *Zeitschrittweite* gilt $\Delta\tau = 3$ s.
- Der *Untersuchungszeitraum* beträgt *72 Stunden*. Begonnen wird dieser um 10^{00} Uhr, dem Anfang eines Ladezyklus.
- Die Ergebnisse "*Speicherwärme*" und "*Heizleistung*" werden grafisch dargestellt. Eine direkte Auswertung erfährt nur der jeweils dritte Tag, da für diesen von einem nahezu eingeschwungenen Zustand ausgegangen werden kann.
- Untersucht werden *drei Varianten.*

15.1. Instationäre Heizleistung der Decke bei symmetrischer Lage der Kapillarrohrmatte (Variante I)

Das Ausgangsbeispiel (Variante I) behandelt eine Decke mit symmetrisch im Bauteil angeordneter Kapillarrohrmatte. Sie ist im Bild 15.1 dargestellt. Es handelt sich hierbei um das Analogon zur im Abschnitt 12. behandelten Variante II.

Die Berechnungsergebnisse sind in den Bildern 15.2 und 15.3 (S. 181) wiedergegeben. Es gelten dazu nachfolgende Anmerkungen:

- Der Einschwingvorgang ist aufgrund der guten Dynamik - bewirkt durch den Einsatz der Kapillarrohrmatten - unter praktischen Gesichtspunkten schon am Ende des ersten Tages beendet. Die weiteren Zahlenangaben beziehen sich aber auf den dritten Tag.
- In der Aufheizphase steigt die Speicherwärme im Bauteil von

  $q_S = 553$ W/m² auf $q_S = 1179$ Wh/m². $\Rightarrow$ Zunahme: $\Delta q_S = 626$ Wh/m².
- Diese Speicherwärme wird in der nachfolgenden Zeit an den Raum abgegeben.

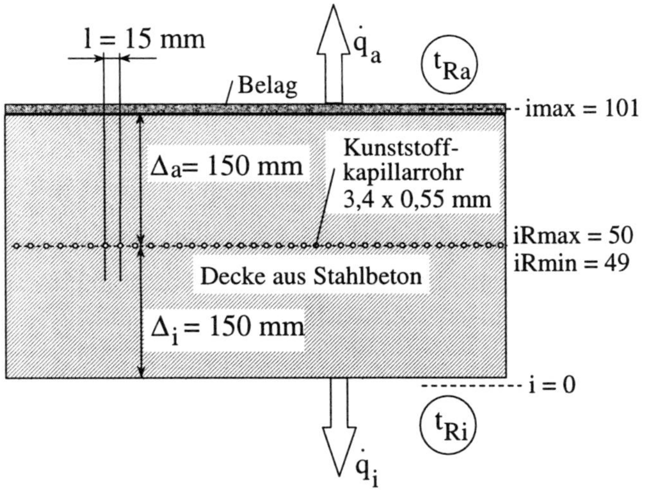

Bild 15.1
Deckenkonstruktion mit einer Kunststoff-Kapillarrohrmatte in symmetrischer Lage
(**Variante I**)

- Während der Ladezeit steigt die Heizleistung von 23,1 W/m² auf 43,0 W/m².
- Der *Verlauf der Heizleistung* ist dem *realen Tagesbedarf nicht angepaßt.* Die Morgenspitze kann nicht abgedeckt werden. Die Maximalleistung zur Mittags- und Nachmittagszeit wird in der Regel nicht benötigt.
- Insgesamt werden 813 Wh/d an den Raum übertragen.

15.2. Instationäre Heizleistung der Decke bei mittlerer und unterer Lage der Kapillarrohrmatten (Variante II)

In Variante II wird eine Decke mit zwei Kapillarrohrmatten (Bild 15.4) untersucht. Die eine Matte liegt symmetrisch im Bauteil und wird im Zeitraum von 12^{00} bis 16^{00} Uhr mit Heizwasser von 30 °C beaufschlagt. Eine zweite Kapillarrohrmatte ist

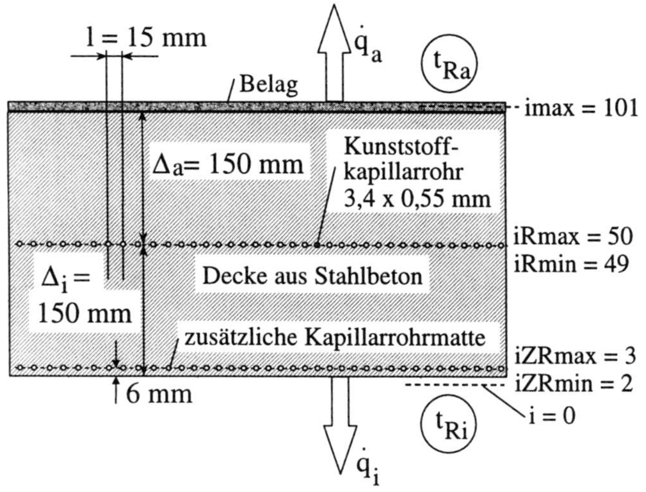

Bild 15.4
Deckenkonstruktion mit zwei Kunststoff-Kapillarrohrmatten in symmetrischer Lage und in einer Anordnung nahe der Deckenunterfläche
(**Variante II**)

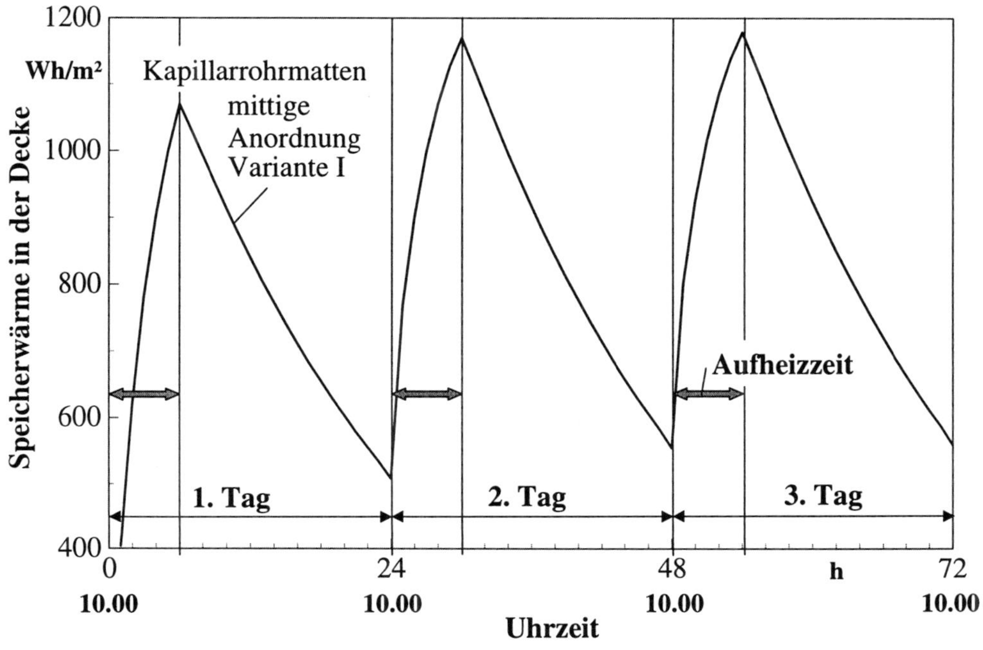

Bild 15.2 Zeitlicher Verlauf der Speicherwärme in der Decke über 72 Betriebsstunden für Variante I (eine Kapillarrohrmatte in symmetrischer Lage)

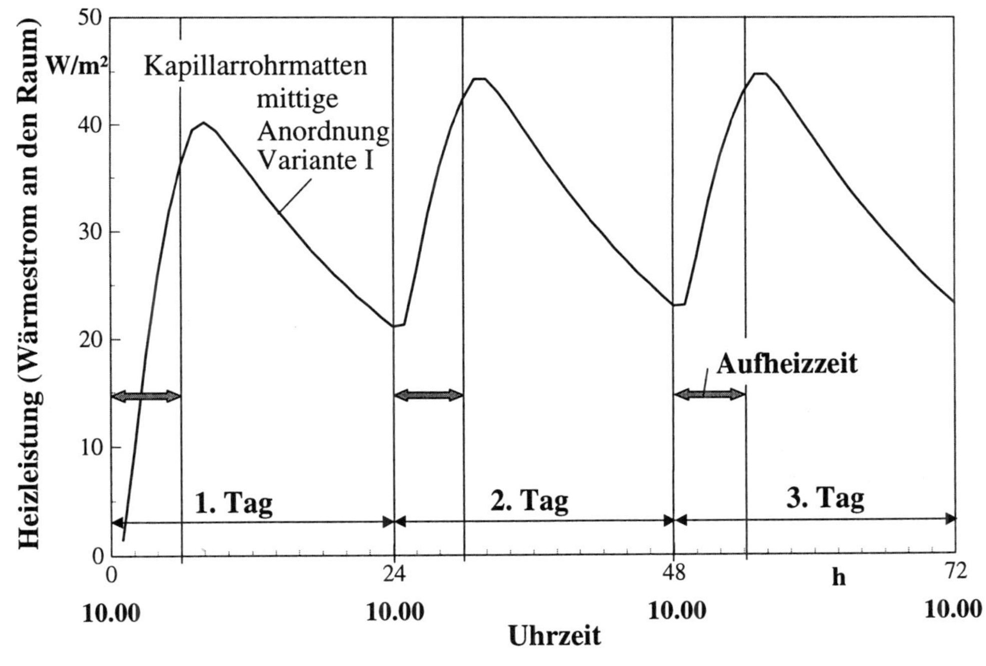

Bild 15.3 Zeitlicher Verlauf der Heizleistung der Decke (Summe der Anteile Decke und Fußboden) über 72 Betriebsstunden für Variante I (eine Kapillarrohrmatte in symmetrischer Lage)

nahe der Deckenunterfläche angeordnet. Sie wird im Zeitraum von 10^{00} bis 12^{00} Uhr mit Heizwasser von 30 °C aktiviert. Damit soll das Heizdefizit am Morgen (Nutzungsbeginn) schnell beseitigt werden. Die Einspeicherung von Wärme am frühen Nachmittag in das Deckeninnere sollte dagegen möglichst "Langzeitwirkung" zeigen.

Die Berechnungsergebnisse sind in den Bildern 15.5 und 15.6 (S. 183) wiedergegeben. Es gelten dazu nachfolgende, zur Variante I ergänzende Anmerkungen:

- In der *ersten Aufheizphase* (Betrieb der unteren Matte von 10^{00} Uhr bis 12^{00} Uhr) steigt die Speicherwärme im Bauteil von

  $q_S = 543$ W/m² auf $q_S = 779$ Wh/m². $\Rightarrow$ Zunahme: $\Delta q_S =$ 236 Wh/m².

  In der *zweiten Aufheizphase* (Betrieb der mittigen Matte von 12^{00} Uhr bis 16^{00} Uhr) steigt die Speicherwärme im Bauteil von

  $q_S = 779$ W/m² auf $q_S = 1162$ Wh/m². $\Rightarrow$ Zunahme: $\Delta q_S =$ 383 Wh/m².

- Die Gesamtspeicherwärme $\Delta q_S =$ 619 Wh/m² ist gegenüber Variante I nahezu unverändert. Sie wird in der nachfolgenden Zeit an den Raum abgegeben. Der Speicherverlauf ist gegenüber Variante I kaum verändert (Bild 15.5).

- Während der *ersten Aufheizphase* (Betrieb der unteren Matte von 10^{00} Uhr bis 12^{00} Uhr) steigt die Heizleistung von 22,1 W/m² auf 56,2 W/m².

  In der *zweiten Aufheizphase* (Betrieb der mittigen Matte von 12^{00} Uhr bis 16^{00} Uhr) sinkt zunächst die Heizleistung stark ab. Sie bewegt sich dann zwischen 38,7 W/m² und 43,1 W/m².

- Der *Verlauf der Heizleistung* ist wiederum dem *realen Tagesbedarf nicht angepaßt*. Die Morgenspitze kann nicht abgedeckt werden.

- Insgesamt werden 873 Wh/d an den Raum übertragen.

15.3. Instationäre Heizleistung der Decke bei oberer und unterer Lage der Kapillarrohrmatten (Variante III)

Variante III zeigt eine Decke mit zwei Kapillarrohrmatten (Bild 15.7). Eine unten angeordnete Matte soll ab Wärmelieferbeginn eine möglichst hohe Leistung realisieren. Sie wird im Zeitraum von 10^{00} bis 12^{00} Uhr mit Heizwasser von 30 °C aktiviert. Die oben angeordnete Matte soll die Wärme an den unteren Raum zeitverzögert bereitstellen. Sie wird im Zeitraum von 12^{00} bis 16^{00} Uhr mit Heizwasser von 30 °C beaufschlagt. Damit die Wärme nicht verstärkt in den oberen Raum abfließt, ist eine wirksame Wärmedämmung (δ_D = 0,040 m, λ_D = 0,04 W/(m K)) angebracht.

Die Berechnungsergebnisse sind in den Bildern 15.8 und 15.9 (S. 185) wiedergegeben und werden anschließend diskutiert:

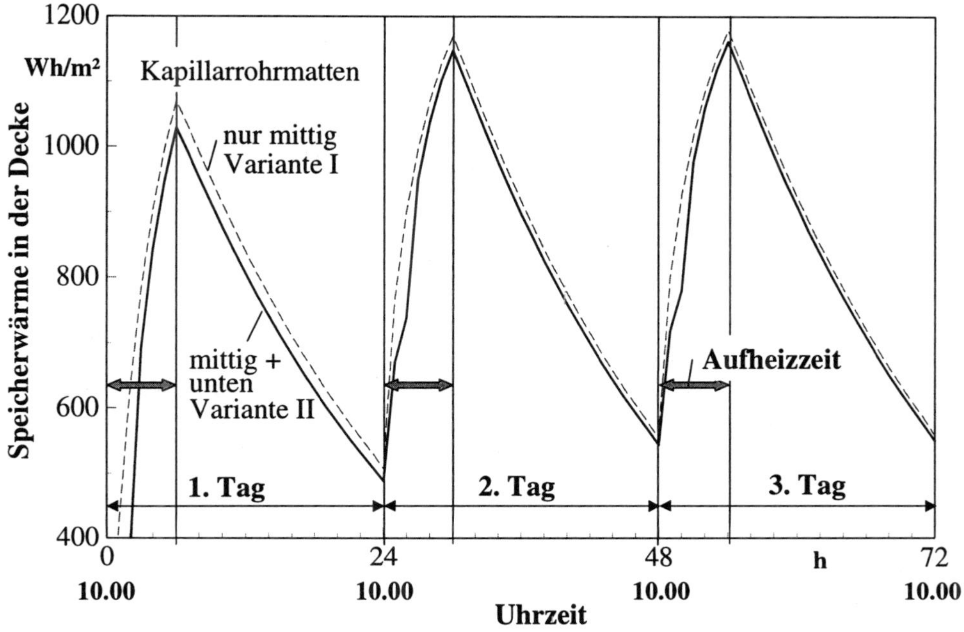

Bild 15.5 Zeitlicher Verlauf der Speicherwärme in der Decke über 72 Betriebsstunden für Variante II (ausgezogene Linie) und vergleichsweise Darstellung der Variante I

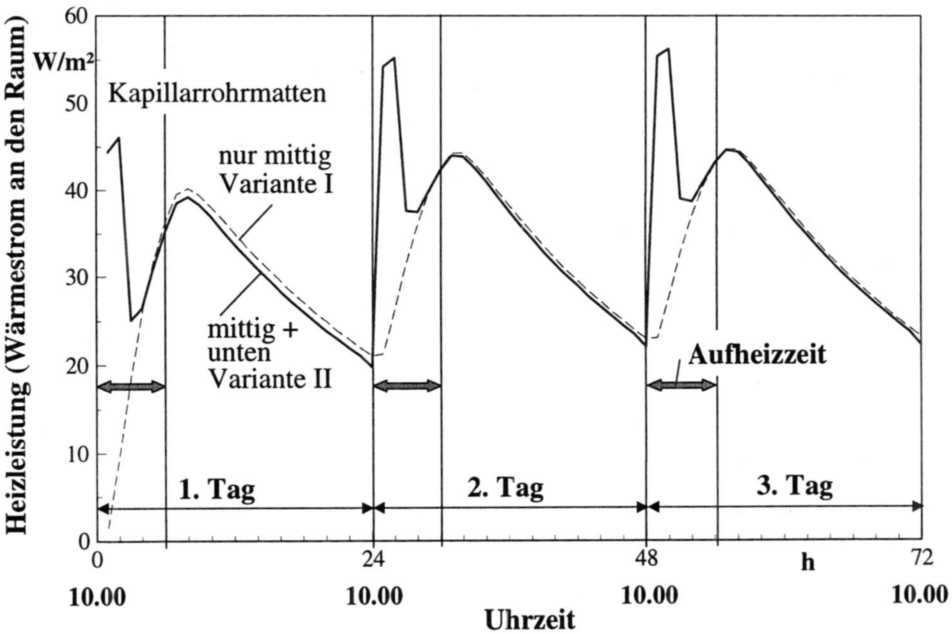

Bild 15.6 Zeitlicher Verlauf der Heizleistung der Decke (Summe der Anteile Decke und Fußboden) über 72 Betriebsstunden für Variante II (ausgezogene Linie) und vergleichsweise Darstellung der Variante I

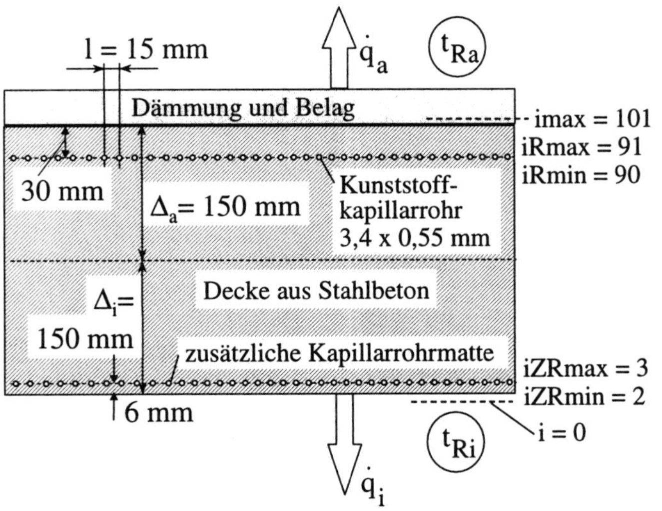

Bild 15.7
Deckenkonstruktion mit zwei Kunststoff-Kapillarrohrmatten in oberer Lage und in einer Anordnung nahe der Deckenunterfläche
(**Variante III**)

- In der *ersten Aufheizphase* (Betrieb der unteren Matte von 10^{00} Uhr bis 12^{00} Uhr) steigt die Speicherwärme im Bauteil von

  q_S = 703 W/m² auf q_S = 928 Wh/m². ⇒ Zunahme: Δq_S = 225 Wh/m².

  In der *zweiten Aufheizphase* (Betrieb der oberen Matte von 12^{00} Uhr bis 16^{00} Uhr) steigt die Speicherwärme im Bauteil von

  q_S = 928 W/m² auf q_S = 1167 Wh/m². ⇒ Zunahme: Δq_S = 239 Wh/m².

- Die Gesamtspeicherwärme Δq_S = 464 Wh/m² ist gegenüber den Varianten I und II stark gesunken. Die Ursache liegt in der schlechteren Auskühlung der Dekke, welche zu einem hohen Speicherwärmeniveau zu Beginn der neuen Wärmelieferung führt, wie Bild 15.8 verdeutlicht.

- Während der *ersten Aufheizphase* (Betrieb der unteren Matte von 10^{00} Uhr bis 12^{00} Uhr) steigt die Heizleistung von 18,1 W/m² auf 51,0 W/m².

  In der *zweiten Aufheizphase* (Betrieb der oberen Matte von 12^{00} Uhr bis 16^{00} Uhr) sinkt die Heizleistung kontinuierlich von 37,3 W/m² auf 29,4 W/m² ab.

- Der *Verlauf der Heizleistung* ist wiederum dem *realen Tagesbedarf nicht angepaßt*, wenn auch die nächtliche Wärmeabgabe deutlich reduziert ist. Die Morgenspitze kann auch hier nicht abgedeckt werden.

- Insgesamt werden 661 Wh/d, dies sind nur 76 % von Variante II, an den Raum übertragen.

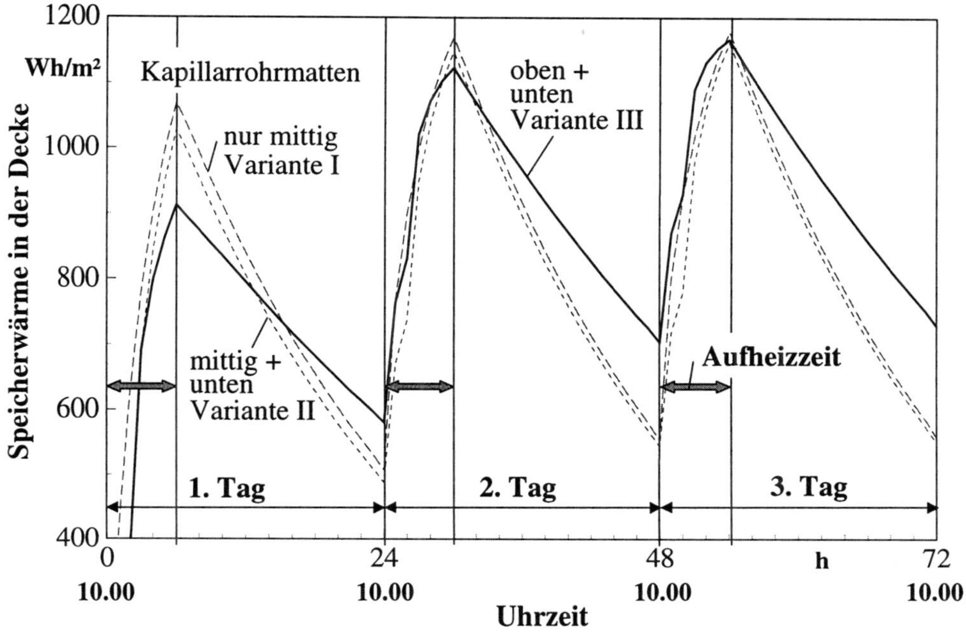

Bild 15.8 Zeitlicher Verlauf der Speicherwärme in der Decke über 72 Betriebsstunden für Variante III (ausgezogene Linie) und vergleichsweise Darstellung der Varianten I und II

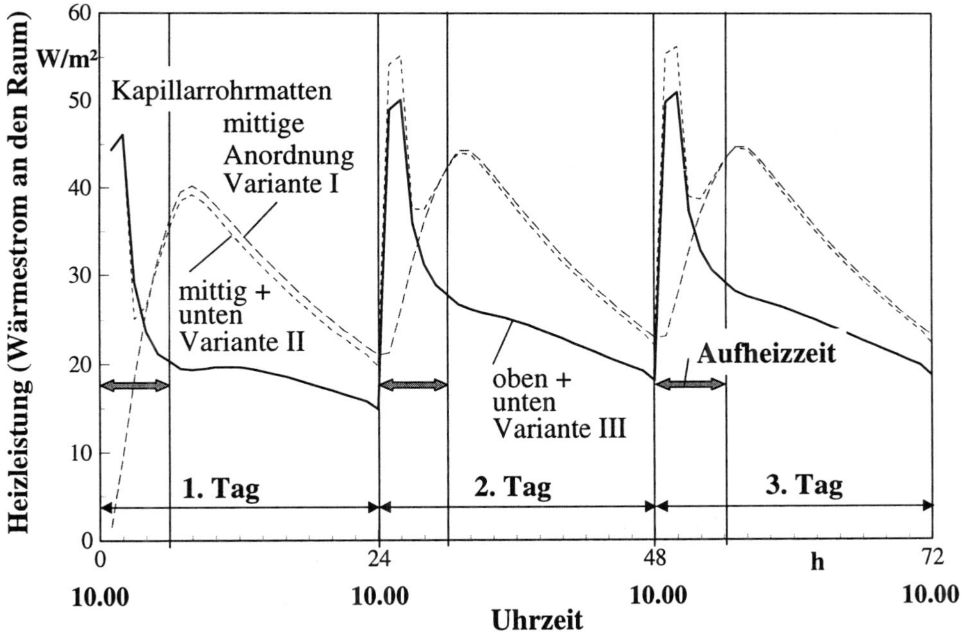

Bild 15.9 Zeitlicher Verlauf der Heizleistung der Decke (Summe der Anteile Decke und Fußboden) über 72 Betriebsstunden für Variante III (ausgezogene Linie) und vergleichsweise Darstellung der Varianten I und II

15.4. Zusammenfassung

Generell ist festzustellen, daß die gute Eignung der massiven Speicherdecke für die Kühlfunktion mit eingelagerter Energie - vornehmlich aus der atmosphärischen Umwelt - leider für die Heizfunktion nicht zutrifft. Die Ursachen sind:

- Bei der Kühlung schließt sich der Tageskühlbedarf zeitlich an das nächtliche Energiedargebot fast lückenlos an.
- Bei der Heizung ist die Entnahme aus der atmosphärischen Umwelt am Tage sinnvoll. Ein Teil davon kann direkt verwendet werden. Der größte Heizbedarf besteht aber morgens. Die Energiespeicherung in der Decke mit passiver Entladung am darauffolgenden Morgen liefert dann zu geringe Werte, wenn wie in den untersuchten Beispielen von einer konstanten Raumtemperatur ausgegangen wird.
- Würde die Heizleistung für eine schwankende Raumtemperatur berechnet, dann verbesserte sich das Heizverhalten geringfügig. Mittags und nachmittags ergäbe sich eine Erhöhung der Raumtemperatur, wodurch sich die Heizleistung reduzierte. Morgens würde die Raumtemperatur sinken, so daß eine höhere Wärmestromdichte von der Decke an den Raum aufträte. Diese Vorgänge (Selbstregulierverhalten) sind aber stets mit einem Energiemehrverbrauch und mit zeitweisen Unbehaglichkeiten verbunden (siehe auch Seite 21).

16. Leistungen und dynamisches Verhalten von aktiv betriebenen Deckenspeichern zur Bauteilheizung

Im vorherigen Abschnitt wurde eine Decke mit passiver Wärmeentladung betrachtet. Die Ergebnisse waren nicht zufriedenstellend. Es wird nun nach Möglichkeiten gesucht, um die Massivdecke als Wärmespeicher zu nutzen, die *Entladung* aber gesteuert vorzunehmen, d. h. *aktiv* zu betreiben. Die Betrachtungen sind zunächst als *Gedankenexperiment* zu verstehen.

Folgender Aufbau wäre denkbar:

- In der Decke befindet sich eine *erste Kapillarrohrmatte* zur *Beladung* mittels Heizwasser und eine *zweite Kapillarrohrmatte* mit deren Hilfe die *Entladung* erfolgt.
- Der Wasserstrom durch die zweite Matte beaufschlagt im Kreislaufbetrieb *Heizflächen im Raum*. Dies könnten sein:
    - untergehängte Decken, z. B. Kühldecken, die auch zum Heizen geeignet sind (geringer Konvektionsanteil)

- Hochleistungs-Fußbodenheizungen, die auf der oberen Dämmschicht der Decke aufliegen (siehe Abschnitt 10.)

- Hochleistungs-Wandheizungen (siehe Abschnitt 14.).

- Die Decke ist nach *unten* und *oben* mit einer *Wärmedämmung* versehen. Für die nachfolgenden Untersuchungen gelte: $\delta_D = 0{,}040$ m, $\lambda_D = 0{,}04$ W/(m K).

- Die Be- und Entladung der Decke könnte natürlich auch über eine einzige Kapillarrohrmatte erfolgen. Der Schaltungsaufwand wäre dann aber bedeutend größer.

Für die Untersuchungen zum dynamischen (instationären) Verhalten gelten die ähnlichen Prämissen wie im Abschnitt 15.:

- Ladezeitraum (Betrieb der ersten Matte): 10^{00} ... 16^{00} Uhr;
  aktiver Entladezeitraum (Betrieb der zweiten Matte): 7^{00} ... 22^{00} Uhr.

- Die mittlere Wassertemperatur mit der das erste Deckenrohrregister während des Ladezeitraumes beaufschlagt wird, beträgt $t_W = 32$ °C.

- Die mittlere Wassertemperatur in der zweiten Kapillarrohrmatte ist variantenabhängig.

- Die Raumtemperaturen im unteren und im oberen Raum betragen $t_{Ri} = t_{Ra} = 22$ °C = const.

- Wärmetechnische Parameter des Rohres: $\lambda_R = 0{,}21$ W/(m K), $\alpha_F = 1000$ W/(m²K).

- Als *Zeitschrittweite* gilt $\Delta\tau = 3$ s.

- Der *Untersuchungszeitraum* beträgt *72 Stunden*. Begonnen wird dieser um 10^{00} Uhr, dem Anfang eines Ladezyklus.

- Die Berechnung erfolgt mit dem Algorithmus nach Abschnitt 11. und der Ergänzung nach Abschnitt 15. sowie für das dort dargestellte *grobe Gitter* ($\Delta x = 3$ mm, $\Delta y = 2{,}5$ mm).

- Untersucht werden wiederum *drei Varianten*. Die beiden Kapillarrohrmatten sind stets symmetrisch zur Deckenmitte angeordnet.

Die *Heizleistung der Decke* setzt sich aus *drei Summanden* zusammen:

- Wärmestromdichte von der Decke nach unten (Gl. (11.24))

- Wärmestromdichte von der Decke nach oben (Gl. (11.25))

- Rohrwärmestrom von der Decke an das zweite Rohrregister (Gl. (11.19) umgerechnet auf 1 m² Deckenfläche unter Beachtung des Vorzeichens).

Infolge der Wärmedämmungen an der Deckenunter- und der Deckenoberfläche kommt dem *Rohrwärmestrom* die größte Bedeutung zu. Seine Größe wird stark von der vorgegebenen *Wassertemperatur* in der zweiten Kapillarrohrmatte (z. B. 26 °C) geprägt.

Die aus der Decke entnommene *Gesamtwärme* während eines Zyklus ist natürlich in erster Linie von der *Betriebszeit* (Wasserdurchfluß durch die zweite Matte) abhängig.

Mit dem Abstand der Matten können die Zeitverläufe der Speicherwärme und der Heizleistung stark beeinflußt werden.

16.1. Instationäre Heizleistung der Decke bei großem Mattenabstand (Variante I)

Die Konstruktion ist im Bild 16.1 dargestellt. Die Entladung erfolgt bei einer mittleren Wassertemperatur von $t_{ZW} = 26\ °C = const$, die in der zweiten Matte stets vorhanden ist. Es wird in diesem Gedankenexperiment angenommen, daß die aufgenommene Wärme auch zeitgleich an den Raum durch geeignete Heizflächen übertragen werden kann.

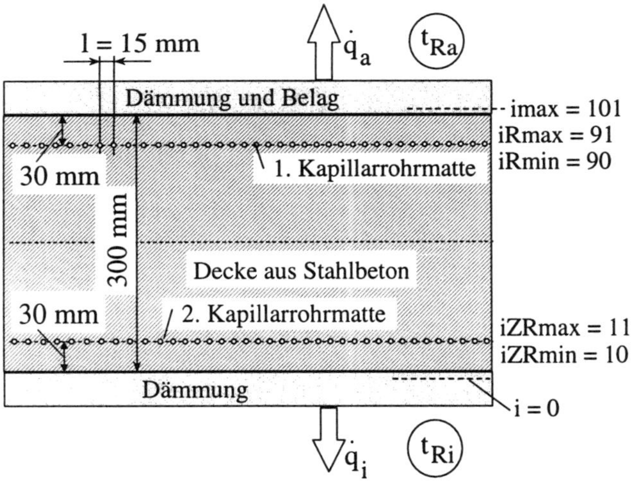

Bild 16.1
Deckenkonstruktion mit zwei Kunststoff-Kapillarrohrmatten (**Variante I**)
Die 1. Matte dient der Beladung mit Wärme, die 2. Matte der Entladung.

Die Berechnungsergebnisse sind in den Bildern 16.2 und 16.3 veranschaulicht. Es gelten die Feststellungen:

- Die Ladung des Speichers befindet sich im Vergleich zu der passiven Variante I des Abschnittes 15.1. auf einem höheren Niveau. Dies liegt an der um 2 K höheren Wassertemperatur im Laderegister, der beidseitigen Dämmung der Decke und der verkürzten Entladezeit.

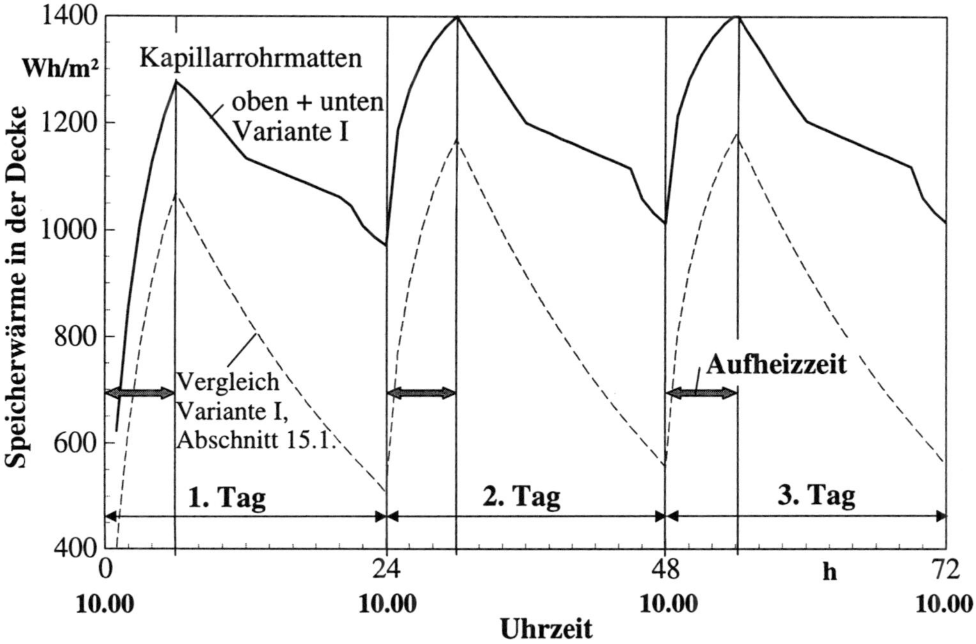

Bild 16.2 Zeitlicher Verlauf der Speicherwärme in der Decke über 72 Betriebsstunden für Variante I (ausgezogene Linie) und vergleichsweise Darstellung der Variante I aus Abschnitt 15.1.

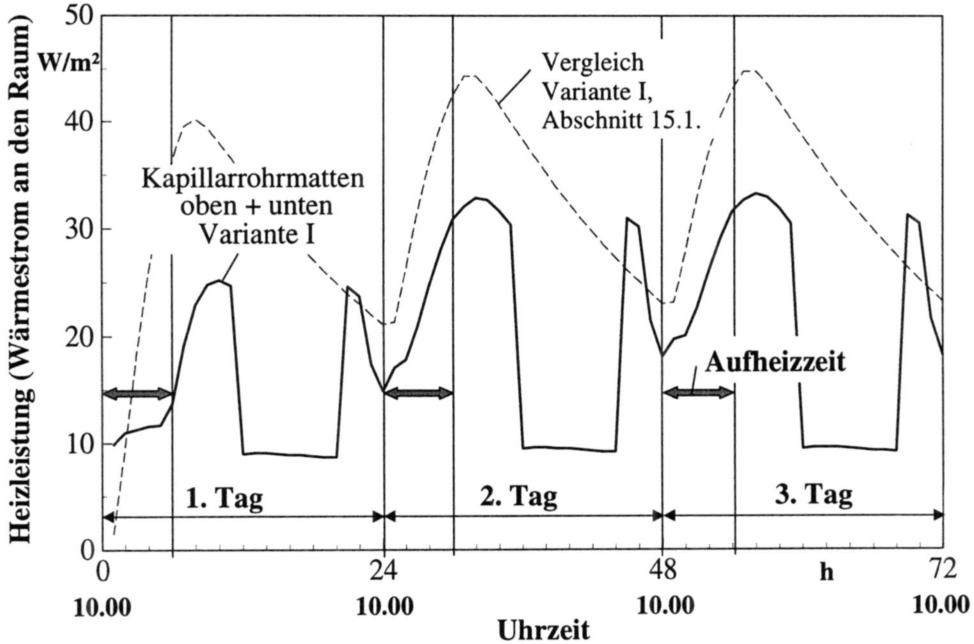

Bild 16.3 Zeitlicher Verlauf der Heizleistung der Decke (Summe der Anteile: Entladeregister, Decke, Fußboden) über 72 Betriebsstunden für Variante I und vergleichsweise Darstellung der Variante I aus Abschnitt 15.1.

- Die Schwankung der Speicherwärme innerhalb eines Zyklus hat sich verkleinert, da die aktive Entladung auf die Betriebszeit von 7^{00} Uhr bis 22^{00} Uhr begrenzt ist.

  Die *Absperrung* des *Wasserdurchflusses* in der *Nacht reduziert* die *Gesamtwärmeabgabe* der Decke gegenüber dem passiven Betriebsfall (Abschnitt 15.1.) erheblich.

  Vorteilhaft kann während der morgendlichen Anheizspitze vom großen Speicherinhalt der Decke profitiert werden. Dieser ist bei 26 °C Wassertemperatur (zweite Matte) aber bald erschöpft, so daß die Heizleistung um 10^{00} Uhr mit ca. 18 W/m² ihren niedrigsten Wert erreicht.

  Zwischen 17^{00} Uhr und 20^{00} Uhr hat die Heizleistung an den Raum mit etwa 32 W/m² ihren Höchstwert.

- Insgesamt ist der *Leistungsverlauf den täglichen Forderungen nicht angepaßt.*

16.2. Instationäre Heizleistung der Decke bei kleinem Mattenabstand (Variante II)

Um die Wärmeaufnahme der zweiten Kapillarrohrmatte zu Beginn der Ladezeit gegenüber Variante I (Bild 16.3) zu erhöhen, werden die beiden Rohrregister näher aneinander gerückt. Die Konstruktion (Bild 16.4) zeigt den geringen Abstand der Matten (30 mm) voneinander. Die Entladung erfolgt wiederum bei einer mittleren Wassertemperatur von t_{ZW} = *26 °C = const.*

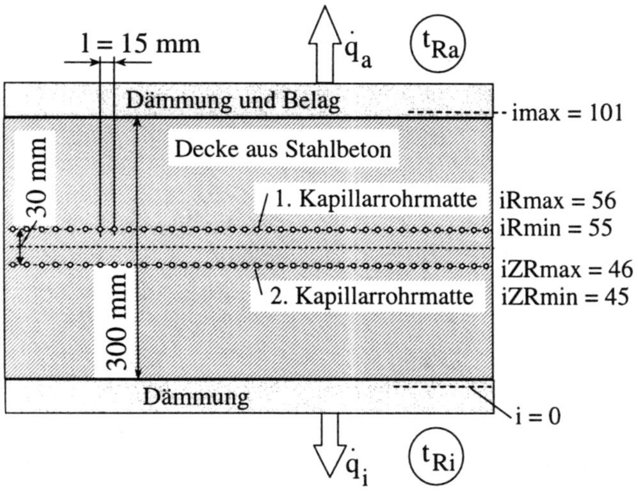

Bild 16.4
Deckenkonstruktion mit zwei Kunststoff-Kapillarrohrmatten (**Variante II**)
Die 1. Matte dient der Beladung mit Wärme, die 2. Matte der Entladung.

Die Berechnungsergebnisse sind in den Bildern 16.5 und 16.6 dargestellt. Es ergeben sich gegenüber der Variante I folgende Aussagen:

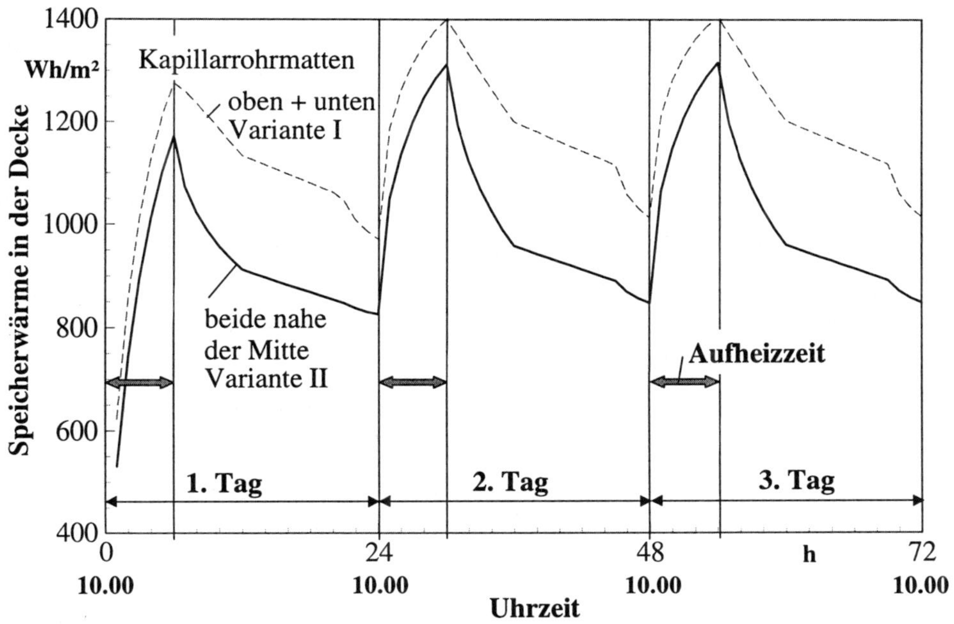

Bild 16.5 Zeitlicher Verlauf der Speicherwärme in der Decke über 72 Betriebsstunden für Variante II (ausgezogene Linie) und vergleichsweise Darstellung der Variante I

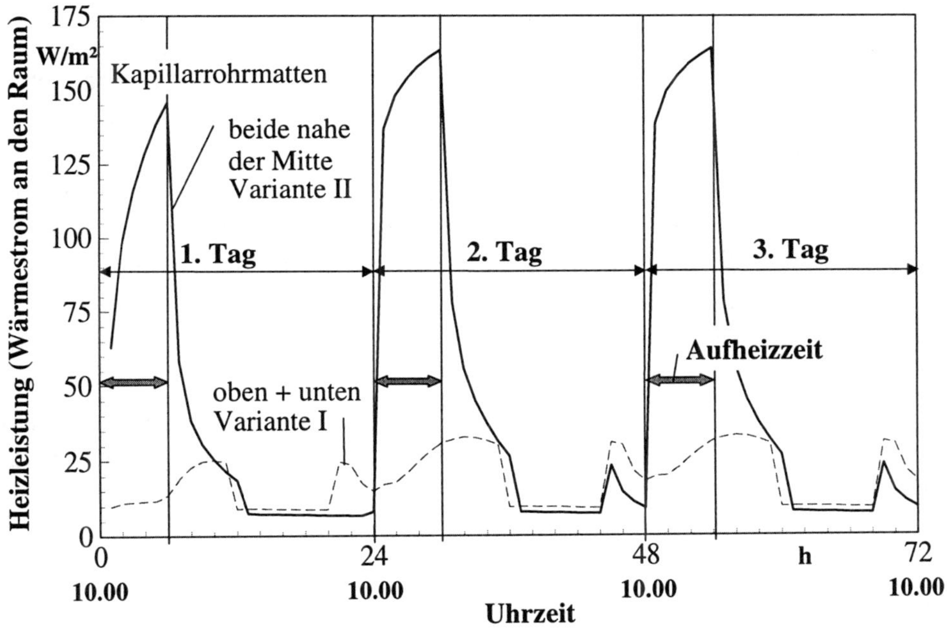

Bild 16.6 Zeitlicher Verlauf der Heizleistung der Decke (Summe der Anteile: Entladeregister, Decke, Fußboden) über 72 Betriebsstunden für Variante II und vergleichsweise Darstellung der Variante I

- Die Ladung des Speichers befindet sich im Vergleich zur Variante I auf einem niedrigeren Niveau. Dies liegt an der enorm vergrößerten Wärmeabgabe am Tage.
- Die Schwankung der Speicherwärme innerhalb eines Zyklus hat sich vergrößert, da die Speicherwärme zu Ladungsbeginn (10^{00} Uhr) bedeutend kleiner ist.
- Die *Heizleistung der Decke* unterliegt *sehr großen Schwankungen.*

  Zwischen 11^{00} Uhr und 16^{00} Uhr, d. h. während des wirksamen Ladezeitraumes, steigt diese bis auf ca. 160 W/m² an. Die Ursache liegt in der Nähe des Be- und Entladeregisters begründet.

  Wegen der verringerten Speicherwärme bei Betriebsbeginn (7^{00} Uhr) reduziert sich auch die Heizleistung gegenüber Variante I.
- Die Anpassung des *Leistungsverlaufs* an die *täglichen Forderungen* hat sich *deutlich verschlechtert.* Die Variante II ist ungeeignet.

16.3. Instationäre Heizleistung der Decke bei kleinem Mattenabstand und geregelter Entnahmetemperatur (Variante III)

Ausgehend von den Vor- und Nachteilen der Varianten I und II bezüglich des zeitlichen Verlaufs der Heizleistung an den Raum könnte man den Abstand der Kapillarrohrmatten variieren. Er nimmt - wie gezeigt wurde - sehr großen Einfluß auf die dynamischen Verläufe. Es wird aber mit dieser Methode nicht möglich sein, das Entladeverhalten den realen Forderungen anzupassen. Selbstverständlich ist beim praktischen Einsatz auch an die zeitlich veränderbaren inneren und äußeren Lasten, die auf den Raum wirken, zu denken.

Dies bedeutet, daß man unbedingt die Entnahme regelbar gestalten muß. Dazu gibt es eine Vielzahl von Möglichkeiten. Sie reichen von einer intermittierenden Betriebsweise des Entlade-Kreislaufs (zweite Matte) bis zu Beimischschaltungen.

Im vorliegenden *Gedankenexperiment* soll die *mittlere Temperatur* des die zweite Kunststoff-Kapillarrohrmatte beaufschlagenden Wasserstromes so *geregelt* werden, daß der *Wärmestrom in den Raum* eine *vorgegebene Größe* erreicht.

Dazu wird im Algorithmus die Summe aus allen Teilwärmeströmen von der Decke an den Raum gebildet (siehe Seite 187) und mit dem gewünschten Sollwert verglichen. Die Anpassung wird durch eine Änderung der Wassertemperaturen in diskreten Schritten von ± 0,01 K vorgenommen, wobei noch eine zusätzliche Dämpfung (vgl. Punkt 8., Seite 124) Berücksichtigung findet.

Im vorliegenden Fall beträgt der *Sollwert 35 W/m²* (Gesamtwärmestrom an den Raum). Er soll während der Betriebszeit von 7^{00} Uhr bis 22^{00} Uhr konstant gelten.

Die Deckenkonstruktion entspricht vollkommen dem Bild 16.4.

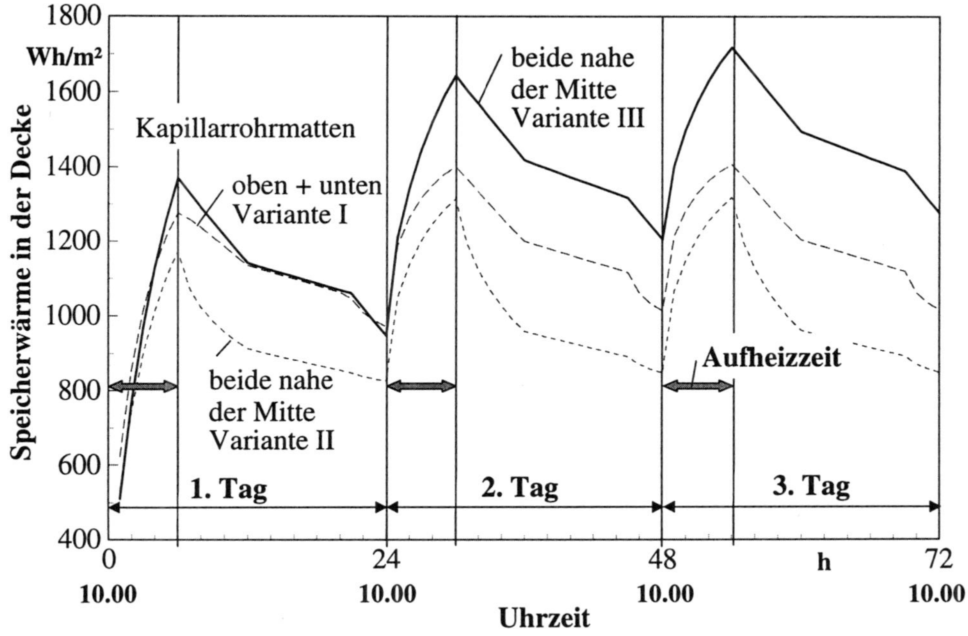

Bild 16.7 Zeitlicher Verlauf der Speicherwärme in der Decke über 72 Betriebsstunden für Variante III (ausgezogene Linie) und vergleichsweise Darstellung der Varianten I und II

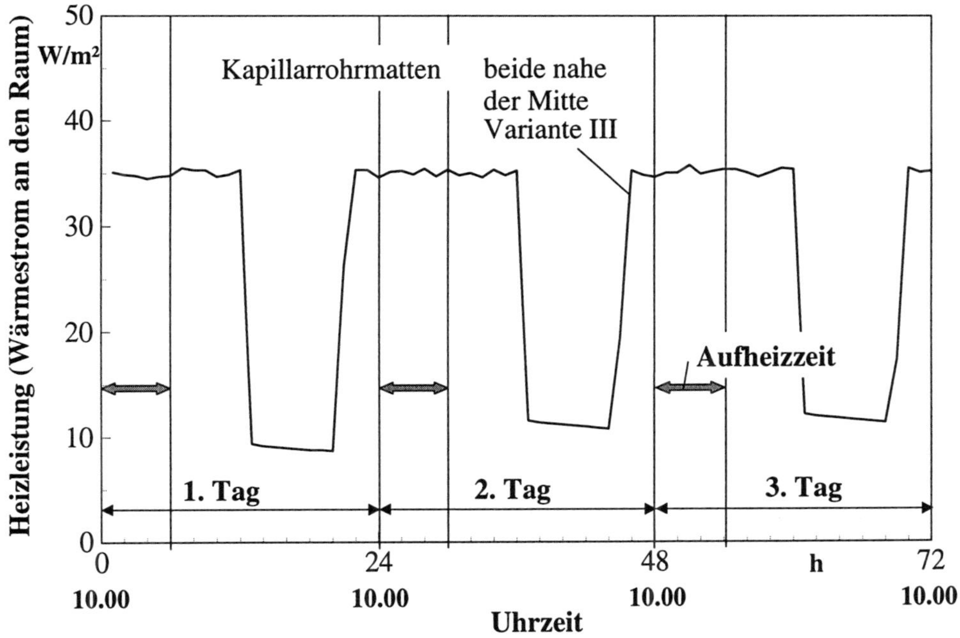

Bild 16.8 Zeitlicher Verlauf der Heizleistung der Decke (Summe der Anteile: Entladeregister, Decke, Fußboden) über 72 Betriebsstunden für Variante III

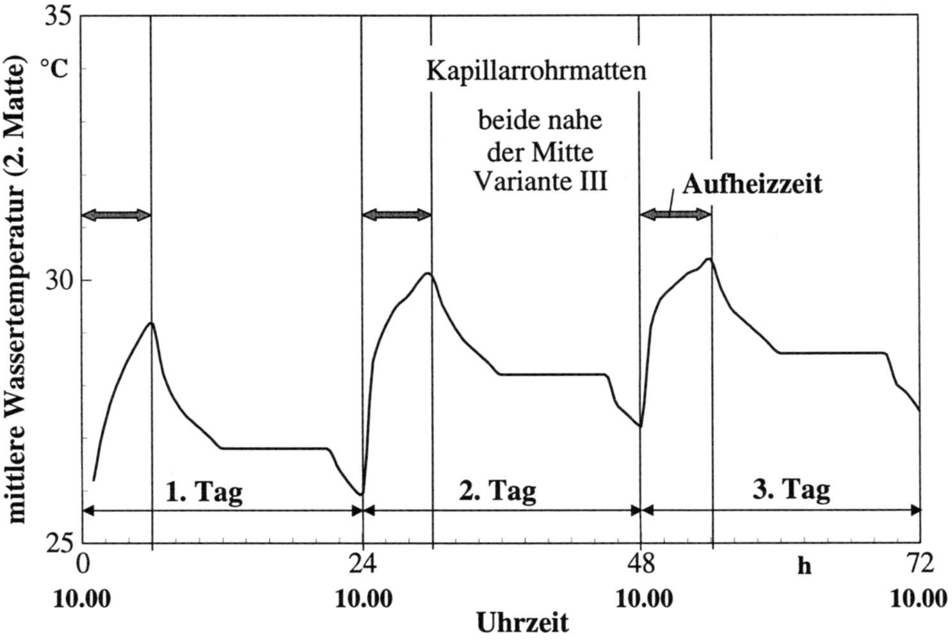

Bild 16.9 Zeitlicher Verlauf der mittleren Wassertemperatur in der zweiten Kapillarrohrmatte (Entnahmeregister), um die Sollwert-Heizleistung der Decke (Summe der Anteile: Entladeregister, Decke, Fußboden) zu realisieren (Variante III)

Die Berechnungsergebnisse über 72 Stunden sind aus den Bildern 16.7 bis 16.9 ersichtlich. Als besondere Merkmale gelten:

- Die *gespeicherte Wärme in der Decke* hat bei dieser Variante den *größten Wert.* Dies liegt am Temperaturniveau, das maßgeblich durch die thermischen Verhältnisse (Wassertemperatur) in der zweiten Matte geprägt wird, und an der geregelten Wärmeentnahme.

  Sie beträgt bei Einhaltung des Sollwertes 525 Wh/d.

  Zum Vergleich sind bei den passiv arbeitenden Varianten des Abschnittes 15. die Wärmeverbräuche 813 Wh/d (Variante I), 873 Wh/d (Variante II) und 661 Wh/d (Variante III) aufgetreten, wobei den normalen zeitlichen Anforderungen nicht entsprochen werden konnte.

- Die *Sollwert-Heizleistung* wird durch die "programmierte" Regelung entsprechend dem Bild 16.8 *sehr gut* im Zeitraum von 8^{00} Uhr bis 22^{00} Uhr *realisiert.* Die ab 7^{00} Uhr nicht sofort erreichbare Leistung ist durch die relativ träge Regelung begründet. Das Defizit könnte ohne weiteres beseitigt werden.

- Die Temperaturregelung muß sehr präzise erfolgen, da die Kapillarrohrmatten ein außerordentlich gutes Wärmeübertragungsvermögen besitzen. Kleinste wasserseitige Temperaturänderungen bewirken merkliche Leistungsvariationen.

- Die mittleren Wassertemperaturen in der zweiten Matte schwanken zwischen 27,5 °C und 30,4 °C, um die Leistungsanpassung zu erreichen. Der Temperaturverlauf ist im Bild 16.9 komplett dargestellt.
- Variante III zeigt, daß eine *genaue Anpassung an den geforderten Tagesgang möglich* ist.

16.4. Zusammenfassung

Im Ergebnis des umfangreichen Gedankenexperimentes kann festgestellt werden, daß die massive Speicherdecke sich auch für die Heizfunktion mit eingelagerter Energie - vornehmlich aus der atmosphärischen Umwelt - eignet. Im Gegensatz zur Kühlfunktion (Abschnitt 12.) muß aber eine *aktive Entladung der Speicherwärme* der Decke erfolgen. Dies erfordert eine Reihe von Besonderheiten:

- Die Decke stellt hierbei ein reines Speicherelement dar. Die Beladung erfolgt beispielsweise über eine Kunststoff-Kapillarrohrmatte, die Entladung wird über eine bauartgleiche zweite Matte vorgenommen.
- Die Decke muß als Speicher gegen die Umgebung wärmegedämmt sein. Die Dämmung könnte z. B. nach oben mit der Trittschalldämmung und nach unten mit Akustikelementen kombiniert sein.
- Als Raumheizelemente sind untergehängte Decken (Kühl-/Heizdeckenkombinationen), Fußboden- und Wandheizungen verfügbar.
- Die aktive Wärmeentnahme aus der Decke muß geregelt erfolgen. Als Regelgröße würde man die Raumtemperatur verwenden und gegebenenfalls eine Störgrößenaufschaltung wählen. Zur Realisierung sind spezielle hydraulische Schaltungen (z. B. Beimischschaltung mit Rezirkulation des Wasserstromes durch die zweite Matte) bis zur einfachen intermittierenden Betriebsweise denkbar.

17. Leistungen und dynamisches Verhalten von Fundament-Erdreich-Speichern bei saisonalem Kühlbetrieb

Auf vielfältige Weise wird versucht, *Langzeitspeicher* zur Energieversorgung der Gebäudesysteme einzubeziehen. Eine naheliegende Möglichkeit bietet das Erdreich. Bei sehr tiefem Grundwasserspiegel kann ab etwa einer Tiefe von 15 m eine konstante Erdreichtemperatur von ca. 9 °C angenommen werden. Die Jahrestemperaturschwingung an der Erdreichoberfläche hat dann keinen Einfluß mehr. Die Tagesschwingung ist nach etwa 1 m Tiefe abgeklungen [14]. Diese Angaben sind in starkem Maße von den *Eigenschaften des Erdreichs* (Dichte, Wärmeleitfähigkeit, Wärmespeicherkapazität) abhängig. Dominierenden Einfluß nimmt die *Lage des Grundwasserspiegels* und das *Verhalten des Grundwassers* (fließend oder stehend).

Wenn das natürliche Temperaturverhalten des Erdreichs durch Wärmezu- oder Wärmeabfuhr gestört wird, entstehen zusätzliche *Ausgleichsvorgänge* im Erdreich. Diese verlaufen generell *sehr langsam*, so daß die Energienutzung aus dem "Erdreichspeicher" trotz des großen Potentials relativ engen Grenzen unterliegt.

Die *Geometrie* der eingebrachten *Wärmequellen oder -senken*, die Art der Wärmeübertragerflächen und die Potentialunterschiede (Temperaturunterschiede) nehmen großen Einluß auf die *Leistungsfähigkeit*, die als *Zeitfunktion* zu untersuchen ist. Besonders bedeutungsvoll ist es, inwieweit eine *Kompensation der entnommenen Wärme* (positive oder negative) z. B. durch *Einspeicherung von Umweltenergie* aktiv betrieben wird. Die Entlade- und Beladevorgänge sind zu analysieren und ihre thermodynamischen Auswirkungen auf den Speicher über große Zeiträume zu verfolgen. Über die tatsächliche Leistungsfähigkeit der saisonalen Langzeitspeicher kann in der Regel nach zwei bis drei Jahren befunden werden. Deshalb ist auf den Grundlagen *geologisches Gutachten* und geplantes *Betriebsregime* eine *wärmetechnische Modellierung* vorzunehmen und über einen *langen Simulationszeitraum* zu untersuchen.

Nachfolgend soll an einem relativ einfachen Fall das Verständnis für diese spezielle Problematik geweckt werden, ohne eine Komplexsimulation des Gesamtsystems vorzustellen.

17.1. Beispiel und Modellierung

Eine Tiefgarage liegt 6 m unter Terrain. Das Rohrregister in der Fundamentplatte des Garagenbodens soll als Wärmeübertragerelement zur "Kältenutzung" aus dem Erdreich dienen. Der Aufbau des Bodens ist aus Bild 17.1 ersichtlich.

Da in der Garage Temperaturen bis 20 °C auftreten, werde diese Temperatur als konstanter Wert während des Untersuchungszeitraumes angenommen. Eine zusätzliche Dämmung unter dem Betonestrich soll die Wärmezufuhr in den Erdspeicher stark begrenzen. Der eigentliche Wärmeübertrager besteht aus einer Kunststoff-Kapillarrohrmatte, die als sogenannte "Betonmatte" spezielle Abmessungen aufweist. Sie liegt nahe an der unteren Oberfläche der Stahlbetonplatte.

Das Erdreich habe zu Beginn der Untersuchung idealerweise eine homogene Temperatur von 9 °C. Dieser Fall liegt bei ungestörten Verhältnissen ab 6 m Tiefe beispielsweise im Juni vor. Ab einer Tiefe von 15 m werde eine unveränderbare Temperatur von 9 °C angenommen, die durch Ausgleichsvorgänge auch bei Wärmezufuhr in der Betonplatte gehalten wird. Damit hat der eigentliche Erdspeicher eine rechnerische Dicke von 8,4 m.

Alle wärmetechnischen Größen sind ebenfalls aus Bild 17.1 entnehmbar.

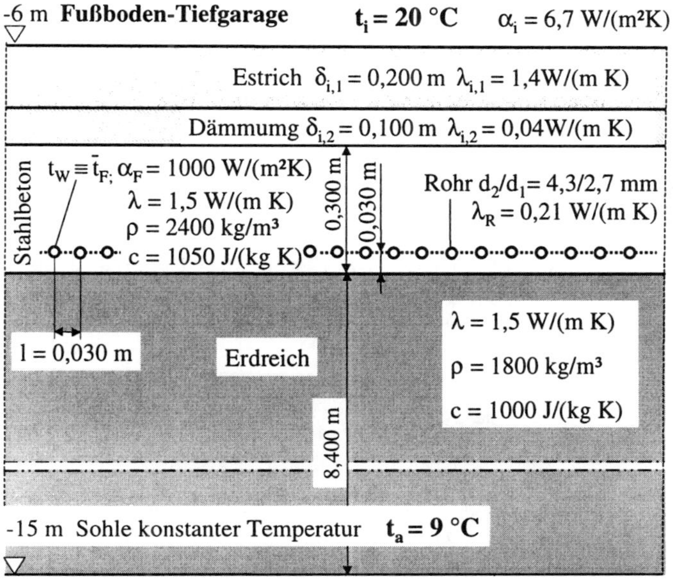

Bild 17.1
Geometrischer Aufbau und Angabe der wärmetechnischen Größen des Fundamentelementes mit Kapillarrohrmatten zur Wärmeabgabe an das Erdreich (Kühlfall)

Die Modellierung beruht auf dem im Abschnitt 11. vorgestellten Algorithmus zur zweidimensionalen, instationären Berechnung der Wärmeleitung in homogenen Körpern mit integrierten Rohrregistern. Die Erweiterung der Berechnungsmethodik um eine zweite Schicht ist im Abschnitt 14.3. beschrieben. Sie wird im vorliegenden Beispiel ebenfalls genutzt. Die Bezeichnungen der angrenzenden Räume und Temperaturen sind entsprechend der geometrischen Zuordnung verändert worden. Zwischen der Wassertemperatur t_W und der Fluidtemperatur $\bar{t}_F$ besteht Identität. Zur Verkürzung der Berechnungszeit ist es sinnvoll, das Gebiet mit vornehmlich eindimensionaler Wärmeleitung auch als solches zu berechnen. Damit ergibt sich die im Bild 17.2 dargestellte qualitative Unterteilung des Berechnungsgebietes in drei Abschnitte.

Die speziellen Daten zum Gitter lauten:

$\Delta x = 0{,}0034$ m, $\Delta y = 0{,}0036$ m, $\Delta xL = 0{,}100$ m

iL = 84, imax = 173, zweidimensionale Berechnung von i = 84 bis i = 100

$\Rightarrow$ i = 83 und i = 101 Füllung mit Temperaturen aus der eindimensionalen Berechnung

iRmin = 93, iRmax = 94, jRmax = 1.

Als weitere konstante Berechnungsannahmen sind zu nennen:

Wärmeübergangskoeffizient im Rohr $\alpha_F = 1000$ W/(m²K)

Wärmeübergangskoeffizient am Fußboden	α_i	= 6,7 W/(m²K)
Temperatur des Erdreichs bei i = 0	t_a	= 9 °C
Temperatur in der Tiefgarage	t_i	= 20 °C
Zeitschritt	$\Delta\tau$	= 5 s.

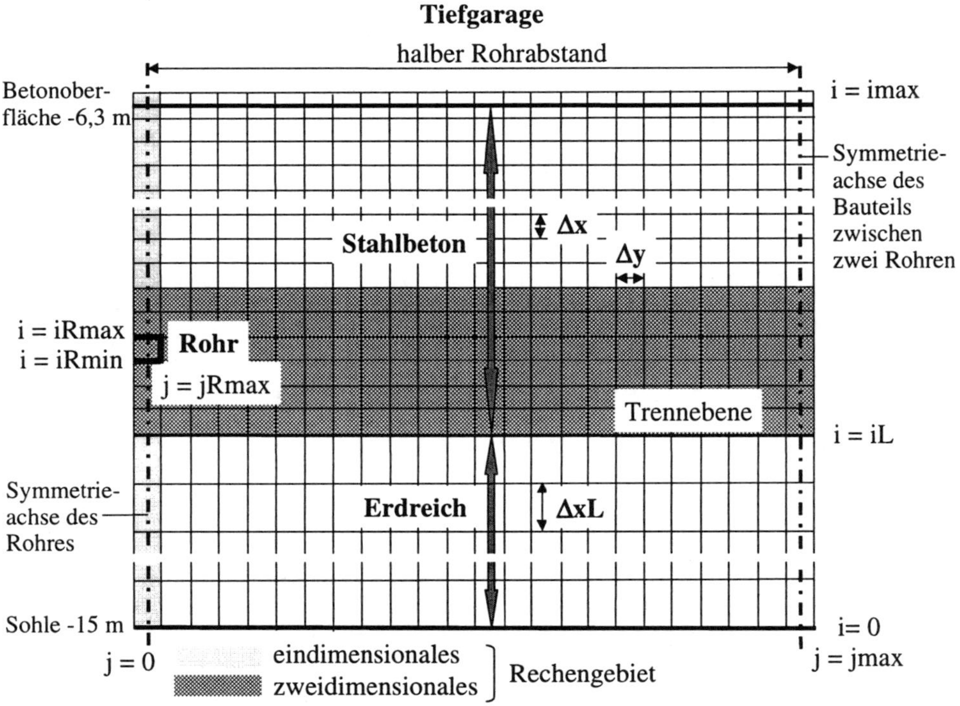

Bild 17.2 Schematische Veranschaulichung des Gitters zur Berechnung der instationären Wärmeleitung im Fundamentelement und im Erdreich

Als *Untersuchungszeitraum* werden *4 Wochen* gewählt, wobei die Entnahme von Montag bis Freitag von jeweils > *8^{00} Uhr bis ≤ 18^{00} Uhr* erfolgt.

Die praktischen Entnahmebedingungen sind vom Verwendungszweck der Wärme abhängig. Die Anlagentechnik ist dementsprechend zu konzipieren. Die Entnahmeverhältnisse können zwischen *zwei Grenzfällen* variieren. Angewendet auf den Kühlfall (Wärmezufuhr an das Erdreich) gelten:

- *Wärmezufuhr eines variablen Wärmestromes bei konstanter Temperatur*

  Dies trifft beispielsweise zu, wenn mit dem Medienstrom eine Kühldecke beaufschlagt wird.

- *Wärmezufuhr eines konstanten Wärmestromes bei variabler Temperatur*

  Dieser Fall ist realistisch, wenn beispielsweise der Medienstrom die Kondensatorwärme einer Kältemaschine abführt.

In den nachfolgenden Abschnitten werden die verschiedenen Varianten detailliert untersucht.

17.2. Instationäre Kühlleistung bei konstanter Wassertemperatur (Variante I)

Die mittlere Wassertemperatur im Rohrregister (Kapillarrohrmatte) der Fundamentplatte sei stets **17 °C**. Damit wäre beispielsweise eine Kühldecke betreibbar. Die Systemtemperaturen könnten damit 16 °C / 18 °C sein.

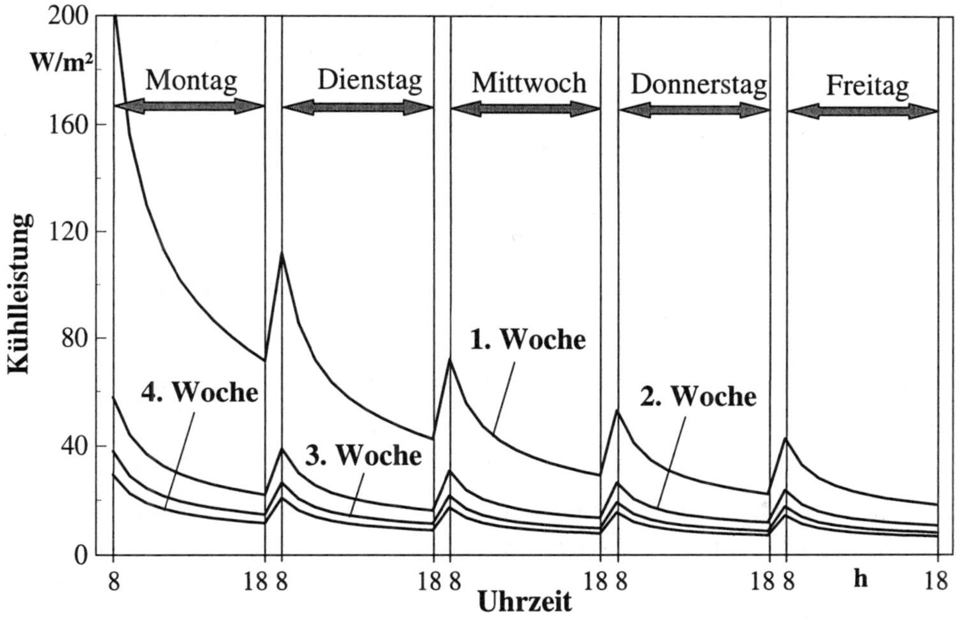

Bild 17.3 Entnehmbare Kühlleistung aus dem Fundamentelement (Bild 17.1) bei einer konstanten mittleren Wassertemperatur von 17 °C

Bild 17.3 zeigt die Ergebnisse im Untersuchungszeitraum. Es folgen daraus die Detailaussagen:

- Die Kühlleistung sinkt von 207 W/m² auf 7 W/m². Daraus wird eindrucksvoll deutlich, daß das *System völlig überfordert* ist.
- Während einer Pause der Wärmezufuhr erfolgt ein Temperaturausgleich, indem Wärme aus dem Rohrbereich in tiefere Erdreichschichten abfließt. Die Temperatur in der Umgebung des Rohrregisters sinkt. Nach Beendigung dieser "Erholungsphase" ist die Kühlleistung somit höher als am Ende des vorangegangenen Betriebsabschnittes. Dies trifft für die Nachtpausen und besonders für die

Wochenendpausen zu. Die "*Erholungsphasen*" sind bei den angenommenen Betriebsbedingungen *zu kurz*. Die Zunahmen der Kühlleistungen am Ende der Pausen verringern sich mit zunehmender Zeit.

- Die Verläufe der 3. und 4. Woche liegen relativ eng beieinander, so daß man sich stationären Verhältnissen nähert.
- Die negative Speicherwärme bezogen auf die Temperatur t_i = 20 °C reduzierte sich im Untersuchungszeitraum (Ausgangswert ⇒ Endwert):

  - Fundamentplatte - 2300 Wh/m² ⇒ - 664 Wh/m²

  - Erdreich (bis Sohle) - 46200 Wh/m² ⇒ - 40922 Wh/m².

  Es wird deutlich, daß das Erdreich noch viel Wärme aufnehmen könnte, d. h. der Speicher ist erst um 11 % "geleert" worden.

Die Leistungsbegrenzung bei der Wärmeabfuhr an das Erdreich liegt nicht am Wärmeübertragerelement, sondern der Wärmetransport (Temperaturausgleich) innerhalb des Speichermediums Erdreich verläuft sehr langsam.

17.3. Instationäre Wassertemperatur bei konstanter Kühlleistung (Varianten II bis IV)

Die Kühlleistungen (dem Erdreich zugeführte Wärmeströme) werden in drei Varianten variiert:

Variante II: **100** W/m², Variante III: **40** W/m², Variante IV: **20** W/m².

Die mittleren Wassertemperaturen werden in den zeitlichen Berechnungsschritten stets so angepaßt, daß sich die gewünschten Wärmeströme mit einer Genauigkeit von ± 0,1 W/m² ergeben. Die Wassertemperaturen (Bilder 17.4 bis 17.6) stellen somit das interessierende Ergebnis dar. Ihre Größen geben Aufschluß über die technische Realisierbarkeit der entsprechenden Variante.

Aus den Ergebnissen im Untersuchungszeitraum folgen:

- Die Temperaturverläufe bei allen drei Varianten zeigen auch in der vierten Woche noch steigende Tendenz (instationäres Verhalten).
- Die mittleren Wassertemperaturen sind in starkem Maße von der Belastung abhängig. Sie betragen beispielsweise am Ende der vierten Woche:

  Variante II (100 W/m²) ⇒ 41,3 °C
  Variante III (40 W/m²) ⇒ 23,3 °C
  Variante IV (20 W/m²) ⇒ 17,4 °C.

  Damit wäre im Untersuchungszeitraum das Wasser im Falle der Variante III direkt für eine Fußbodenkühlung einsetzbar. Da aus Behaglichkeitsgründen (Lufttemperaturgradient zwischen 0,1 m und 1,1 kleiner 2 K) in der Regel die

Leistung eines Kühlbodens ohnehin auf ca. 20 W/m² begrenzt ist, könnte eine Fußbodenkühlfläche der doppelten Größe wie die Fläche der Bodenplatte versorgt werden.

Im Falle der Variante IV wäre eine Kühldecke direkt anschließbar. Die bereitgestellte Leistung ist aber zu klein, d. h. für eine realistische Kühldeckenleistung (z. B. 60 W/m²) wäre die dreifache Fläche der Bodenplatte erforderlich.

- Für das Verhalten in der "Erholungsphase" gelten die analogen Feststellungen wie im vorhergehenden Abschnitt.
- Die negative Speicherwärme bezogen auf die Temperatur t_i = 20 °C reduzierte sich im Untersuchungszeitraum (Ausgangswert ⇒ Endwert):

		Variante II	Variante III	Variante IV
Fundamentplatte	- 2300 Wh/m² ⇒	3619 Wh/m²	374 Wh/m²	-691 Wh/m²
Erdreich (bis Sohle)	- 46200 Wh/m² ⇒	-31408 Wh/m² 32 %	-39497 Wh/m² 15 %	-42162 Wh/m² 9 %

- Es wird wiederum deutlich, daß die Leistungsbegrenzung an der schlechten Wärmeleitung im Speichermaterial liegt, denn der Speicher ist variantenabhängig erst um 32 % ... 9 % "geleert" worden.

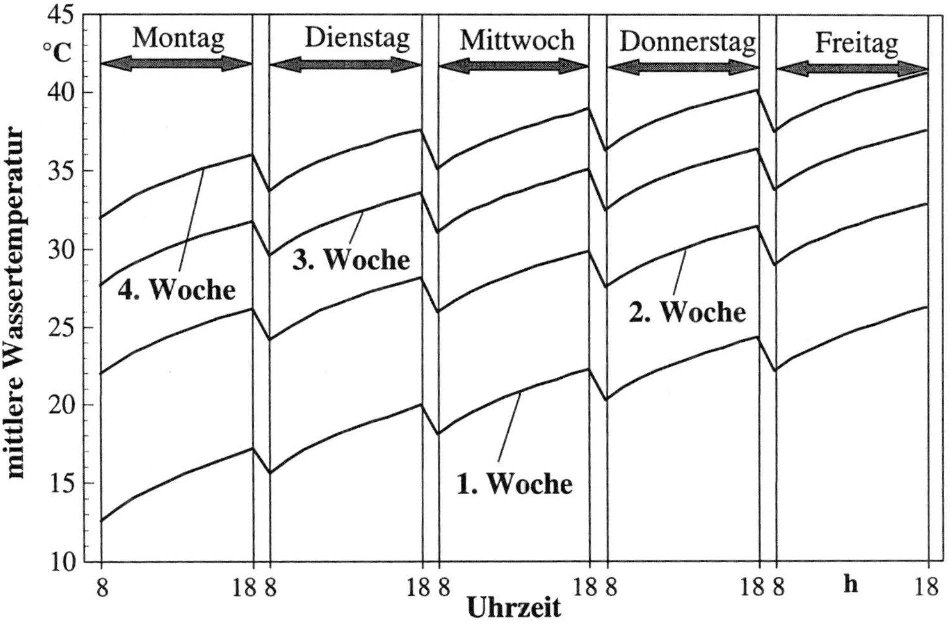

Bild 17.4 Mittlere Wassertemperatur aus dem Fundamentelement (Bild 17.1) bei einer konstanten Kühlleistung von 100 W/m² (Variante II)

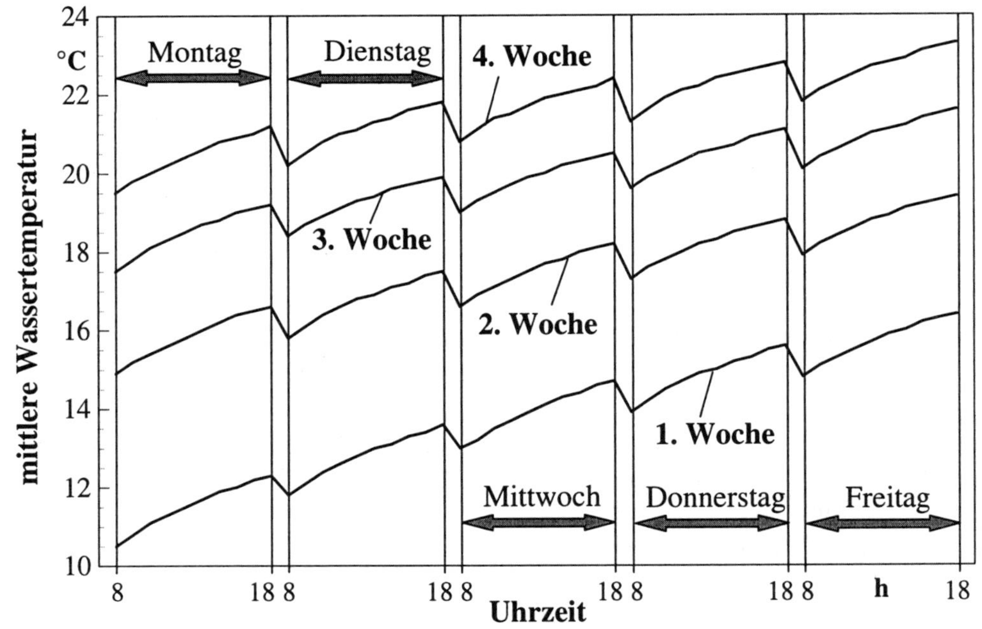

Bild 17.5 Mittlere Wassertemperatur aus dem Fundamentelement (Bild 17.1) bei einer konstanten Kühlleistung von 40 W/m² (Variante III)

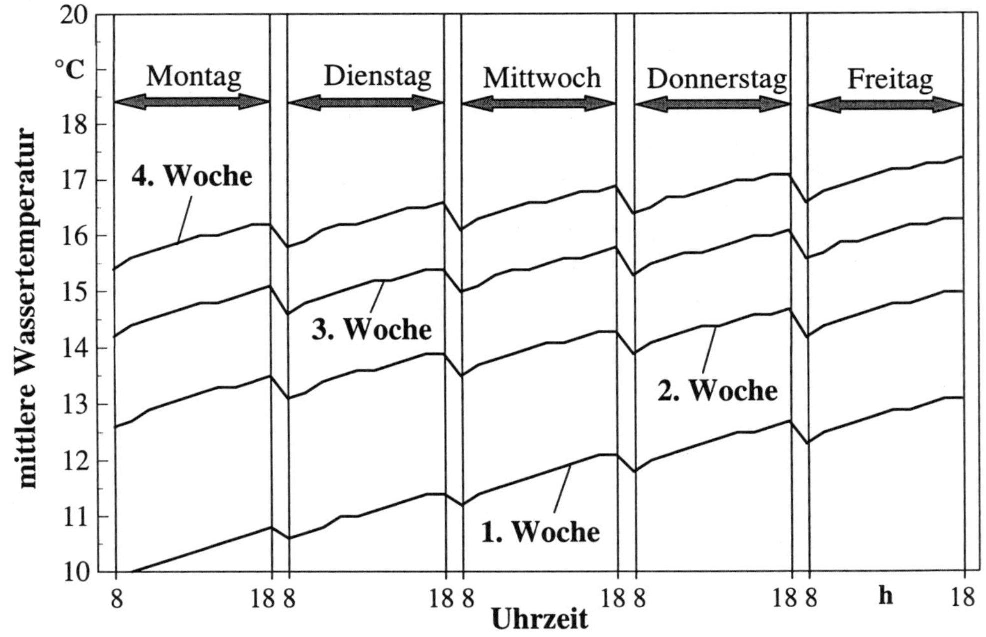

Bild 17.6 Mittlere Wassertemperatur aus dem Fundamentelement (Bild 17.1) bei einer konstanten Kühlleistung von 20 W/m² (Variante IV)

17.4. Instationäre Entspeicherungsvorgänge bei veränderten Erdreichparametern

Einige der vorgestellten Untersuchungen werden unter veränderten Bedingungen des Erdreichspeichers wiederholt. Die Wärmeleitfähigkeit des Erdreichs wird von λ = 1,5 W/(m K) auf λ = 2,0 W/(m K) vergrößert, und die Tiefe des Grundwassers werde nunmehr 2 m unter der Unterfläche der Bodenplatte mit konstant 9 °C angenommen. Damit ist die Wärmeleitung im Erdstoff verbessert und der Abstand bis zur unerschöpflichen "Kältequelle" verkürzt.

Es werden die Varianten I und II (Abschnitte 17.2. und 17.3.) unter diesen neuen Bedingungen wiederholt betrachtet (Varianten V und VI). Die Ergebnisse finden sich in den Bildern 17.7 und 17.8. Die Ergebnisse der Ursprungsbeispiele sind in den Bildern teilweise vermerkt.

Folgende Veränderungen treten ein:

- Zu Beginn des Untersuchungszeitraumes sind die Ergebnisse mit denen der Ursprungsbeispiele (Varianten I und II) deckungsgleich, da die instationären Leitungsvorgänge nur innerhalb der Betonplatte unter unveränderten Bedingungen ablaufen.
- Die verbesserte Wärmeleitfähigkeit des Erdreichs nimmt nur relativ geringen Einfluß auf die Ergebnisse, wie die Gegenüberstellungen der Kurven innerhalb der ersten Woche zeigen.

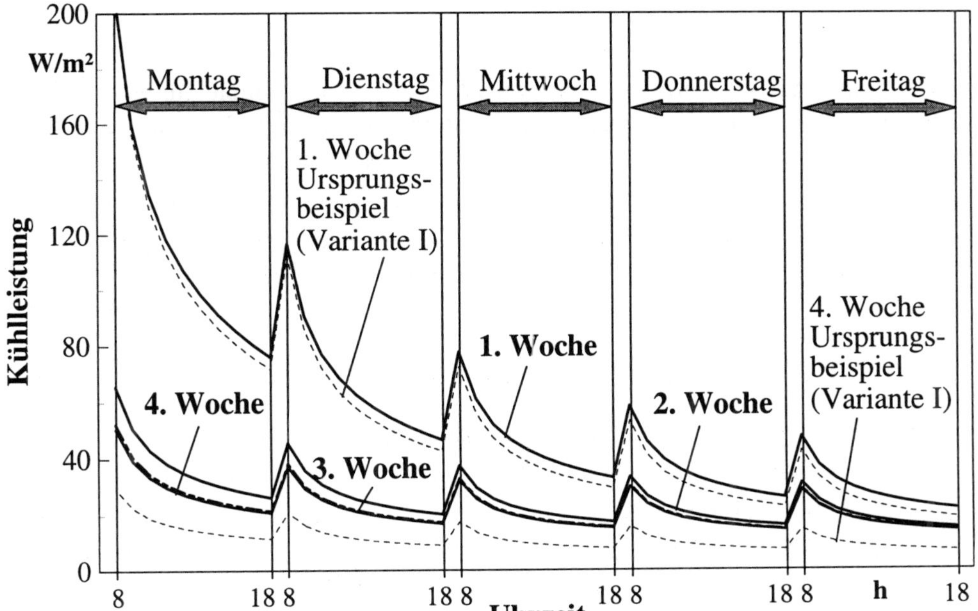

Bild 17.7 Entnehmbare Kühlleistung aus dem Fundamentelement (Bild 17.1) bei einer konstanten mittleren Wassertemperatur von 17 °C jedoch unter veränderten Erdreichparametern (λ = 2 W/(m K); verringerter Abstand zur konstanten Erdreichtemperatur) (Variante V)

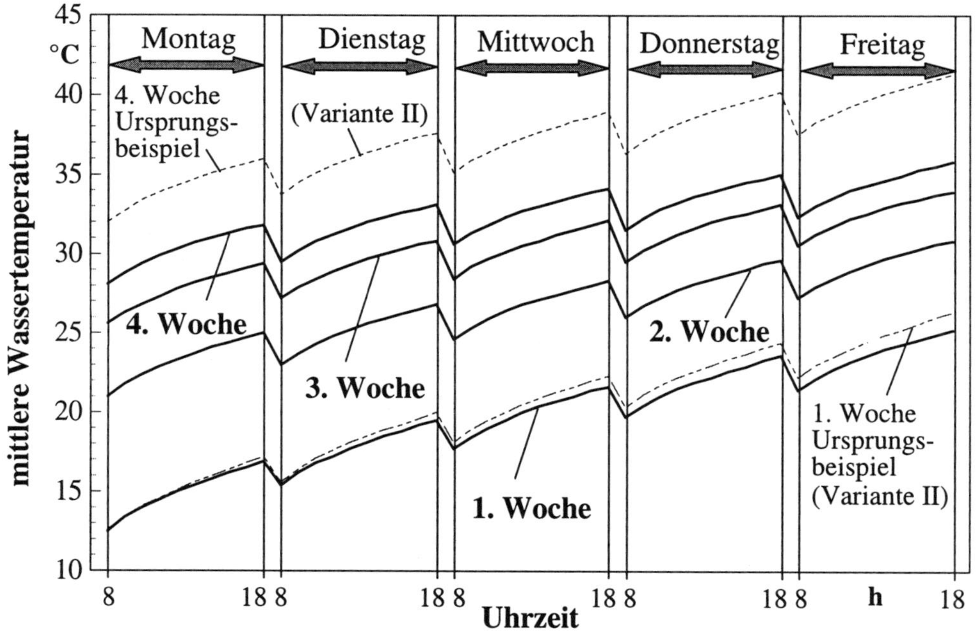

Bild 17.8 Mittlere Wassertemperatur aus dem Fundamentelement (Bild 17.1) bei einer konstanten Kühlleistung von 100 W/m² jedoch unter veränderten Erdreichparametern (λ = 2 W/(m K); verringerter Abstand zur konstanten Erdreichtemperatur) (Variante VI)

- Deutlich verbesserte Ergebnisse zeigen sich in der vierten Betriebswoche.

  Bei konstanter Wassertemperatur von 17 °C stieg die Kühlleistung von 7 W/m² auf 14 W/m², und bei konstanter Kühlleistung von 100 W/m² reduzierte sich die Wassertemperatur am Ende der vierten Woche von 41,3 °C auf 35,8 °C.

- Die Veränderungen sind in erster Linie auf die erhöhte Lage der Erdschicht mit konstanter Temperatur (Grundwasserschicht) zurückzuführen. Eine für praktische Verhältnisse bedeutende Verbesserung entstand jedoch nicht.

17.5. Vertikale Temperaturverläufe im Erdreich

Der Temperaturverlauf nach einem Temperatursprung an einer halbunendlich dicken Wand kann analytisch berechnet werden.

Ausgehend von einem Körper der homogenen Temperatur t_a erfolgt zur Zeit $\tau = 0$ an der Oberfläche ein Temperatursprung auf den bleibenden Wert t_0 (Bild 17.9). Der Temperaturverlauf im Körper wird danach durch die Gleichung

$$t(x, \tau) = t_0 + (t_a - t_0)\,\frac{2}{\sqrt{\pi}} \int_{\eta=0}^{\eta} e^{-\eta^2} d\eta \qquad (17.1)$$

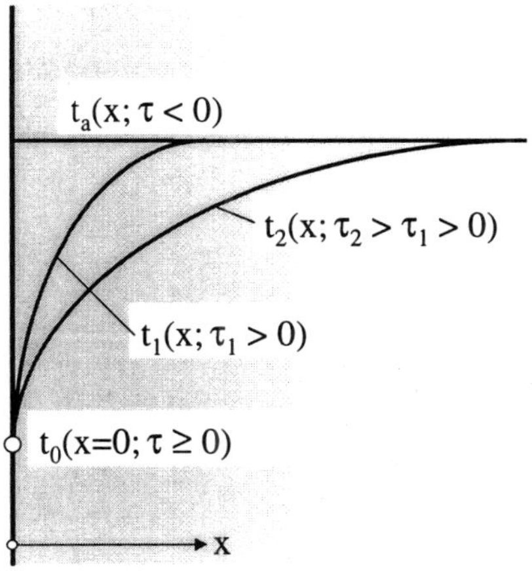

Bild 17.9 Temperaturverläufe in einer halbunendlich dicken Wand vor und nach einem Temperatursprung

mit dem Term

$$\eta = \frac{x}{2\sqrt{a\,\tau}} \tag{17.2}$$

beschrieben. Die Beziehung

$$\text{erf}\,(\eta) = \frac{2}{\sqrt{\pi}} \int_{\eta=0}^{\eta} e^{-\eta^2 d\eta} \tag{17.3}$$

ist als GAUSSsches Fehlerintegral (error function) bekannt. Sein Wert ist nur eine Funktion der oberen Grenze. Die Funktionswerte erf (η) folgen in guter Näherung der Gleichung

$$\text{erf}\,(\eta) = 1 - \exp[-(1{,}119\,\eta + 0{,}6833\,\eta^2 + 0{,}0487\,\eta^3)] \tag{17.4}$$

(maximaler Fehler $\varepsilon = 0{,}8\ \%$ bei $\eta = 0{,}01$; für $\eta > 0{,}18$ gilt $\varepsilon \leq 0{,}1\ \%$).

Die Auswertung des Temperaturverhältnisses

$$\frac{t(x,\tau) - t_0}{t_a - t_0} = \frac{2}{\sqrt{\pi}} \int_{\eta=0}^{\eta} e^{-\eta^2 d\eta} \tag{17.5}$$

ist im Bild 17.10 für die Temperaturleitfähigkeit $a = \lambda/(\rho\ c)$ mit $\lambda = 1{,}5$ W/(m K) bzw. 2 W/(m K) sowie $\rho = 1800$ kg/m³ und $c = 1000$ J/(kg K) erfolgt.

Der Temperatursprung an der Oberfläche wird erst nach sehr langer Zeit im Inneren des Körpers wahrgenommen, beispielsweise ist erst nach 5 Tagen eine Tiefe von 2,5 m und nach 25 Tagen eine Tiefe von 5,5 m erreicht. Das Ergebnis zeigt weiter den relativ geringen Einfluß der Änderung der Wärmeleitfähigkeit.

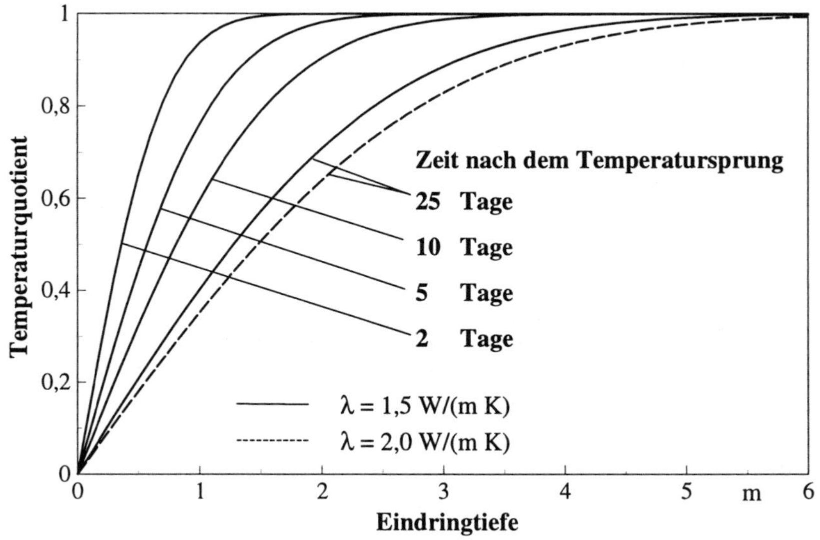

Bild 17.10 Temperaturquotient nach Gl. (17.5) in Abhängigkeit der Eindringtiefe und der Zeit für eine halbunendlich dicke Wand nach einem Temperatursprung zur Zeit $\tau = 0$

Im Bild 17.11 sind ausgewählte vertikale Temperaturverläufe eingetragen, die mit Hilfe der numerischen Simulation für die Varianten I und V (konstante Wassertemperatur von 17 °C) sowie für die Varianten II und VI (konstante Kühlleistung von 100 W/m²) am Ende des Untersuchungszeitraumes ermittelt wurden (Abschnitte 17.2. bis 17.4.). Der Zeitunterschied zwischen der ersten und letzten Betriebsstunde beträgt etwa 25 Tage. Die Eindringtiefe (x Koordinate) wird vom Rohrregister aus gezählt.

Interessant ist, daß bei Variante I und II jeweils die letzte Temperaturänderung in *5 m Tiefe* festgestellt wird, obwohl die Betriebsbedingungen sehr unterschiedlich sind. Die Erdreichsohle (vgl. Bild 17.1) ist damit noch nicht erreicht worden.

Bei den Varianten V und VI (Abschnitt 17.4.) liegt die Grundwasserschicht etwa 1,5 m unter dem Rohrregister. Die Temperaturänderung in der Registerebene hat diese Tiefe erreicht und ein Wärmestrom fließt in das Grundwasser.

Im Bild 17.11 sind weiterhin theoretische Temperaturverläufe eingetragen, die nach Gl. (17.1) berechnet wurden. Hierbei gilt stets die Anfangstemperatur $t_a = 9$ °C. Die Sprungtemperaturen sind wahlweise 17 °C, 27 °C und 38 °C.

Die Temperatur von 17 °C stimmt sehr gut mit Variante I überein, da für diese die Wassertemperatur den gleichen Wert aufweist. Die realen Betriebszeiten entsprechend den beschriebenen Tages- und Wochenintervallen (nur Werktage) nehmen keinen merklichen Einfluß.

Bei Variante II schwankte die Wassertemperatur stark: 17 °C (Ende des ersten Be-

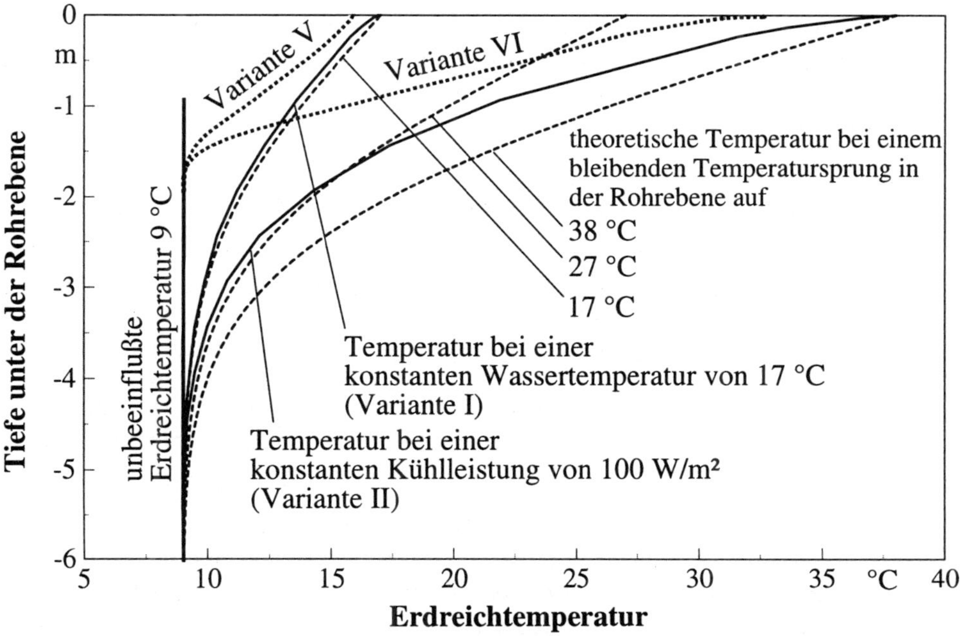

Bild 17.11 Vertikale Temperaturverläufe im Erdreich für ausgewählte Varianten am Ende des Untersuchungszeitraumes von ca. 25 Tagen nach den Ergebnissen der numerischen Simulation gemäß der beschriebenen Betriebsintervalle und zusätzliche Darstellung der analytisch ermittelten Temperaturkurven nach dem theoretischen Ansatz gemäß Gl. (17.1)

triebstages) und 38 °C (Anfang des letzten Betriebstages). Der Mittelwert von 27 °C gibt die Kurve der Variante II gut wieder.

Die numerisch ermittelten "realen" Verläufe und die analytisch berechneten theoretischen Verläufe stimmen bezüglich der Eindringtiefe völlig überein.

17.6. Zusammenfassung

Im Ergebnis der Untersuchungen, die an Hand von Beispielen geführt wurden, ergeben sich nachfolgende Besonderheiten:

- Betonfundamente - vorzugsweise Fundamentplatten - mit integrierten Kapillarrohrmatten eignen sich in vielfältiger Weise zur Nutzung als Wärmespeicher.
- Zwischen der Fundamentplatte und den Räumen des Gebäudes sollte eine Dämmschicht angeordnet werden, um Speicherverluste und einen direkten Wärmefluß zu vermeiden. Letzterer ist bei fehlender Dämmung beträchtlich. Er führt mitunter auch bei praktisch ausgeführten Anlagen zu völlig falschen Einschätzungen über die Wirksamkeit des Systems.
- Die Nutzung des an die Fundamentplatte thermisch angekoppelten Erdreichs als

saisonaler Wärmespeicher ist möglich. Trotz des großen Speichervermögens ist die entnehmbare Leistung jedoch klein. Dies wird durch die relativ niedrigen Temperaturleitfähigkeiten des Erdstoffes verursacht. Der Temperaturausgleich bei aufgeprägten Wärmequellen oder -senken verläuft dadurch sehr langsam.

Eine bedeutende Verbesserung bringt die Anordnung mehrerer Wärmeübertragerelemente, z. B. Mattenlagen im Erdreich im Abstand von 1 m bis 2 m.

Ist die Entnahmeleistung auf die thermodynamischen Speichereigenschaften richtig abgestimmt, dann gewährleisten die Speicher eine nahezu kontinuierliche Entnahme über lange Zeiträume. Werden sie dagegen überfordert, ergeben sich außerordentlich große Regenerationszeiten.

- Die Eignung der Fundament-Erdreich-Speicher bei relativ kurzen Lade-Entlade-Intervallen (z. B. bei Tageszyklen) ist sehr gut. Die Berechnungen und die Ergebnisse sind denen im Abschnitt 16. ähnlich.

- Bei Flachbauten und bei Einfamilienhäusern ist wegen der guten Übereinstimmung der Fundamentfläche mit der Nutzungsfläche auch bei einlagigen Wärmeübertragerelementen eine effektive Speichernutzung möglich. Bei mehrgeschossigen Bauten sollte der Erdreichspeicher durch mehrlagige Wärmeübertragerelemente erschlossen werden.

18. Schlußbetrachtung

Es wurde versucht die technischen, speziell die thermodynamischen Grundlagen zur "Bauteilheizung und Bauteilkühlung mit einem Maximum an Umweltenergie" zu erarbeiten.

Zur Verfolgung des vorliegenden Zieles sind vordringlich *Algorithmen zur wärmetechnischen Bewertung von Bauteilen* (Decken, Fußböden, Wände) mit wasserdurchströmten Rohrsystemen erarbeitet und zusammengestellt worden. Sie wurden für den *instationären Bereich*, d. h. zur Beurteilung der wärmetechnischen Dynamik (Aufheiz- und Abkühlverhalten, Speichervermögen, zeitliche Leistungsverläufe), neu entwickelt. Für die *stationären Berechnungen* konnte auf frühere Veröffentlichungen des Bearbeiters zurückgegriffen werden. Sie sind den vorliegenden Problemen angepaßt und in der Darstellung vereinheitlicht worden. Auf der Grundlage der Algorithmen wurden *Rechenprogramme erstellt* und *verifiziert.* Die statischen und dynamischen Verfahren zeigten an den Schnittstellen gleiche Ergebnisse. Alle Programme und Proberechnungen sind im vorliegenden Buch nachprüfbar offengelegt. Damit sind zur Bewertung des Heiz- und Kühlverhaltens Werkzeuge für folgende Bauelemente verfügbar:

• Decken • Wände • Fundamente und Erdreich	*statische und dynamische wärmetechnische Berechnungsverfahren* ⇒ zweidimensionale stationäre und instationäre Wärmeleitung ⇒ Leistungsberechnung, Speicherverhalten, Optimierung
• Fußboden	*statische und dynamische wärmetechnische Berechnungsverfahren für homogen aufgebaute Systeme (Naßverlegeverfahren)* ⇒ zweidimensionale stationäre und instationäre Wärmeleitung ⇒ Leistungsberechnung, Speicherverhalten, Optimierung *statische wärmetechnische Berechnungsverfahren für heterogen aufgebaute Systeme (Trockenverlegeverfahren)* ⇒ eindimensionale stationäre Wärmeleitung ⇒ Leistungsberechnung, Optimierung

Alle Programme - vor allem die auf numerischer Basis arbeitenden - kann man beliebig ergänzen. Sowohl die Programmgrundlagen als auch die Listings geben eine gute Einarbeitung.

Die Bauteilberechnung ist stets wie folgt aufgebaut:

- *Algorithmus*
- *Rechenprogramm* ⇒ Beschreibung des Ablaufs
  ⇒ Ein- und Ausgabedaten
  ⇒ Listing
  ⇒ Testbeispiel mit Verifikation
- *Parameterstudie zum Bauteil bezüglich des wärmetechnischen Verhaltens.*

Damit kann aus der "Theorie" sofort auf die "Praxis" geschlossen werden.

Die umfangreichen Studien über diese Bauteile (Decken, Fußböden, Wände, Fundamente/Erdreich) liefern sehr interessante, objektive Aufschlüsse über die Gestaltung von Hochleistungselementen im Sinne eines maximalen Einsatzes von Umweltenergie. Die Parametervariationen erstreckten sich beispielsweise von Normalrohrregistern bis zu Kapillarrohrmatten. Leistungsdiagramme sind in allen Fällen angegeben.

Die vorgestellten Algorithmen können selbstverständlich auch zur Berechnung der Umweltenergieaufnahme mittels Fassadenelementen eingesetzt werden.

Aus den bisherigen Untersuchungen ergaben sich folgende generelle Feststellungen:

I. Der Einsatz von Umweltenergie (atmosphärische Umwelt, solare Energie, Erdwärme) ist direkt oder nach einer Transformation mittels Wärmepumpe oder Kältemaschine bei Verwendung von Hochleistungsbauteilen sehr gut möglich.

II. Kann die Umweltenergie in konstanter oder nahezu konstanter Qualität zeitunabhängig entnommem werden - beispielsweise aus einem Erdkollektor oder saisonalen Speicher - dann ist im Gebäude nur der Einsatz von Hochleistungsbauteilen mit direkter Wärmeübergabe relevant (z. B. Einsatz von Fußbodenheizflächen).

III. Umweltenergie aus der Atmosphäre unterliegt einem Zeitrhythmus.

Zur Kühlung empfiehlt sich die nächtliche Entnahme, die Speicherung im Bauteil und die zeitverzögerte Abgabe an den Raum am Tage. Die Beladung sollte prognosegesteuert, aktiv erfolgen. Die passive Entladung ergibt sich bei optimierten Systemen etwa bedarfsgerecht im Verlaufe des Tages (Nutzugszeitraum).

Zur Heizung sollte die Entnahme der Umweltenergie am späten Vormittag beginnen und am frühen Nachmittag enden. Die aktive Speicherung in einem Bauteil und die passive, bedarfsgerechte Wärmeabgabe im Nutzungszeitraum sind nicht möglich. Das Speicherbauteil muß zur effektiven Einlagerung und bedarfsgerechten Wärmelieferung als "echter" Speicher - wärmegedämmt zu den Räumen - gestaltet werden. Die Entladung hat aktiv und geregelt zu erfolgen, damit beispielsweise auch die morgendliche Anheizspitze realisierbar ist und mittags keine Überheizung auftritt. Die Wärmeabgabe an den Raum hat wiederum über Hochleistungselemente (Decken-, Fußboden- oder Wandheizungen) zu erfolgen.

Ist ein derartiges "intelligentes" System zum vorteilhaften Heizen mit atmosphärischer Umweltenergie installiert, dann kann dieses System selbstverständlich auch für den Kühlfall besonders effektiv genutzt werden.

IV. Die Umweltenergieaufnahme aus dem Erdreich über Rohrsysteme in der Fundamentplatte muß genau geplant werden. Die wärmetechnischen Eigenschaften des Erdreichs sowie die geologischen und hydrologischen Besonderheiten nehmen entscheidenden Einfluß auf die Leistungsfähigkeit.

Die Nutzung des an die Fundamentplatte thermisch angekoppelten Erdreichs als saisonaler Wärmespeicher ist bei genau abgestimmter, relativ kleiner Entnahmeleistung möglich (evtl. Anordnung mehrerer Wärmeübertragerelemente).

Fundament-Erdreich-Speicher eignen sich als Tages- oder Wochenspeicher sehr gut.

V. Kunststoff-Kapillarrohrmatten in Speicherbauteilen erwiesen sich bezüglich des Speichervermögens und der Lade-/Entladedynamik als optimal. Sie stellen gegenüber der konventionellen Technik Hochleistungselemente dar.

Die technischen Details, Schaltungen usw. sind nicht Gegenstand der vorliegenden Untersuchung gewesen. Sie können variantenreich mit den vorgestellten Algorithmen-Bausteinen analysiert werden. Viele beigefügte Betrachtungen, Leistungsdiagramme usw. geben aber bereits Aufschlüsse über sinnvolle und weniger sinnvolle Einsatzvarianten.

Falls Schaltungen beabsichtigt sind, bei denen das wegabhängige Durchströmungsverhalten (Temperaturspreizung) in der Be- und Entlademattte besonders bedeutungsvoll ist, müssen die numerischen Algorithmen zur dynamischen Bewertung der Bauteile noch um die dritte Koordinate (z-Koordinate) ergänzt werden.

Literaturverzeichnis

[1] REIß, J.; ERHORN,H.: Solare Hybridsysteme in einer Reihenhaus-Wohnanlage an der Wannseebahn in Berlin. Gesundheits-Ingenieur 1998, Heft 3

[2] Kollmar, A.; Liese, W.: Die Strahlungsheizung, 4. Auflage. München: R. Oldenbourg 1957

[3] GLÜCK, B.: Strahlungsheizung - Theorie und Praxis. Berlin: Verlag für Bauwesen und Karlsruhe: C. F. Müller-Verlag 1981

[4] BRANDT, M.: Der heutige Stand der Strahlungsheizung. Gesundheits-Ingenieur 1937, Heft 43

[5] USEMANN, K. W.: 100 Jahre Kongresse für Technische Gebäudeausrüstung. Universität Kaiserslautern 1996

[6] GLÜCK, B.: Sind Kühldecken als Heizdecken einsetzbar? Heizung-Lüftung-Haustechnik 1994, Heft 2

GLÜCK, B.: Grenzen der Deckenheizung - Optimale Heizflächengestaltung. Heizung-Lüftung-Haustechnik 1994, Heft 6

[7] SCHMID, W.: Thermisch aktive Decke ersetzt konventionelle Heizungs- und Klimaanlage. Ki Luft- und Kältetechnik 1996, Heft 4

[8] OESTERLE, E.; KOENIGSDORFF, R.: Thermische Aktivierung von Bauteilen zum Heizen und Kühlen von Gewerbebauten. Heizung-Lüftung-Haustechnik 1999, Heft 1

[9] GLÜCK, B.: Umfassende Umweltenergienutzung durch Fußbodenheizung mit Kapillarrohrmatte. TAB Technik am Bau 1999, Heft 3

[10] GLÜCK, B.: Konvektive Raumluftkühlung durch Einsatz von Kapillarrohrmatten. TAB Technik am Bau 1999, Heft 5

[11] FAXÉN: Beräkning av värmeavgivning fran rör, ingjutna i betonplattor. Teknisk Tidskrift Mekanik 1937, Heft 3

[12] RYDBERG; HUBER: Värmeavgivning fran rör i betong eller mark. Svenska värmeoch sanitetstekniska föreningens handlingar IX, 1955

[13] GLÜCK, B.: Zustands- und Stoffwerte (Wasser, Dampf, Luft), 2. Auflage. Berlin: Verlag für Bauwesen 1991

[14] GLÜCK, B.: Wärmeübertragung, Wärmeabgabe von Raumheizflächen und Rohren, 2. Auflage. Berlin: Verlag für Bauwesen 1990

[15] VDI-Wärmeatlas, 2. Auflage. Düsseldorf: VDI-Verlag 1994

[16] GLÜCK, B.: Wärmetechnische Grundlagen. in RECKNAGEL, SPRENGER, SCHRAMEK: Taschenbuch für Heizung+Klimatechnik 2000. München, Wien: R. Oldenbourg 1999

[17] GLÜCK, B.: Wärmetechnisches Raummodell. Heidelberg: C. F. Müller Verlag 1997

[18] KAST, W.; KLAN, H.: Temperaturverteilung einer Warmwasserfußbodenheizung. Gesundheits-Ingenieur 1981, Heft 5

[19] DRUM, G.: Optimierung der Wärmeleistung von Warmwasser-Fußbodenheizungen durch Aluminiumleitbleche. Heizung-Lüftung-Haustechnik 1983 Heft 5

[20] KOCHENDÖRFER, CH.: Wärme direkt aus der Wand, eine Alternative nicht nur für Ökos? Heizung-Lüftung-Haustechnik 1999 Hefte 2 u. 3